化工安全技术

主 编：陆春荣
　　　　王晓梅

苏州大学出版社

图书在版编目(CIP)数据

化工安全技术/陆春荣,王晓梅主编. —苏州:苏州大学出版社,2009.7(2017.1重印)
ISBN 978-7-81137-277-9

Ⅰ.化… Ⅱ.①陆…②王… Ⅲ.化学工业－安全技术－高等学校:技术学校－教材 Ⅳ.TQ086

中国版本图书馆CIP数据核字(2009)第107504号

化工安全技术

陆春荣　王晓梅　主编

责任编辑　徐　来

苏州大学出版社出版发行
(地址:苏州市十梓街1号　邮编:215006)
常州市武进第三印刷有限公司印装
(地址:常州市武进区湟里镇村前街　邮编:213154)

开本 787 mm×1 092 mm　1/16　印张 12.5　字数 310 千
2009 年 7 月第 1 版　2017 年 1 月第 4 次印刷
ISBN 978-7-81137-277-9　定价:24.00 元

苏州大学版图书若有印装错误,本社负责调换
苏州大学出版社营销部　电话:0512-65225020
苏州大学出版社网址　http://www.sudapress.com

前言 Preface

众所周知,化工的生产工艺复杂多变,生产过程多具有高温、高压、大型化、连续化、自动化等特点,再加上化工原料及产品往往易燃易爆、有毒有害、有腐蚀性,因此在化工生产过程中存在着许多不安全因素。这些危险因素如果在一定的条件下转变为事故,就会严重破坏正常生产并危及人们的生命安全,甚至给环境造成严重的污染。所以,从事化工生产的操作人员、技术人员和管理人员必须掌握和了解基本的安全知识,提高安全素质。为了使化工职业院校的学生毕业后能适应现代化工生产的这一客观要求,实现安全生产,我们编写了本教材。

本教材是作者在多年教学实践的基础上,吸收了当前国内外安全科学知识的新内容编写而成的。全书共八章,包括绪论、化学危险物质、防火防爆技术、防尘防毒技术、压力容器安全技术、机械与电气安全技术、劳动保护相关知识、安全分析与评价等内容,对化工生产中涉及的有关安全生产的理论及其应用作了较系统的介绍,在部分章节选编了一些典型的事故案例,以便读者加深对知识的理解和掌握,每章均附有习题。

本教材在编写的过程中得到了许多同事的大力帮助,他们提出了许多有益的建议和意见,在此表示衷心的感谢。

由于化工安全涉及的面比较广,加上我们水平有限,书中的错误和不妥之处在所难免,敬请广大读者批评指正,以便再版时修订。

编　者

2009 年 7 月

目录 Contents

第一章 绪论
- 第一节　安全工程概述 …………………………………………………………………… (1)
- 第二节　化工生产与安全 ………………………………………………………………… (3)

第二章 化学危险物质
- 第一节　化学物质及其危险概述 ………………………………………………………… (8)
- 第二节　毒性物质的性质和特征 ………………………………………………………… (13)
- 第三节　化工生产中的重大危险源 ……………………………………………………… (15)
- 第四节　化学危险物质的贮存和运输安全 ……………………………………………… (21)

第三章 防火防爆技术
- 第一节　燃烧的要素和类别 ……………………………………………………………… (26)
- 第二节　燃烧过程和燃烧参数 …………………………………………………………… (31)
- 第三节　爆炸及其类型 …………………………………………………………………… (33)
- 第四节　火灾及爆炸蔓延的控制 ………………………………………………………… (41)
- 第五节　消防安全 ………………………………………………………………………… (48)
- 第六节　常见危化品火灾的扑救 ………………………………………………………… (55)

第四章 防尘防毒技术
- 第一节　毒性物质分类及毒性 …………………………………………………………… (62)
- 第二节　毒物进入人体的途径与中毒机理 ……………………………………………… (68)
- 第三节　职业中毒的临床表现 …………………………………………………………… (71)
- 第四节　职业中毒的处理 ………………………………………………………………… (72)
- 第五节　综合防毒措施 …………………………………………………………………… (79)
- 第六节　粉尘及其危害 …………………………………………………………………… (81)
- 第七节　工厂防尘的综合措施 …………………………………………………………… (86)

第五章 压力容器安全技术
- 第一节　压力容器概述 …………………………………………………………………… (93)
- 第二节　蒸汽锅炉的安全运行和管理 …………………………………………………… (96)
- 第三节　气瓶的安全技术 ………………………………………………………………… (102)

第六章 机械与电气安全技术
- 第一节　动机械安全技术 ………………………………………………………………… (110)
- 第二节　电气安全基础知识 ……………………………………………………………… (118)
- 第三节　电气安全防范技术 ……………………………………………………………… (122)

第四节　防雷技术 …………………………………………………（137）
　　第五节　静电防护技术 ……………………………………………（144）
第七章　劳动保护相关知识
　　第一节　化学灼伤的急救 …………………………………………（156）
　　第二节　噪声的污染与治理 ………………………………………（158）
　　第三节　辐射的危害与防护 ………………………………………（162）
第八章　安全分析与评价
　　第一节　系统危险性分析 …………………………………………（169）
　　第二节　故障类型、影响及致命度分析 …………………………（171）
　　第三节　道化学公司火灾爆炸危险指数评价方法 ………………（177）
　　第四节　事故树分析及其应用 ……………………………………（184）

参考文献 …………………………………………………………………（192）

第一章 绪 论

 学习要求

- 了解安全、事故、危险、风险等一些基本的概念
- 了解化工生产的特点
- 认识到化工生产中安全的重要性

随着科学技术的发展,人们的物质生活和文化生活水平不断得到提高。特别是化工、石油化工的迅速崛起,有力地促进了国民经济的发展。如今,化学工业已成为国民经济的支柱产业,与农业、轻工、纺织、食品、国防等部门有着密切的联系,其产品已经渗透到国民经济的各个领域。可以这么说,人们的"衣、食、住、行"样样都离不开化工产品。因此,化学工业对提高人们的生活水平,促进其他工业的迅速发展,起着十分重要的作用。

众所周知,化工企业的原料及产品多是易燃、易爆、有毒、有腐蚀性的物质,而现代化工生产过程又多具有高温、高压、连续化、自动化、大型化等特点,与其他行业相比,化工生产的各个环节不安全因素较多,具有事故后果严重、危险性和危害性更大的特点。因此,在化工生产中要特别重视安全,要从保护人身安全和健康出发,深入研究事故发生的客观规律,寻求预防和控制危险的有效措施,有效控制事故的发生率和危害性。

第一节 安全工程概述

人类的生产活动是最基本的实践活动,它决定了社会的其他活动。然而,在生产活动中很有可能存在着一些不安全、不卫生的因素,如果不加以控制,随时可能发生事故或引发职业病。人们在长期的生产实践中,为了保护自身的安全,不得不想办法控制各种危害,从而积累了消除不安全因素、促进生产发展、保护自身安全的经验,也形成了一门新的学科——安全科学。

美国心理学家马斯洛认为,人的需要是以层次的形式出现的,按其重要程度的大小,由低级需要逐级向上发展到高级需要,依次为生理需要、安全需要、社会需要、尊重需要和自我实现需要,如图1-1所示。

为了帮助大家更好地学习这门课程,我们首先介绍几个安全科学方面的基本概念。

(1) 安全:指生产系统中人员免遭不可承受危险的伤害。安全是危险的对立面,它包含两个方面的含义:一是预知风险,二是消除风险,二者缺一不可。

(2) 危险:指系统中存在导致发生不期望后果的可能性超过了人们的承受程度。

图1-1 需要层次图

(3) 事故:指生产、工作上发生的意外的损失或灾祸。根据事故的后果不同,可以将事故分为人身伤亡事故、财产损失事故和未遂事故等。

(4) 风险:指发生事故的可能性与后果的组合(乘积)。可能性为事故发生的概率或频率(次数/时间),而后果则为人员伤亡数目或财产的损失数值。

显然,"风险"是一个明确但又模糊的名词,与"安全"往往相提并论。一般人认为无风险就是安全,但什么是安全呢?我们有时也说不清楚。安全有时是一种价值判断。如有些人不肯乘坐飞机,因为他们认为飞机失事后乘客存活的概率很低,但是从统计数据可知,乘坐飞机发生意外的概率比骑摩托车低得多。美国传统字典(American heritage dictionary)将"风险"界定为遭受伤害或损失的可能性,将"安全"定义为免于损害、受伤或危险。换句话说,做不安全的事就有风险,不冒险做事就很安全。

例 某机械师用手把皮带挂到正在旋转的皮带轮上,因未使用拨皮带的杆,且站在摇晃的梯板上,又穿了一件宽大长袖的工作服,结果被皮带轮绞入碾死。事故调查结果表明,他这种上皮带的方法使用已有数年之久,他手下的工人均佩服他手段高明,结果还是发生了事故,导致死亡。

"风险"是应用于意外或损失的名词,一般人往往忌讳这个词语。大家或许都买过彩票或者摸过奖,而且期望中大奖,因此用买彩票来解释风险可能比较容易让人接受。买彩票时,大家往往只注意奖金的大小,却忽略了中奖的概率。如果我们计算一下彩票的实际价值,就会发现彩票的的平均价值远低于彩票的售价。

假设某彩票每张50元,总共发行100万张,共设奖金一注,为2 000万元,则中奖的概率只百万分之一,每张平均价值(期望值)只有20元,低于彩票售价的1/2。

平均价值(期望值) = 中奖概率 × 奖金 = $1/10^6 \times 2 \times 10^7 = 20$(元)

不中奖的概率为 $1 - 1/10^6 \approx 1$。事实上,我们的日常活动中,风险是难免的,零风险是不可能达到的。有时为了避免更大的风险,必须从事一些风险较低的活动。例如,打防疫针可能会引起副作用,但是可以避免疾病发生及瘟疫流行;X光对人体有轻微的害处,但是可以协助医生观察判断肺部状况。

随着社会的进步和科学技术的发展,人们对于安全的要求越来越高。目前,人们经常把安全(Safety)和健康(Health)、环境(Environment)作为一个整体来加以管理。国际上一些大的石化公司都制定了 HSE 管理体系标准。HSE 管理体系已成为国际上现行的一套通用的管理办法,相信今后我国各行业都会普遍推广和实施。

第二节 化工生产与安全

随着国民经济的迅速发展,人们对化工产品的需求量与日俱增,从而促进了化工生产的快速发展。在最近的这几十年中,化学工业在世界范围取得了长足进展。化学工业在很大程度上满足了农业对化肥和农药的需要。随着化学工业的发展,天然纤维已丧失了传统的主宰地位,人类对纤维的需求有近三分之二是由合成纤维提供的。塑料和合成橡胶渗透到国民经济的所有部门,在材料工业中已占据主导地位。医药合成不仅在数量上而且在品种和质量上都有了较大发展。化学工业的发展速度已显著超过国民经济的平均发展速度,化工产值在国民生产总值中所占的比例不断增加,化学工业已发展成为国民经济的支柱产业。目前化工产品的种类已达数万种之多。

一、化工生产的特点

化工生产过程存在着许多不安全因素和职业危害,比其他生产有着更多的危险性,这主要是由于化工生产有如下特点:

1. 化工生产涉及的危险品多

化工生产使用的原料、半成品和产品种类繁多,且绝大部分具有易燃易爆、有毒有害、有腐蚀性等危险性。例如,生产聚氯乙烯的原料乙烯、甲苯、四个碳原子的烃类和中间产品二氯乙烯、氯乙烯都是易燃易爆物质,在空气中达到一定的浓度,遇到火源就会发生火灾爆炸事故;氯气、二氯乙烷、氯乙烯还具有较强的毒性,其中氯乙烯具有致癌作用;氯气和氯化氢在有水分存在下有强烈的腐蚀性。物质的这些潜在危险性决定了在生产、使用、储存和运输过程中稍有不慎就会酿成事故。

2. 化工生产工艺过程复杂,条件苛刻

化工生产从原料到产品,一般都需要经过许多工序和复杂的加工单元,通过多次反应和分离才能完成。例如,炼油生产上的催化裂化装置,从原料到产品要经过 8 个加工单元,乙烯从原料裂解到产品出来需要经过 12 个化学反应和分离单元。

化工生产的工艺参数前后变化很大。有些化学反应在高温、高压下进行,有些要在低温、高真空下进行。例如,以柴油为原料裂解生产乙烯的过程中,最高操作温度接近 1 000 ℃,最低则为 -170 ℃;最高操作压力为 11.28 MPa,最低只有 0.07 ~ 0.08 MPa。高压聚乙烯生产的最高压力达 300 MPa。

3. 生产规模大型化

近年来,国际上化工生产采用大型生产装置是一个明显的趋势。许多企业通过扩大生产装置规模,以求降低单位产品的投资和成本,提高经济效益。例如,20 世纪 50 年代合成氨的最大规模为 6 万吨/年,60 年代初为 12 万吨/年,60 年代末达到 30 万吨/年,70 年代发展到 60 万吨/年。装置的大型化有效提高了生产效率,但规模越大,潜在的危险性就越大,事故的后果也越严重,这就涉及技术经济的综合效益问题。例如,目前新建的乙烯装置和合成氨装置大都稳定在 30~40 万吨/年的规模。

4. 生产方式日趋先进

现代化工企业的生产方式已经从过去的手工操作、间断生产转变为高度自动化、连续化生产;生产设备由敞开式变为密闭式;生产装置由室内变为露天;生产操作由分散控制变为集中控制。化工生产从原料输入到产品输出具有高度的连续性,前后单元息息相关,相互制约,某一环节发生故障常常会影响到整个生产的正常进行。

近年来,随着计算机技术的发展,化工生产中普遍使用 DCS 集散型控制系统,对生产过程的各种参数和开停车实行监视、控制和管理,从而有效地提高了控制的可靠性。然而,控制系统和仪器仪表维护不好、性能下降、检测和控制失效都可能引发事故。

二、安全生产在化工生产中的重要作用

1. 安全生产是化工生产的前提条件

化工生产具有易燃、易爆、易中毒、高温、高压、有腐蚀性的特点,因而与其他行业相比,化工生产的危险性更大。下面列举几个化工生产中发生的重大事故:

(1) 错开阀门酿成重大事故。例如,1974 年孟加拉乔拉塞化肥厂,由于错开阀门造成大爆炸,死伤 15 人,经济损失达 6 亿美元。

(2) 设备故障引起全厂性毁灭。例如,1975 年美国联合碳化物公司比利时公司安特普工厂,年产高压聚乙烯 15 万吨,因一个反应釜填料盖泄漏而过热爆炸,发生连锁反应,整个工厂被摧毁。

(3) 仪表失灵,反应失控造成严重危害。例如,1976 年意大利一家制三氯酚钠的工厂,因反应釜温度失控,反应温度急剧上升而爆炸,1 657 亩农田受毒性很大的反应副产物四氯二噁英的污染,附近 855 人强制避难,300 余人受伤。

(4) 化学物自聚导致重大事故的发生。例如,1978 年中国某合成橡胶厂乙腈工段再沸器,因原料自聚将其手孔处"法兰闷头"顶开,大量丁二烯外喷,遇火种而爆炸燃烧,造成 1 人死亡,22 人受伤,经济损失 30 余万元。

从这些事例可以看出,离开了安全生产这个前提条件,化工生产就难以正常进行。

2. 安全生产是化工生产发展的关键

装置规模的大型化、生产过程的连续化无疑是化工生产发展的方向,但要充分发挥现代化工生产的优越性,必须实现安全生产,确保装置长期、连续、安全运转。装置规模越大,停产一天的损失也就越大。开停车愈频繁,不仅经济上损失大,丧失了装置大型化的优越性,而且装置本身的损伤也大,发生事故的可能性也愈大。

装置大型化,一旦发生事故其后果更严重,对社会的影响更大。如 1980 年 1 月,伊朗一家石油精制工厂新投产的乙烯装置发生火灾,影响了该国化学工业中的聚乙烯和聚氯乙烯的生产;同年,比利时一家化工厂发生火灾,导致连续三次爆炸,致使氰化钠溢出,附近 3 500 余人不得不紧急避难,12 名消防人员负伤。日本在 20 世纪 70 年代初期化工厂的爆炸、火灾事故占其整个工业爆炸、火灾事故的三分之一左右,最近几年来每年发生 50 余次,其中四分之一属重大事故,且有增长之趋势。总之,化工企业的重大灾害性事故会造成人员伤亡,引起生产停顿、供需失调、社会不安。安全生产已成为化工生产发展的关键。

三、安全在化工生产中的地位

化工生产由于自身具有的特点,发生事故的可能性和后果都比其他行业的大得多,而发生事故必将威胁到人身的安全和健康,有的甚至给社会带来灾害性的破坏。

一些发达国家的统计资料表明,在工业企业发生的爆炸事故中,化工企业占三分之一。进入20世纪后,化学工业迅速发展,环境污染和重大工业事故相继发生。1930年12月,比利时发生了"马斯河谷事件"。在马斯河谷地区由于铁加工厂、金属加工厂、玻璃生产厂和锌冶炼厂排出的污染物被封闭在大气的逆温层下,浓度急剧增加,居民都感到胸痛、呼吸困难,一周之内造成60人死亡,许多家畜也相继死去。1948年10月美国宾夕法尼亚州的多诺拉及1952年11月英国的伦敦都相继发生类似的事件。"伦敦烟雾事件"使伦敦在11月1日至12月12日期间比历史同期多死亡了3 500~4 000人。1961年9月14日,日本富山市一家化工厂因管道破裂而导致氯气外泄,使9 000余人受害,532人中毒,大片农田被毁。1974年英国弗利克斯巴勒地区化工厂生产己内酰胺的原料环己烷泄漏发生的蒸气云爆炸和1984年印度博帕尔发生的异氰酸甲酯泄漏所造成的中毒事故,都是震惊世界的灾难。1960年到1977年的18年中,美国和西欧发生重大火灾和爆炸事故360余起,死伤1 979人,损失数十亿美元。我国的化学工业事故也是频繁发生,1950年到1999年的50年中,发生各类伤亡事故23 425起,死伤25 714人,其中因火灾和爆炸事故死伤4 043人。

随着化学工业的发展,涉及的化学物质的种类和数量显著增加。很多化工物料的易燃性、反应性和毒性本身决定了化学工业生产事故的多发性和严重性。反应器、压力容器的爆炸以及燃烧传播速度超过声速的爆轰,都会产生破坏力极强的冲击波,冲击波将导致周围厂房、建筑物的倒塌,生产装置、贮运设施的破坏以及人员的伤亡。如果是室内爆炸,极易引发二次或二次以上的爆炸,爆炸压力叠加,可能造成更为严重的后果。多数化工物料对人体有害,设备密封不严,特别是在间歇操作中泄漏的情况很多,容易造成操作人员的急性或慢性中毒。据我国化工部门统计,因一氧化碳、硫化氢、氮气、氮氧化物、氨、苯、二氧化碳、二氧化硫、光气、氯化钡、氯气、甲烷、氯乙烯、磷、苯酚、砷化物等16种化学物质造成中毒、窒息的死亡人数占中毒死亡总人数的87.6%,而这些物质在一般化工厂中是常见的。

随着化学工业的发展,化工生产呈现设备多样化、复杂化以及过程连接管道化的特点。如果管线破裂或设备损坏,会有大量易燃气体或液体瞬间泄放,迅速蒸发形成蒸气云团,与空气混合达到爆炸下限。云团随风漂移,飞至居民区遇明火爆炸,会造成难以想像的灾难。据估计,50 t的易燃液体泄漏、蒸发将会形成直径为700 m的云团,在其覆盖下的居民将会被爆炸火球或扩散的火焰灼伤,火球或火焰的辐射强度将远远超过人所能承受的程度,同时人还会因缺氧而窒息死亡。

化工装置的大型化使大量化学物质都处于工艺过程或贮存状态,一些密度比空气大的液化气体如氨、氯等,在设备或管道破裂处会以15°~30°角呈锥形扩散,在扩散宽度100 m左右时,人还容易察觉并迅速逃离,但在距离较远而毒气尚未稀释到安全值时,人则很难逃离而发生中毒,毒气影响宽度可达1 000 m或更大。前述的印度博帕尔事件造成2 000多人死亡就属这种情况。

血的教训充分说明了在化工生产中如果没有完善的安全防护设施和严格的安全管理,

即使具有先进的生产技术和现代化的设备,也难免发生事故。而一旦发生事故,人们的生命和财产将遭受重大损失,生产也无法进行下去,甚至整个装置会毁于一旦。因此,安全在化工生产中有着非常重要的作用,安全是化工生产的前提和关键,没有安全作保障,生产就不能顺利进行。

随着化学工业的发展,特别是中国加入 WTO 后,各项工作与国际管理接轨,化学工业面临的安全生产、劳动保护与环境保护等问题越来越受到人们的关注。如何确保化工生产安全进行,使化学工业能够稳定持续地健康发展,是中国化学工业面临的一个急需解决且必须解决的重大问题。

自　　测

一、选择题

1. 下列哪些情形不是高风险情形?(　　)
   A. 生产车间内杂乱不堪
   B. 工厂工作区域内有太多的限制
   C. 检修设备的时候佩戴护目镜
   D. 在紧急出口处存储货物

2. 小张在使用某设备时,为了方便,关闭了安全装置,你怎么评价他这种做法?(　　)
   A. 可以有效地节省时间,是允许的
   B. 高风险的情形
   C. 事故
   D. 偶发事件,可以忽略

3. 下面对"风险"的定义哪个是准确的?(　　)
   A. 风险 = 可能性 × 后果
   B. 风险 = 可能性 + 后果
   C. 风险 = 可能性/后果
   D. 风险 = 可能性 – 后果

4. 为什么防止机器产生灰尘是重要的?(　　)
   A. 因为不那样你要经常清扫地面
   B. 因为不那样你会被灰尘覆盖
   C. 因为吸入太多的灰尘有害健康
   D. 因为机器会看起来不整洁和不干净
   E. 因为很可能影响产品的质量,甚至引发重大事故

5. 安全是(　　)。
   A. 没有危险的状态　　　　　　　B. 没有事故的状态
   C. 达到可接受的伤亡和损失的状态　D. 舒适的状态

6. 事故和隐患是(　　)。
A. 完全相同的　　　　　　　　B. 后者是前者的可能性
C. 后者是前者的必然条件　　　　D. 前者是后者的必然条件

二、简答题

1. 简述化工生产的特点。
2. 为什么安全在化工行业中非常重要？

第二章

化学危险物质

 学习要求

- 了解化学危险物质、重大危险源的定义
- 熟悉重大危险源和重大事故隐患之间的区别
- 掌握化学危险物质贮存和运输中的注意事项
- 熟练掌握重大危险源的辨识方法

随着科学技术的进步,越来越多的化学物质造福于人类,但同时也严重威胁着人类的健康和周围的环境。化学物质的危险程度取决于贮存和加工物质的性质、应用的设备以及所属的过程。化工产品生产线一般由几个甚至多达上百个单元操作过程构成。这些化学危险物质在一定的外界条件下可能发生燃烧、爆炸、中毒等事故,给人们的生产、生活造成重大影响,引起人员伤亡和财产损失。因此,我们应该清楚地认识这些化学危险品,了解其类别、性质及其危害性,应用相应的科学手段进行有效的防范管理。

第一节　化学物质及其危险概述

一、危险化学品分类

化学危险物质是指具有燃烧、爆炸、腐蚀、毒害等性质,以及在生产、贮存、装卸、运输等过程中容易造成人员伤亡和财产损失的任何化学物质。

根据中华人民共和国国家标准《常用危险化学品的分类及标志》(GB 13690—1992),危险化学品分为 8 类:爆炸物质,压缩气体和液化气体,易燃液体,易燃固体、自燃物品和遇湿易燃物品,氧化剂和有机过氧化物,毒害品和感染性物品,放射性物品、腐蚀品。

为了便于对危险化学品的生产、使用、贮存、经营与运输进行安全管理,应对危险化学品进行统一编号。中国的危险化学品品名编号由 5 位阿拉伯数字组成,分别表示为危险品所属类别、项别和顺序号,如图 2-1 所示。

顺序号 500 以前的物品为一级危险品,500 以后的为二级危险品。例如,某危险化学品编号为 41058,说明此物品系一级易燃固体(如任何地方都可以擦燃的火柴);编号为 41551,此物品系二级易燃固体。

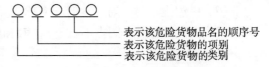

图 2-1 中国危险化学品编号规则

1. 第 1 类:爆炸物质

爆炸物质是指在受热、撞击等外界条件作用下,能发生剧烈化学反应,瞬时产生大量气体和热量,使周围压力急剧上升而发生爆炸,对周围环境造成破坏的物品。爆炸物质也包括无整体爆炸危险,但具有燃烧、抛射及较小爆炸危险的物品,或仅产生热、光、声响、烟雾等一种或几种作用的烟火物品。爆炸品按其危险性分为以下 6 项:

(1) 具有整体爆炸危险的物质和物品。整体爆炸是指瞬间即迅速传播到几乎全部装入药量的爆炸。如硝基重氮酚、雷汞、雷银等起爆药,梯恩梯、黑索金、硝化甘油等猛炸药,无烟火药、硝化棉、闪光弹药等火药。

(2) 具有抛射危险,但无整体爆炸危险的物质和物品。如带有炸药或抛射药的火箭、火箭弹头,装有炸药的炸弹、弹丸、穿甲弹,非水活化的带有爆炸管、抛射药或发射药的照明弹、燃烧弹、烟幕弹、催泪弹,摄影闪光弹、闪光粉、地面或空中照明弹、不带雷管的民用炸药装药、民用火箭等。

(3) 具有燃烧危险和较小爆炸或较小抛射危险,或两者危险兼有,但无整体爆炸危险的物质和物品。如速燃导火索、点火管、点火引信、含乙醇≥25% 或增塑剂≥18% 的硝化纤维素、礼花弹等。

(4) 无重大危险的爆炸物质和物品。该项爆炸品的爆炸危险性较小,万一被点燃或引爆,其危险作用大部分局限在包装件内部,而对包装件外部无重大危险。如手持信号器、火炬信号、烟花爆竹等。

(5) 有整体爆炸危险但极不敏感的物质。该项爆炸品的性质比较稳定,在燃烧试验中不会爆炸。如 B 型爆破用炸药、E 型爆破用炸药、铵松蜡炸药等。

(6) 没有整体爆炸危险的极不敏感的爆炸物质和物品。该项爆炸品的危险仅限于单个物品的爆炸。

2. 第 2 类:压缩气体和液化气体

压缩气体和液化气体是指压缩、液化或加压溶解的气体,其状态条件符合下列两种情况之一者:

(1) 临界温度低于或等于 50 ℃、蒸气压大于 294 kPa 的压缩或液化气体。

(2) 温度在 21.1 ℃ 和 54.4 ℃、压力分别大于 275 kPa 和 715 kPa 的压缩气体;或温度在 37.8 ℃、蒸气压大于 275 kPa 的液化气体或加压溶解气体。

压缩气体和液化气体按其物理性能可分为易燃气体、不燃气体、有毒气体 3 项。

3. 第 3 类:易燃液体

易燃液体是指易燃的液体、液体混合物或含有固体物质的液体,但不包括由于其危险特性已列入其他类别的液体。易燃液体闭杯试验闪点等于或低于 61 ℃,按其闪点分为 3 项:

(1) 低闪点液体:闪点低于 -18 ℃ 的液体。

(2) 中闪点液体：闪点不低于 −18 ℃ 和闪点低于 23 ℃ 的液体或液体混合物。
(3) 高闪点液体：闪点不低于 23 ℃ 和闪点低于 61 ℃ 的液体或液体混合物。

4. 第 4 类：易燃固体、自燃物品和遇湿易燃物品

第 4 类危险货物（易燃固体、自燃物品和遇湿易燃物品）分为 3 项：
(1) 易燃固体是指燃点低，对热、撞击、摩擦敏感，易被外部火源点燃，燃烧迅速，并能散发出有毒烟雾或有毒气体的固体，但不包括已列入爆炸品的固体。
(2) 自燃物品是指自燃点低、在空气中易被氧化、能放出热量自行燃烧的物品。
(3) 遇湿易燃物品是指遇水或受潮时发生剧烈化学反应、释放出大量易燃气体和热量的物品，有些不需要火源即能燃烧或爆炸。

5. 第 5 类：氧化剂和有机过氧化物

第 5 类危险货物（氧化剂和有机过氧化物）分为 2 项：
(1) 氧化剂是指处于高氧化态、具有强氧化性、易分解并释放出氧和热量的物质，氧化剂还包括无机过氧化物。氧化剂本身不燃烧，但由于富氧可以助燃，因此能够强化可燃物的燃烧。
(2) 有机过氧化物是指分子中含有过氧基的有机物，本身易燃、易爆、易分解，对热、震动或摩擦极为敏感。

6. 第 6 类：毒害品和感染性物品

第 6 类危险货物（毒害品和感染性物品）分为 2 项：
(1) 毒害品是指其进入肌体后，累积达到一定的量，能与体液和组织发生生物化学作用或生物物理学变化，扰乱或破坏肌体的正常生理功能，引起暂时性或持久性的病理状态，甚至危及生命的物品。
(2) 感染性物品是指含有致病微生物，能引起病态，甚至死亡的物质。

7. 第 7 类：放射性物品

放射性物品是指放射性比活度大于 7.4×10^4 Bq/kg 的物品。

8. 第 8 类：腐蚀品

腐蚀品是指能灼伤人体组织、对金属等物品也能造成损坏的固体或液体，即与皮肤接触在 4 h 内出现可见坏死现象，或温度在 55 ℃ 时，对 20 号钢的表面年平均腐蚀速率超过 6.25 mm 的固体或液体。腐蚀品按化学性质可分为酸性腐蚀品、碱性腐蚀品及其他腐蚀品 3 项。

二、化学物质的危险性及其主要特征

化学物质的危险性参考前欧共体危险品分类可划分为物理危险、生物危险和环境危险 3 个类别。

1. 物理危险

(1) 爆炸性危险。

爆炸性是指物质或制剂在明火影响下或是对震动或摩擦比二硝基苯更敏感会产生爆炸。该定义取自危险物品运输的国际标准，用二硝基苯作为标准参考基础。迅速而又缺乏控制的能量释放会产生爆炸。释放的能量形式一般是热、光、声和机械振动等。化工爆炸的

能源最常见的是化学反应,但是机械能或原子核能的释放也会引起爆炸。物质燃烧爆炸的能力大小取决于这类物质的化学组成。

任何易燃的粉尘、蒸气或气体与空气或其他助燃剂混合,在适当条件下点火都会产生爆炸。能引起爆炸的可燃物质有:可燃固体,包括一些金属的粉尘;易燃液体的蒸气;易燃气体。

一般说来,气体比液体、固体易燃易爆,爆速也快。这是因为气体间的分子作用力小,化学键容易断裂。分子越小、分子量越低,其化学性质就越活泼,也越容易引起燃烧爆炸。

(2) 氧化性危险。

氧化性是指物质或制剂与其他物质,特别是易燃物质接触产生强放热反应。氧化性物质依据其作用可分为 3 种类别:中性的,如臭氧、氧化铅、硝基甲苯等;碱性的,如高锰酸钾、过氧化钠等;酸性的,如氯酸、硝酸、硫酸等。

绝大多数氧化剂都是高毒性化合物。按照其生物作用,有些可称为刺激性气体,如硫酸、氯酸烟雾和过氧化氢等,甚至是窒息性气体,如硝酸烟雾、氯气等。所有刺激性气体,尽管其物理和化学性质不同,直接接触一般都能引起细胞组织表层的炎症。其中一些,如硫酸、硝酸和氟气,可以造成皮肤和黏膜的灼伤;另外一些,如过氧化氢,可以引起皮炎。含有铬、锰和铅的氧化性化合物具有特殊的危险。例如,铬(Ⅵ)化合物长期吸入会导致肺癌,锰化合物可以引起中枢神经系统和肺部的严重疾患。

作为氧源的氧化性物质具有助燃作用,而且会增加燃烧强度。由于氧化反应的放热特征,反应热会使接触物质过热,而且各种反应副产物往往比氧化剂本身更具毒性。

(3) 易燃性危险。

易燃性危险可以细分为极度易燃性、高度易燃性和易燃性三个危险类别。

极度易燃性是指闪点低于 0 ℃、沸点低于或等于 35 ℃ 的物质或制剂具有的特征。例如,乙醚、甲酸乙酯、乙醛就属于这个类别。能满足上述界定的还有许多其他物质,如氢气、甲烷、乙烷、乙烯、丙烯、一氧化碳、环氧乙烷、液化石油气以及在环境温度下为气态、可形成较宽爆炸极限范围的气体-空气混合物的石油化工产品。

高度易燃性是指无需能量,与常温空气接触就能变热起火的物质或制剂具有的特征。这个危险类别包括与火源短暂接触就能起火,火源移去后仍能继续燃烧的固体物质或制剂;闪点低于 21 ℃ 的液体物质或制剂;通常压力下空气中的易燃气体。氢化合物、烷基铝、磷以及多种有机溶剂都属于这个类别。

易燃性是指闪点在 21 ℃ ~ 55 ℃ 的液体物质或制剂具有的特征。这个类别包括大多数溶剂和许多石油馏分。

2. 生物危险

(1) 毒性危险。

毒性危险可造成急性或慢性中毒甚至致死,应用试验动物的半致死剂量表征。毒性反应的大小很大程度上取决于物质与生物系统接受部位反应生成的化学键类型。对毒性反应起重要作用的化学键的基本类型是共价键、离子键和氢键,还有范德华力。

有机化合物的毒性与其成分、结构和性质有密切关系是人们早已熟知的事实。例如,卤素原子引入有机分子几乎总是伴随着有机物毒性的增加,多键的引入也会增加物质的毒性作用,硝基、亚硝基或氨基官能团的引入会剧烈改变化合物的毒性,而羰基的存在或乙酰化则会降低化合物的毒性。

(2)腐蚀性和刺激性危险。

腐蚀性物质既不代表有共同的结构、化学或反应特征的化学物质的特定种类,也不代表有共同用途的一类物质,而是类属能够严重损伤活性细胞组织的一类物质。一般腐蚀性物质除具有生物危险外,还能损伤金属、木材等其他物质。

在化工中最具代表性的腐蚀性物质有:酸和酸酐,碱,卤素和含卤盐,卤代烃、卤代有机酸、酯和盐,以及不属于以上4类中任何一类的其他腐蚀性物质,如多硫化氢、2-氯-苯甲醛、肼和过氧化氢等。

刺激性是指物质和制剂与皮肤或黏膜直接、长期或重复接触会引起炎症。由上述刺激性界定可见,刺激性的作用对象不包括无生物。

虽然腐蚀性作用常引起深层损伤结果,而刺激性一般只有浅表特征,但两者之间并没有明确的界线。

(3)致癌性和致变性危险。

致癌性是指一些物质或制剂,通过呼吸、饮食或皮肤注射进入人体,会诱发癌症或增加癌变危险。1978年国际癌症研究机构制定的一份文件宣布有26种物质被确认具有致癌性质,随后又有22种物质经动物试验被确认能诱发癌变。

在致癌物质领域,由于目前人们对癌变的机理还不甚了解,还不足以建立起符合科学论证的管理网络。但是对于物质的总毒性,却可以测出一个浓度水平,在此浓度水平之下,物质不再显示出致癌作用。对于有些致癌物质,已经有了剂量-反应的曲线图。这意味着对于所有致癌物质,都有一个足够低但是非零的浓度水平,在此浓度水平之下,有机体的防护机制不允许致癌物质发挥作用。另外,动物试验结果与对人体作用之间的换算目前在科学上还未解决。

致变性是指一些物质或制剂可以诱发生物活性。对于具体物质诱发的生物活性的类型,如细胞的、细菌的、酵母的或更复杂有机体的生物活性,目前还无法确定。致变性又称变异性。受其影响的如果是人或动物的生殖细胞,受害个体的正常功能会有不同程度的变化;如果是躯体细胞,则会诱发癌变。前者称为生物变异,可传至后代;后者称为躯体变异,只影响受害个体的一生。

3. 环境危险

与化工有关的环境危险主要是水质污染和空气污染,是指物质或制剂在水和空气中的浓度超过正常量,进而危害人或动物的健康以及植物的生长。环境危险是一个不易确定的综合概念。环境危险往往是物理化学危险和生物危险的聚结,并通过生物和非生物降解达到平衡。为了评价化学物质对环境的危险,必须进行全面评估,考虑化学物质的固有危险及其处理量,化学物质的最终去向及其散落入环境的程度,化学物质分解产物的性质及其所具有的新陈代谢功能。

第二节 毒性物质的性质和特征

一、毒性物质的类别

化工中有毒有害物质可以用各种方式分类。下面给出的是美国标准协会定义的按照毒性物质物理状态的分类方法。

(1) 粉尘：是指如岩石、矿石、金属、煤、木材、谷物等有机或无机物质在加工、粉碎、研磨、撞击、爆破或爆裂时所产生的固体粒子。除非有静电作用，粉尘一般不絮凝。粉尘在空气中不扩散，但在重力影响下沉降。

(2) 烟尘：是指熔融金属等挥发出的气态物质冷凝产生的固体粒子，常伴有化学反应（如氧化）发生。烟尘会发生絮凝，有时会凝结。

(3) 烟雾：是指气体冷凝成液体，或通过溅落、鼓泡、雾化等使液体分散而产生的悬浮液滴。

(4) 蒸气：是指通常是固态或液态的物质的气体形式，通过增加压力或降低温度可使其变回原态。蒸气会发生扩散。

(5) 气体：一般是指临界点以上能充满整个封闭容器空间的无定形流体，只有通过增加压力和降低温度的复合作用才能使其变至液态或固态。气体会发生扩散。

以上分类不包括完全可能是有害的、明显的固体和液体类别，也不包括医学试剂。医学试剂，如细菌、霉菌和其他寄生物等活性试剂，应归入工业健康危险系统的分类中。

二、毒性物质的临界限度和致死剂量

化工毒性涉及进入人体某个部位的物质的作用。几乎所有的有毒物质与皮肤直接作用都能造成伤害。伤害的程度与毒性物质的有效剂量直接相关。有关有效剂量的诸多因素中，最重要的是：物质的量或浓度，物质的分散状态和暴露时间，物质在人体组织液中的溶解度和对人体组织的亲和力。显然，上述各因素变化范围很宽，存在多种可能性。

对于毒性物质的有效剂量，美国工业卫生学家联合会设定的临界限度已被广泛接受。临界限度表示的是所有工人日复一日地重复暴露而不会受到危害的最高浓度。临界限度值是指一个标准工作日的时间加权平均浓度。临界限度的概念与美国标准协会颁布的最大可接受浓度的概念类似，但并不相同。这些概念定义的都是永远不应超越的极限浓度。

对于气体和蒸气，临界限度一般是用在空气中的百万分数来表示；对于烟尘、烟雾和某些粉尘，临界限度则由每立方米的毫克数（$mg \cdot m^{-3}$）给出；对于某些粉尘，特别是含有二氧化硅的粉尘，临界限度用每立方英尺空气中粒子的百万个数表示。

基于以下原因，单纯从字面上理解和应用临界限度是危险的。

(1) 在所有已出版的临界限度数据中，大量的是以推测、判断或实验室动物有限的试验数据为基础的，几乎没有多少数据是建立在以人为对象，并联系足够的环境观测严格考察的基础上。

（2）对于一切工作环境,有毒有害物质的浓度在整个工作日中很少保持恒定,产生波动是经常的。

（3）化工暴露往往是混合物而不是单一的化合物,而对于混合物的毒性作用,人们还知之甚少。

（4）不同个体对毒性物质的敏感性截然不同,其原因目前还无法清楚了解,因而不能假定对某个人是安全的条件对所有的人都安全。

（5）对于以不同溶解度的盐、化合物或以不同物态的形式存在的物质,给出的往往是单一的临界限度值。

如果了解和接受以上限定条件,临界限度文献数据会发挥很大的作用。临界限度值主要用在通风系统的设计中,是通风设备设计的基础数据。但是不应该认为在等于或小于临界限度值的浓度范围就可以防止职业病和职业中毒,也不应该认为在超过临界限度值的浓度范围就必然会有中毒事故发生。浓度和时间的乘积($K=ct$)称为 Haber 定律,这个概念表示的是毒性作用程度指数。但这也容易引起误解,因为短时间大剂量的相对有效性与长时间小剂量的作用间没有什么关系。

在试验工业毒理学中,测定具有致死作用的试验动物单位体重的毒物量是普通的实验。使一组试验动物中恰恰一个致死的单位体重的毒物量称为最小致死剂量。在试验工业毒理学中,更常用的是使一组试验动物中一半致死的量,称为半致死剂量或百分之五十致死剂量,用 LD_{50} 来表示,致死剂量的单位是 $mg \cdot kg^{-1}$。有时把染毒环境空气中毒物的含量作为毒性评价指标,类似的有半致死浓度 LC_{50}（单位：$mg \cdot m^{-3}$）。

三、毒性物质的毒性等级和危险等级

毒性物质的毒性分为 5 个等级,下面就这 5 个等级进行说明。

1. "U"：未知（Unknown）

"U"这个标识适用于以下几个类别的物质：

（1）在文献中查找不到有关物质的任何毒性信息,人们对此一无所知。

（2）有基于动物试验的有限信息,但不适用于人的暴露。

（3）对已出版的毒性数据存疑。

2. "0"：无毒性

"0"这个标识适用于以下类别的物质：

（1）在任何应用条件下都不会引起伤害的物质。

（2）仅在最不寻常的条件下或超大剂量应用时才对人产生毒性作用。

3. "1"：轻度毒性

（1）急性局部中毒：物质一次性连续暴露几秒、几分或几个小时,不管暴露的程度如何,仅引起对皮肤或黏膜的轻度影响。

（2）急性全身中毒：物质一次性连续暴露几秒、几分或几个小时,通过呼吸或皮肤吸收进入人体,或一次性服入,不管吸收的量和暴露的程度如何,仅产生轻度影响。

（3）慢性局部中毒：物质连续或重复暴露持续数日、数月或数年,暴露的程度或大或

小,仅引起对皮肤或黏膜的轻度伤害。

（4）慢性全身中毒：物质连续或重复暴露持续数日、数月或数年,通过呼吸或皮肤吸收进入人体,暴露的程度或大或小,仅产生轻度伤害。

一般来说,列为"轻度毒性"类的物质在人体中产生的变化是可逆的,会随着暴露的终止、经医治或无需医治而逐渐消失。

4. "2"：中度毒性

（1）急性局部中毒：物质一次性连续暴露几秒、几分或几个小时,会引起对皮肤或黏膜的中度影响。上述影响可以起因于几秒的强暴露或几个小时的中度暴露。

（2）急性全身中毒：物质一次性连续暴露几秒、几分或几个小时,通过呼吸或皮肤吸收进入人体,或一次性服入,产生中度影响。

（3）慢性局部中毒：物质连续或重复暴露持续数日、数月或数年,引起对皮肤或黏膜的中度伤害。

（4）慢性全身中毒：物质连续或重复暴露持续数日、数月或数年,通过呼吸或皮肤吸收进入人体,产生中度影响。

列为"中度毒性"类的物质会在人体中产生不可逆的同时也有可逆的变化,但是这些变化还不至于严重到危及生命或造成对身体严重的、永久的伤害。

5. "3"：重度毒性

（1）急性局部中毒：物质一次性连续暴露几秒、几分或几个小时,引起对皮肤或黏膜的严重损伤,会危及生命或造成对身体的永久伤害。

（2）急性全身中毒：物质一次性连续暴露几秒、几分或几个小时,通过呼吸或皮肤吸收进入人体,或一次性服入,产生会危及生命的严重伤害。

（3）慢性局部中毒：物质连续或重复暴露持续数日、数月或数年,引起皮肤或黏膜的不可逆的严重损伤,会危及生命或造成永久伤害。

（4）慢性全身中毒：物质小剂量连续或重复暴露持续数日、数月或数年,通过呼吸或皮肤吸收进入人体,能够致死或造成身体的严重损伤。

美国科学院把毒性物质危险划分为 5 个等级,是根据物质的半致死剂量 LD_{50} 值划分的。

（1）"0"：无毒性, $LD_{50} > 15 \text{ g} \cdot \text{kg}^{-1}$。

（2）"1"：实际无毒性, $5 \text{ g} \cdot \text{kg}^{-1} < LD_{50} < 15 \text{ g} \cdot \text{kg}^{-1}$。

（3）"2"：轻度毒性, $0.5 \text{ g} \cdot \text{kg}^{-1} < LD_{50} < 5 \text{ g} \cdot \text{kg}^{-1}$。

（4）"3"：中度毒性, $50 \text{ mg} \cdot \text{kg}^{-1} < LD_{50} < 500 \text{ mg} \cdot \text{kg}^{-1}$。

（5）"4"：毒性, $LD_{50} < 50 \text{ mg} \cdot \text{kg}^{-1}$。

第三节　化工生产中的重大危险源

化工行业是一个高危行业,经常会发生火灾、爆炸、静电、辐射、噪声、职业病和职业中毒等事故,这其中的主要原因就是化工生产中存在着一些重大的危险源。

一、重大危险源的定义

重大危险源辨识是重大工业事故预防的有效手段。自1982年欧共体颁布了《工业活动中重大事故危险法令》以来,美国、加拿大、印度、泰国等地都发布了相应的标准,1996年澳大利亚颁布了国家标准NOHSC:1014(1996)《重大危险源控制》。这些法规或标准中辨识重大危险源的依据都是物质的危险性及临界量。这种做法在技术上是合理的,在使用上是方便的。重大危险源(GB 18218—2000)是指企业生产活动中客观存在的危险物质或能量超过临界值的设施、设备或场所。

事故隐患与危险源不是等同的概念。事故隐患是指作业场所、设备及设施的不安全状态,人的不安全行为和管理上的缺陷,是引发安全事故的直接原因。它实质是有危险的、不安全的、有缺陷的"状态",这种状态可在人或物上表现出来,如人走路不稳、路面太滑都是导致摔倒致伤的隐患;也可表现在管理的程序、内容或方式上,如检查不到位、制度的不健全、人员培训不到位等。

危险源是指一个系统中具有潜在能量和物质释放危险的,可造成人员伤害、财产损失或环境破坏的,在一定的触发因素作用下可转化为事故的部位、区域、场所、空间、岗位、设备及其位置。它的实质是具有潜在危险的源点或部位,是爆发事故的源头,是能量、危险物质集中的核心,是能量从那里传出来或爆发的地方。危险源存在于确定的系统中。不同的系统范围,危险源的区域也不同。例如,从全国范围来说,对于危险行业(如石油、化工等)具体的一个企业(如炼油厂)就是一个危险源;而从一个企业系统来说,可能某个车间、仓库就是危险源,一个车间系统可能某台设备是危险源。因此,分析危险源应按系统的不同层次来进行。一般来说,危险源可能存在事故隐患,也可能不存在事故隐患,对于存在事故隐患的危险源一定要及时加以整改,否则随时都可能导致事故。如图2-2所示为事故、事件、重大事故隐患、重大危险源关系图。

图2-2 事故、事件、重大事故隐患、重大危险源关系图

二、生产场所重大危险源的类型

根据物质不同的特性,生产场所重大危险源按以下4类物质的品种(品名引用GB 12268—1990《危险货物品名表》)及其临界量加以确定。

（1）爆炸性物质名称及临界量见表2-1。

表 2-1 爆炸性物质名称及临界量

序号	物质名称	临界量/t	
		生产场所	贮存区
1	雷(酸)汞	0.1	1
2	硝化甘油	0.1	1
3	二硝基重氮酚	0.1	1
4	二乙二醇二硝酸酯	0.1	1
5	脒基亚硝氨基脒基四氮烯	0.1	1
6	迭氮(化)钡(注：现用"叠"字)	0.1	1
7	迭氮(化)铅(注：现用"叠"字)	0.1	1
8	三硝基间苯二酚铅	0.1	1
9	六硝基二苯胺	5	50
10	2,4,6-三硝基苯酚	5	50
11	2,4,6-三硝基苯甲硝胺	5	50
12	2,4,6-三硝基苯胺	5	50
13	三硝基苯甲醚	5	50
14	2,4,6-三硝基苯甲酸	5	50
15	二硝基(苯)酚	5	50
16	环三次甲基三硝胺	5	50
17	2,4,6-三硝基甲苯	5	50
18	季戊四醇四硝酸酯	5	50
19	硝化纤维素	10	100
20	硝酸铵	25	250
21	1,3,5-三硝基苯	5	50
22	2,4,6-三硝基氯(化)苯	5	50
23	2,4,6-三硝基间苯二酚	5	50
24	环四次甲基四硝胺	5	50
25	六硝基-1,2-二苯乙烯	5	50
26	硝酸乙酯	5	50

（2）易燃物质名称及临界量见表2-2。

表2-2 易燃物质名称及临界量

序号	类别	物质名称	临界量/t 生产场所	临界量/t 贮存区
1	闪点<28℃的液体	乙烷	2	20
2		正戊烷	2	20
3		石脑油	2	20
4		环戊烷	2	20
5		甲醇	2	20
6		乙醇	2	20
7		乙醚	2	20
8		甲酸甲酯	2	20
9		甲酸乙酯	2	20
10		乙酸甲酯	2	20
11		汽油	2	20
12		丙酮	2	20
13		丙烯	2	20
14	28℃≤闪点<60℃的液体	煤油	10	100
15		松节油	10	100
16		2-丁烯-1-醇	10	100
17		3-甲基-1-丁醇	10	100
18		二(正)丁醚	10	100
19		乙酸正丁酯	10	100
20		硝酸正戊酯	10	100
21		2,4-戊二酮	10	100
22		环己胺	10	100
23		乙酸	10	100
24		樟脑油	10	100
25		甲酸	10	100
26	爆炸下限≤10%气体	乙炔	1	10
27		氢	1	10
28		甲烷(天然气)	1	10
29		乙烯	1	10
30		1,3-丁二烯	1	10
31		环氧乙烷	1	10
32		一氧化碳和氢气混合物	1	10
33		石油气	1	10

(3)活性化学物质名称及临界量见表2-3。

表2-3 活性化学物质名称及临界量

序号	物质名称	临界量/t	
		生产场所	贮存区
1	氯酸钾	2	20
2	氯酸钠	2	20
3	过氧化钾	2	20
4	过氧化钠	2	20
5	过氧化乙酸叔丁酯(浓度≥70%)	1	10
6	过氧化异丁酸叔丁酯(浓度≥80%)	1	10
7	过氧化顺式丁烯二酸叔丁酯(浓度≥80%)	1	10
8	过氧化异丙基碳酸叔丁酯(浓度≥80%)	1	10
9	过氧化二碳酸二苯甲酯(盐度≥90%)	1	10
10	2,2-双-(过氧化叔丁基)丁烷(浓度≥70%)	1	10
11	1,1-双-(过氧化叔丁基)环己烷(浓度≥80%)	1	10
12	过氧化二碳酸二仲丁酯(浓度≥80%)	1	10
13	2,2-过氧化二氢丙烷(浓度≥30%)	1	10
14	过氧化二碳酸二正丙酯(浓度≥80%)	1	10
15	3,3,6,6,9,9-六甲基-1,2,4,5-四氧环壬烷	1	10
16	过氧化甲乙酮(浓度≥60%)	1	10
17	过氧化异丁基甲基甲酮(浓度≥60%)	1	10
18	过乙酸(浓度≥60%)	1	10
19	过氧化(二)异丁酰(浓度≥50%)	1	10
20	过氧化二碳酸二乙酯(浓度≥30%)	1	10
21	过氧化新戊酸叔丁酯(浓度≥77%)	1	10

(4)有毒物质名称及临界量见表2-4。

表2-4 有毒物质名称及临界量

序号	物质名称	临界量/t	
		生产场所	贮存区
1	氨	40	100
2	氯	10	25
3	碳酰氯	0.30	0.70
4	一氧化碳	2	5
5	二氧化硫	40	100
6	三氧化硫	30	75
7	硫化氢	2	5
8	羰基硫	2	5
9	氟化氢	2	5
10	氯化氢	20	50
11	砷化氢	0.4	1

续表

序号	物质名称	临界量/t	
		生产场所	贮存区
12	锑化氢	0.4	1
13	磷化氢	0.4	1
14	硒化氢	0.4	1
15	六氟化硒	0.4	1
16	六氟化碲	0.4	1
17	氰化氢	8	20
18	氯化氰	8	20
19	乙撑亚胺	8	20
20	二硫化碳	40	100
21	氮氧化物	20	50
22	氟	8	20
23	二氟化氧	0.4	1
24	三氟化氯	8	20
25	三氟化硼	8	20
26	三氯化磷	8	20
27	氧氯化磷	8	20
28	二氯化硫	0.4	1
29	溴	40	100
30	硫酸(二)甲酯	20	50
31	氯甲酸甲酯	8	20
32	八氟异丁烯	0.30	0.75
33	氯乙烯	20	50
34	2-氯-1,3-丁二烯	20	50
35	三氯乙烯	20	50
36	六氟丙烯	20	50
37	3-氯丙烯	20	50
38	甲苯-2,4-二异氰酸酯	40	100
39	异氰酸甲酯	0.30	0.75
40	丙烯腈	40	100
41	乙腈	40	100
42	丙酮氰醇	40	100
43	2-丙烯-1-醇	40	100
44	丙烯醛	40	100
45	3-氨基丙烯	40	100
46	苯	20	50
47	甲基苯	40	100
48	二甲苯	40	100
49	甲醛	20	50
50	烷基铅类	20	50
51	羰基镍	0.4	1

续表

序号	物质名称	临界量/t	
		生产场所	贮存区
52	乙硼烷	0.4	1
53	戊硼烷	0.4	1
54	3-氯-1,2-环氧丙烷	20	50
55	四氯化碳	20	50
56	氯甲烷	20	50
57	溴甲烷	20	50
58	氯甲基甲醚	20	50
59	一甲胺	20	50
60	二甲胺	20	50
61	N,N-二甲基甲酰胺	20	50

三、重大危险源的辨识指标

单元内存在危险物质的数量等于或超过表2-1、表2-2、表2-3及表2-4测定的临界量，即被定为重大危险源。单元内存在危险物质的数量根据处理物质种类的多少区分为以下两种情况：

单元内存在危险物质为单一品种，则该物质的数量即为单元内危险物质总量，若等于或超过相应的临界量，则定为重大危险源。

单元内存在的危险物质为多品种时，则按下式计算，若满足下式，则定为重大危险源：

$$\frac{q_1}{Q_1}+\frac{q_2}{Q_2}+\cdots+\frac{q_n}{Q_n}\geqslant 1$$

式中：$q_1,q_2,\cdots,q_n$——每种危险物质实际存在量，单位为t。

$Q_1,Q_2,\cdots,Q_n$——与各危险物质相对应的生产场所或贮存区的临界量，单位为t。

第四节 化学危险物质的贮存和运输安全

一、化学危险物质的管理

（1）易燃易爆物品应贮存在符合安全防火条件好的地点，使用时应在无任何火种的排风良好处进行。

（2）使用汽油、苯及醚类等易燃液体时，禁止明火，严禁在灼热物上放置。

（3）禁止将易燃物质用明火蒸馏和加热，其沸点低于100℃者（如苯、汽油、乙醚、二硫化碳、乙醇、甲醇）在水浴或蒸汽浴上加热，其沸点高于100℃者可用油浴或沙浴等加热蒸馏，水浴、油浴也不准采用明火。

（4）绝对禁止在杯皿中沸腾蒸发可燃物质，蒸发可燃物质之液体必须利用能避免其蒸气逸入空气中的装置,其加热器安排及方法必须遵守实验室安全规则。

(5) 饱和蒸气压力较大的液体,如醋酸、醚类、二硫化碳以及丙酮,不允许放在烧瓶中,应放在坚固的容器中。

(6) 在有易燃易爆气体、粉尘的室内,所有电气和照明设备都应采用防爆型的设备和装置。

(7) 化学易燃品的容器、包装应该牢固、密封,材质应适应化学易燃易爆品的性能,容器包装外部须印贴明显的警告标志,说明物质名称、化学性能和注意事项。

(8) 贮存室内温度保持在10 ℃~25 ℃范围之内。

二、化学危险物质贮存保管的安全要求

(1) 性质相抵触、灭火方法不同的危险化学品应该隔离贮存,更不准与食物、医药等同库贮存。

(2) 危险化学品应该分类、分堆贮存,堆剁不得过高过密,堆垛之间应该留出一定的间距、通道和通风口。

(3) 性质不稳定、容易分解和变质以及混有杂质而易引起燃烧爆炸的化学物品,应该经常进行检查、测温、化验,防止自燃爆炸。

(4) 在贮存危险化学品的库房内或露天堆垛附近不准进行试验、分装、打包、焊接和其他可能引起火灾的操作。

(5) 危险化学品仓库的安全间距应根据性质、规模和贮存物质的危害性质,按照国务院颁发的规定执行。

(6) 危险化学品仓库应有良好的通风和必要的避雷装置,配备相应的防火、防爆、防毒的安全设施。

(7) 为了确保危险化学品仓库的安全,应加强门卫,严格出入制度,容器包装要密闭、完整,对破损渗漏的要立即进行妥善处理,仓库区域内严禁烟火。

(8) 贮存气瓶的仓库必须为单层建筑,设置易揭开的轻质屋顶,地坪可用沥青砂浆混凝土铺设,门窗向外开启,玻璃涂以白色,库温不超过35 ℃。如果检查过程中发现有漏气,应该首先做好人身保护,站立在上风处,向气瓶倾倒冷水,使其冷却后再去旋紧阀门。

(9) 盛装易燃液体的容器应保留不少于5%容积的空隙,夏天不可暴晒。

(10) 易燃物质贮罐的进料管应从罐体下部接入,以防液体冲击飞溅产生静电火花而引起爆炸。

三、化学危险物质的装卸搬运规定

(1) 必须轻拿轻放,严防震动、撞击、摩擦、重压和倾倒。

(2) 严禁性质相抵触、容易引起燃烧、爆炸的物品混合装载。

(3) 对怕热、怕潮的危险化学品要采取隔热和防潮措施。

(4) 装卸搬运有毒害、腐蚀性、放射性的危险化学品时,应备有相应的防护用品和工具,工作结束后应清洗消毒。

(5) 装卸易燃易爆液体时,为防静电应先接地,再接管装卸;装卸完毕后,先卸油管,再

拆接地导线。

(6) 对装卸和搬运的职工应经常进行安全生产知识教育,且该工作应由具有一定的业务知识和固定的人员担任。

四、化学危险物质的包装及标志

1. 包装

工业产品的包装是现代工业中不可缺少的组成部分。一种产品从生产到进入使用者手中,一般要经过多次装卸、贮存和运输过程。在这个过程中,产品将不可避免的受到碰撞、跌落、冲击和震动。一个好的包装,将会很好地保护产品,减少运输过程中的破损,使产品安全地到达用户手中。这一点对于危险化学品显得尤为重要。包装方法得当,就能降低贮存、运输中的事故发生率,否则就有可能导致重大事故。因此,化学品包装是化学品贮运安全的基础。为此,各部门、各企业对危险化学品的包装越来越重视,对其包装不断改进,开发新型包装材料,使危险化学品的包装质量不断提高。国家也不断加强包装方面的监管力度,制定了一系列相关法律、法规和标准,使危险化学品的包装更加规范。

根据国家标准《危险货物运输包装通用技术条件》(GB 12463—1990)规定,除了爆炸品、气体、感染性物品和放射性物品外,其他危险货物按其呈现的危险程度,按包装结构强度和防护性能,将危险品包装分成三类:

(1) Ⅰ类包装:货物具有较大危险性,包装强度要求高。

(2) Ⅱ类包装:货物具有中等危险性,包装强度要求较高。

(3) Ⅲ类包装:货物具有的危险性较小,包装强度要求一般。

物质的包装类别决定了包装物或接收容器的质量要求。Ⅰ类包装标示包装物的最高标准;Ⅱ类包装可以在材料兼顾性稍差的装载系统中安全运输;而使用最为广泛的Ⅲ类包装可以在包装标准进一步降低的情况下安全运输。

危险化学品的容器包装在市内贮存、运输时,应参照执行交通部、铁道部《危险货物运输规则》的有关规定,气瓶应符合国家劳动总局《气瓶安全监察规程》的规定,同时还应遵守下列规定:

(1) 容器包装应牢固、密封,采用的材料和垫料应适合危险化学品的性能;不符合包装规格要求的产品严禁出厂、出库和出入车站码头。

(2) 用过的危险化学品容器包装,由使用单位负责处理,必须经过检查,符合安全条件后方可再用。

(3) 生产和分装危险化学品的单位,应在容器包装的外部按照国家颁发的《危险货物包装标志》(GB 190—73)的规定,印贴专用标志和物品名称。

灌装易燃液体和压缩、液化、溶解气体时,应根据铁桶、槽罐和气瓶承受压力标准,以及所在地区和运输途中的最高温度的影响,确定容器的安全灌装容量,不得超压、超量灌装。

盛过或盛有危险化学品的容器包装,在危险状态不消除前,禁止进行修理或报废处理。危险状态消除后,在修理或报废过程中,严防发生对环境的污染。

运输易燃液体、剧毒液体、液化气体、溶解气体的槽罐,应采用有足够强度和适合危险物品性质的金属材料,并应根据需要配备防腐蚀涂层、双道阀门、泄压阀、防波板、除静电装置、遮阳布、压力表、液位计等相应的安全装置。

压缩气瓶集装应有防止管路和阀门受到碰撞的防护装置;每单元总重量不得超过 2 t,总管路应有 2 只阀门串连,每组钢瓶应有分阀门;气瓶、管路、阀门和接头应经常维修保养,不得松动移位,气瓶必须定期进行技术检验,逾期不得使用;集装夹具吊环的安全系数不得小于9。

2. 标志

常用危险化学品的标志设主标志 16 种和副标志 11 种(见标准 GB 13690—1992)。主标志是由表示危险化学品危险特性的图案、文字说明、底色和危险类别号 4 个部分组成的菱形标志。副标志图形没有危险品类别号。

标志的使用原则:当一种危险化学品具有一种以上的危险性时,应该用主标志表示主要危险性类别,并用副标志表示重要的其他的危险性类别。这些图示标志适用于危险货物的运输包装。

自 测

一、选择题

1. 火药、炸药、烟花爆竹等属于( )。

   A. 易燃物品　　　　　B. 自燃物品　　　　　C. 爆炸品

2. 易燃物料与液体的存放必须( )。

   A. 与其他化学品一齐存放

   B. 储放在危险品仓库内

   C. 放在车间方便取用的角落

3. 《常用危险化学品的分类及标志》(GB 13690—1992)规定,对于未列入分类明细表中的危险化学品,可以参照( )的化学性质相似、危险性相似的物品进行分类。

   A. 其他　　　　　　　B. 任意　　　　　　　C. 已列出

4. 生产、经营、贮存和使用危险物品的车间、商店、仓库与员工宿舍( )。

   A. 不得在同一建筑物内

   B. 可以在同一建筑物内,但应保持一定的安全距离

   C. 应在同一建筑物内的不同房间

5. 装卸危险化学品时,应避免使用( )工具。

   A. 橡胶　　　　　　　B. 塑料　　　　　　　C. 铁制

6. 下列物品中的( )不得存放在地下室或半地下室内。

   A. 电动工具　　　　　B. 气瓶　　　　　　　C. 灭火器

7. 根据《常用化学危险品贮存通则》(GB 15603—1995)的规定,下列贮存方式不属于化学危险品贮存方式的是( )。

   A. 隔离贮存　　　　　B. 隔开贮存　　　　　C. 混合贮存

二、判断题

1. 互为禁忌的物料不能同车、同船运输。（   ）
2. 我国安全生产的方针是"安全第一,预防为主"。（   ）
3. 危险化学品标志的使用原则：当一种危险化学品具有一种以上的危险性时,应用主标志表示主要危险性类别,并用副标志来表示全部的其他的危险性类别。（   ）
4. 按照《常用化学危险品贮存通则》（GB 15603—1995）的规定,同一区域贮存两种或两种以上不同级别的危险品时,应按最高等级危险物品的性能标志。（   ）
5. 《常用危险化学品的分类及标志》（GB 13690—1992）中将常用危险化学品按其主要危险特性分为6类。（   ）
6. 当单元内存在的危险物质为多品种时,若每种危险物质实际存在量(t)与各危险物质相对应的生产场所或贮存区的临界量(t)的比值的总和大于1,则定为重大危险源。

三、简答题

1. 化学危险物质按其危险性质可以分为哪几类？
2. 化学危险物质贮存的安全要求是什么？
3. 对化学危险物质的安全运输有哪些要求？

第三章 防火防爆技术

学习要求

- 了解燃烧和爆炸的定义、类别
- 熟悉火灾和爆炸蔓延的控制措施
- 掌握常见的一些灭火方法,并且能准确地识别灭火器的适用范围和使用方法
- 熟悉常见的危化品火灾的扑救方法

第一节 燃烧的要素和类别

一、燃烧概述

燃烧是可燃物质与助燃物质发生的一种发光发热的氧化反应。在化学反应中,失掉电子的物质被氧化,获得电子的物质被还原。

例 氢气在氯气中燃烧生成氯化氢。氢原子失掉一个电子被氧化,氯原子获得一个电子被还原。类似地,金属钠在氯气中燃烧,炽热的铁在氯气中燃烧,都是剧烈的氧化反应,并伴有光和热的发生。金属和酸反应生成盐也是氧化反应,但没有同时发光发热,所以不能称为燃烧。灯泡中的灯丝通电后同时发光发热,但并非氧化反应,所以也不能称为燃烧。

所以,只有同时发光发热的氧化反应才被界定为燃烧。燃烧过程具有发光、发热和生成新物质的3个特征。

燃烧是有条件的,它必须在可燃物(一切可氧化的物质)、助燃剂(氧化剂)和火源(能够提供一定的温度或热量)这3个条件同时具备时才会发生。这就是可燃物质燃烧的3个基本要素。缺少3个要素中的任何一个,燃烧便不会发生。对于正在进行的燃烧,只要充分控制3个要素中的任何一个,或者使其数量有足够的减少,燃烧就会终止,这就是灭火的基本原理。所以,防火防爆安全技术可以归结为这3个要素的控制问题。

例 在无惰性气体覆盖的条件下加工处理一种如丙酮之类的易燃物质,一开始便具备了燃烧三要素中的前两个要素,即可燃物和助燃剂。可以查出,丙酮的闪点是 -10 ℃。这

意味着在高于-10℃的任何温度,丙酮都可以释放出足够量的蒸气,与空气形成易燃混合物,一旦遭遇火花、火焰或其他火源就会引发燃烧。

对于上面这个例子,为了达到防火的目的,至少要满足下列4个条件中的一个条件:

(1) 环境温度保持在-10℃以下。

(2) 切断大气中氧的供应。

(3) 在区域内清除任何形式的火源。

(4) 在区域内安装良好的通风设施。丙酮蒸气一旦释放出来,排气装置就迅速将其排离区域,使丙酮蒸气和空气的混合物不至于达到危险的浓度。

条件(1)和(2)在工业规模上很难达到,而条件(3)和(4)则不难实现。虽然完全清除燃烧三要素中的任何一个可以杜绝燃烧的发生,但是对工业操作施加如此严格的限制在经济上几乎是不可行的。工业物料安全加工研究的一个重要目的是确定在兼顾杜绝燃烧和操作经济上的可行性方面还留有多大余地。为此,人们知道如何防火仅仅是开始,降低防火的消费在工业防火中有着同样重要的作用。

燃烧反应在温度、压力、组成和点火能等方面都存在极限值。可燃物质和助燃物质达到一定的浓度,火源具备足够的温度或热量,才会引发燃烧。如果可燃物质和助燃物质在某个浓度值以下,或者火源不能提供足够的温度或热量,即使表面上看似乎具备了燃烧的3个要素,燃烧仍不会发生。例如,氢气在空气中的浓度低于4%时便不能点燃,而一般可燃物质当空气中氧含量低于14%时便不会引发燃烧。总之,可燃物质的浓度在其上、下极限浓度以外,燃烧便不会发生。

思考 切割或电焊过程中都会产生火星,火星如果溅落在干燥的木屑上会有什么后果?如果是溅落在大块的木材上呢?

二、燃烧的三要素

在一般情况下,燃烧可以理解为燃料和氧间伴有发光发热的化学反应。除自燃现象外,都需要用点火源引发燃烧。所以,燃烧要素可以简单地表示为可燃物、助燃剂和点火源这3个基本条件。这一部分我们将围绕这3个基本条件进行讨论,并提出降低与之联系的危险性的建议。

1. 可燃物

防火的一个重要内容是考虑燃烧的物质,即可燃物本身。通常我们把物质分为可燃物质、难燃物质和不燃物质3类。可燃物质是指在火源作用下能被点燃,并且当点火源移去后能继续持续燃烧的物质;难燃物质是指在火源作用下能够被点燃,当火源移去后不能维持继续燃烧的物质;不燃物质是指在正常情况下不能被点燃的物质。

凡是能与空气、氧气或其他氧化剂发生剧烈的氧化反应的物质,都可称之为可燃物质。化工生产中的绝大多数原料、中间体和成品都是可燃物质。这些都是我们防火防爆的主要研究对象。

2. 助燃剂

凡是具有较强的氧化能力,能与可燃物质发生化学反应并引起燃烧的物质均称为助燃剂。一般说来,几乎所有的燃烧都需要助燃剂(如氧气)。而且,反应气氛中助燃剂的浓度越高,燃烧就越迅速。工业上很难调节生产作业区氧的浓度,特别是由于阻止发火的氧浓度远低于正常浓度,浓度太低则不适于供人员呼吸。工业上有时需要处理的只是在通常温度下暴露在空气中就会起火的物料,把这些物料与空气隔绝是必要的安全措施。为此,加工此类物料需要在真空容器或充满惰性气体如氩、氦和氮的容器内进行。

3. 火源

凡是能引起可燃物质燃烧的能源均可称之为火源。化工生产中的火源包括明火、高温表面、摩擦与撞击、静电、化学反应热、光线及射线等。下面给出的是几种常见火源以及与之有关的安全措施。

(1) 明火。

化工生产中的明火主要是指生产过程中的加热用火、维修用火以及其他的火源。在易燃液体装置附近,必须核查这一类火源,如喷枪、火柴、电灯、焊枪、探照灯、手灯、手炉等,必须消除裂解气或油品管线成为火炬的可能性。为了防火安全,常常用隔墙的方法实现充分隔离。隔墙应该相当坚固,在用喷水器或其他救火装置灭火时应能够有效地遏止火焰。一般推荐使用耐火建筑,如混凝土的隔墙。

易燃液体在应用时需要采取限制措施。在加工区,即使运输或贮存少量易燃液体,也要用安全罐盛装。为了防止易燃蒸气的扩散,应该尽可能采用密封系统。在火灾中,防止火焰扩散是绝对必要的。所有罐都应该设置通往安全地的溢流管道,因而必须用拦液堤容纳溢流的燃烧液体,否则火焰会大面积扩散,造成人员或财产的更大损失。除采取上述防火措施外,降低起火后的总消耗也是重要的。高位贮存易燃液体的装置应该通过采用防水地板、排液沟、溢流管等措施,防止燃烧液体流向楼梯井、管道开口、墙的裂缝等。

(2) 电源。

电源在这里指的是电力供应和发电装置以及电加热和电照明设施。在危险地域安装电力设施时,以下电力规范措施是应该认真遵守的公认的准则:

① 应用特殊的导线和导线管。

② 应用防爆电动机,特别是在地平面或低洼地安装时,更应该如此。

③ 应用特殊设计的加热设备,警惕加热设备材质的自燃温度,推荐应用热水或蒸汽加热设备。

④ 电气控制元件,如热断路器、开关、中继器、变压器、接触器等,容易发出火花或变热,这些元件不宜安装在易燃液体贮存区,在易燃液体贮存区只能用防爆按钮控制开关。

⑤ 在危险气氛中或在库房中,仅可应用不透气的球灯,在良好通风的区域才可以用普通灯。最好用固定的吊灯,手提安全灯也可以应用。

⑥ 在危险区,只有在防爆的条件下,才可以安装保险丝和电路闸开关。

⑦ 电动机座、控制盒、导线管等都应该按照普通的电力安装要求接地。

(3) 高温表面。

在化工生产中,易燃蒸气与燃烧室、干燥器、烤炉、导线管以及蒸气管线接触,常引发易燃蒸气起火。如果运行设备有时会达到高过一些材料自燃点的温度,要把这些材料与设备隔开至安全距离。这样的设备应该仔细地监视和维护,防止偶发的过热。

你知道吗 照明用的100 W的白炽灯泡表面的温度高达170 ℃~220 ℃,内部的灯丝温度高达 2 000 ℃ ~3 000 ℃,而 1 000 W 的卤钨灯灯管表面温度高达 500 ℃ ~800 ℃。

(4) 电气火花及电弧。

电火花是电极间的击穿放电,电弧则是大量电火花汇集的结果。一般电火花的温度很高,特别是电弧,温度可达 3 600 ℃ ~6 000 ℃。在贮存和应用易燃液体的区域的所有设备都应该进行一级条件的维护,应该尽可能地应用防火花或无火花的器具和材料。

(5) 静电。

在碾压、印刷等工业操作中,常由于摩擦而在物质表面产生电荷,即所谓的静电。橡胶和造纸工业中的许多火灾都是以这种方式引发的。在湿度比较小的季节或人工加热的情况下,静电起火更容易发生。在应用易燃液体的场所,保持相对湿度在 40% ~50%,可大大降低产生静电火花的可能性。为了消除静电火花,必须采用静电接地、静电释放设施等。所有易燃液体罐、管线和设备,都应该互相连接并接地。对于上述设施,禁止使用传送带,尽可能采用直接的或链条的传动装置。如果不得不使用传送带,传送带的速度必须限定在 45.7 m·min^{-1}以下,或者采用可降低产生静电火花可能性的特殊装配传送带。

(6) 摩擦与撞击。

许多起火是由机械摩擦与撞击引发的。如通风机叶片与保护罩的摩擦,润滑性能很差的轴承,研磨或其他机械过程,金属之间的撞击都有可能引发起火。对于通风机和其他设备,应该经常检查并维持在尽可能好的状态。对于摩擦产生大量热的过程,应该和贮存及应用易燃液体的场所隔开,并保持设备良好的润滑性。搬运盛装易燃易爆物体的金属容器的过程中,严禁抛掷、推拉、震动。

三、燃烧类别、类型及其特征参数

1. 易燃物质燃烧类别

根据易燃物的类型和燃烧特性,将火灾定义为 6 个不同的类别:

(1) A 类火灾:指固体火灾。这种物质往往具有有机物性质,一般在燃烧时能产生灼热的余烬。如木材、棉、毛、麻、纸张火灾等。

(2) B 类火灾:指液体火灾和可熔化的固体火灾。如汽油、煤油、原油、甲醇、乙醇、沥青、石蜡火灾等。

(3) C 类火灾:指气体火灾。如煤气、天然气、甲烷、乙烷、丙烷、氢气火灾等。

(4) D 类火灾:指金属火灾。如钾、钠、镁、钛、锆、锂、铝镁合金火灾等。

(5) E 类火灾:指带电火灾。

(6) F 类火灾:指厨房厨具火灾。

2. 燃烧类型及其特征参数

燃烧现象按其发生瞬间的特点,可分为闪燃、点燃、自燃、爆燃等类型,每一种类型的燃烧有各自的特点。闪点、着火点、自燃点、发火点分别是上述 4 种燃烧类型的特征参数。

(1) 闪燃和闪点。

闪燃是液体可燃物的特征之一。液体表面都有一定量的蒸气存在,由于蒸气压的大小取决于液体所处的温度,因此,蒸气的浓度也由液体的温度所决定。可燃液体表面的蒸气与空气形成的混合气体与火源接近时会发生瞬间燃烧,出现瞬间火苗或闪光,这种现象称为闪燃。闪燃是短暂的闪火，不是持续的燃烧，这是因为液体在该温度下蒸发速度不快，液体表面上聚积的蒸气一瞬间燃尽，而新的蒸气还未来得及补充，故闪燃一下就熄灭了。

在一定条件下，易燃和可燃液体蒸发出足够的蒸气，在液面上能发生闪燃的最低温度，叫做该物质的闪点。闪点与物质的饱和蒸气压有关，饱和蒸气压越大，闪点越低。如果可燃液体的温度高于其闪点，则随时都有被火点燃的危险。闪点这个概念主要适用于可燃液体。某些可燃固体，如樟脑和萘等，也能蒸发或升华为蒸气，因此也有闪点。一些可燃液体的闪点见表3-1。

表3-1 一些可燃液体的闪点和自燃点

物质名称	闪点/℃	自燃点/℃	物质名称	闪点/℃	自燃点/℃	物质名称	闪点/℃	自燃点/℃
丁烷	-60	365	苯	11.1	555	四氢呋喃	-13.0	230
戊烷	<-40.0	285	甲苯	4.4	535	醋酸	38	
己烷	-21.7	233	邻二甲苯	72.0	463	醋酐	49.0	315
庚烷	<-4.0	215	间二甲苯	25.0	525	丁二酸酐	88	
辛烷	36		对二甲苯	25.0	525	甲酸甲酯	<-20	450
壬烷	31	205	乙苯	15	430	环氧乙烷		428
癸烷	46.0	205	萘	80	540	环氧丙烷	-37.2	430
乙烯		425	甲醇	11.0	455	乙胺	-18	
丁烯	-80		乙醇	14	422	丙胺	<-20	
乙炔		305	丙醇	15	405	二甲胺	-6.2	
1,3-丁二烯		415	丁醇	29	340	二乙胺	-26	
异戊间二烯	-53.8	220	戊醇	32.7	300	二丙胺	7.2	
环戊烷	<-20	380	乙醚	-45.0	170	氢		560
环己烷	-20.0	260	丙酮	-10		硫化氢		260
氯乙烷		510	丁酮	-14		二硫化碳	-30	102
氯丙烷	<-20	520	甲乙酮	-14		六氢吡啶	16	
二氯丙烷	15	555	乙醛	-17		水杨醛	90	
溴乙烷	<-20.0	511	丙醛	15		水杨酸甲酯	101	
氯丁烷	12.0	210	丁醛	-16		水杨酸乙酯	107	
氯乙烯		413	呋喃		390	丙烯腈	-5	

（2）点燃和着火点。

可燃物质在空气充足的条件下，达到一定温度与火源接触即行着火，移去火源后仍能持续燃烧达5 min以上，这种现象称为点燃。点燃的最低温度称为着火点。可燃液体的着火点约高于其闪点5 ℃～20 ℃，但闪点在100 ℃以下时，二者往往相同。在没有闪点数据的情况下，也可以用着火点表征物质的火险。

（3）自燃和自燃点。

在无外界火源的条件下，物质自行引发的燃烧称为自燃。自燃的最低温度称为自燃点。表3-1列出了一些可燃液体的自燃点。物质自燃有受热自燃和自热燃烧2种类型：

① 受热自燃。可燃物质在外部热源作用下温度升高，达到其自燃点，物质自行燃烧称之为受热自燃。可燃物质与空气一起被加热时，首先缓慢氧化，氧化反应热使物质温度升高，同时由于散热也有部分热损失。若反应热大于损失热，氧化反应加快，温度继续升高，达

到物质的自燃点，物质自燃。在化工生产中，可燃物质由于接触高温热表面、加热或烘烤、撞击或摩擦等，均有可能导致自燃。

② 自热燃烧。可燃物质在无外部热源的影响下，其内部发生物理、化学或生化变化而产生热量，并不断积累使物质温度上升，达到其自燃点而燃烧，这种现象称为自热燃烧。引起物质自热的原因有：氧化热（如不饱和油脂）、分解热（如赛璐珞）、聚合热（如液相氰化氢）、吸附热（如活性炭）、发酵热（如植物）等。

热量生成速率是影响自燃的重要因素。热量生成速率可以用氧化热、分解热、聚合热、吸附热、发酵热等过程热与反应速率的乘积表示。因此，物质的过程热越大，热量生成速率也越大；温度越高，反应速率增加，热量生成速率也增加。

热量积累是影响自燃的另一个重要因素。保温状况良好，导热率低；可燃物质紧密堆积，中心部分处于绝热状态，热量易于积累引发自燃。空气流通利于散热，因此自燃很少发生。

压力、组成和催化剂性能对可燃物质自燃点的温度量值有很大影响。压力越高，自燃点越低。可燃气体与空气混合，其组成为化学计量比时自燃点最低。活性催化剂能降低物质的自燃点；钝性催化剂则能提高物质的自燃点。

有机化合物的自燃点呈现下述规律性：同系物中自燃点随其相对分子质量的增加而降低；直链结构的自燃点低于其异构物的自燃点；饱和链烃比相应的不饱和链烃的自燃点高；芳香族低碳烃的自燃点高于同碳数脂肪烃的自燃点；较低级脂肪酸、酮的自燃点较高；较低级醇类和醋酸酯类的自燃点较低。

可燃性固体粉碎得越细、粒度越小，其自燃点越低。固体受热分解，产生的气体量越大，自燃点越低。对于有些固体物质，受热时间较长，自燃点也较低。

(4) 爆燃和发火点。

爆燃（或称燃爆）是火药或燃爆性气体混合物的快速燃烧，是混合气体在燃烧时的一个特例。一般燃料的燃烧需要外界供给助燃的氧，没有氧，燃烧反应就不能进行，而火药或燃爆性气体混合物中含有较丰富的氧元素或氧气、氧化剂等，它们燃烧时无需外界的氧参与反应，所以它们是能发生自身燃烧反应的物质。

火药或燃爆性气体混合物发生爆炸时所需要的最低点火温度叫做该物质的发火点。由于从点燃到燃爆有个延滞时间，通常都规定采用 5 s 或 5 min 作延滞期，以比较不同物质在相同延滞期下的发火点。

第二节　燃烧过程和燃烧参数

一、燃烧过程

可燃物质的燃烧都有一个过程，这个过程随着可燃物质的状态不同，其燃烧过程也不同。可燃物质的燃烧一般是在气相下进行的。

气体最易燃烧，燃烧所需要的热量只用于本身的氧化分解，并使其达到着火点。气体在极短的时间内就能全部燃尽。

液体在火源作用下，先蒸发成蒸气，而后氧化分解进行燃烧。与气体燃烧相比，液体燃烧多消耗液体变为蒸气的蒸发热。

固体燃烧有 2 种情况：对于硫、磷等简单物质，受热时首先熔化，而后蒸发为蒸气进行燃烧，无分解过程；对于复合物质，受热时首先分解成其组成部分，生成气态和液态产物，而后气态产物和液态产物蒸气着火燃烧。

各种物质的燃烧过程如图 3-1 所示。从图中可知，任何可燃物质的燃烧都经历氧化分解、着火、燃烧等阶段。物质燃烧过程的温度变化如图 3-2 所示。$T_初$ 为可燃物质开始加热的温度。初始阶段，加热的大部分热量用于可燃物质的熔化或分解，温度上升比较缓慢。到达 $T_氧$，可燃物质开始氧化。由于温度较低，氧化速度不快，氧化产生的热量尚不足以抵消向外界的散热。此时若停止加热，尚不会引起燃烧。如继续加热，温度上升很快，到达 $T_自$，即使停止加热，温度仍自行升高，到达 $T_自'$ 就着火燃烧起来。这里的 $T_自$ 是理论上的自燃点，$T_自'$ 是开始出现火焰的温度，为实际测得的自燃点，$T_燃$ 为物质的燃烧温度。$T_自$ 到 $T_自'$ 间的时间间隔称为燃烧诱导期，在安全上有一定实际意义。

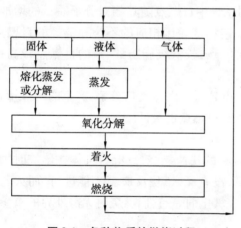

图 3-1　各种物质的燃烧过程

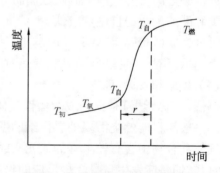

图 3-2　物质燃烧过程的温度变化

二、燃烧参数

1. 热值（燃烧热）

热值是指单位质量或单位体积的可燃物质完全燃烧时所放出的热量。有高热值和低热值 2 种，前者是燃料的燃烧热和水蒸气的汽凝热的总和，即燃料燃烧时放出的总热量，后者仅为燃烧热。可燃物质燃烧、爆炸时所达到的最高温度、最高压力和爆炸力等都与物质的热值有关。表 3-2 是常见可燃气体的热值。

表 3-2　常见可燃气体的热值

气体	高热值		低热值		气体	高热值		低热值	
	kJ·kg⁻¹	kJ·m⁻³	kJ·kg⁻¹	kJ·m⁻³		kJ·kg⁻¹	kJ·m⁻³	kJ·kg⁻¹	kJ·m⁻³
甲烷	55 723	39 861	50 082	35 823	丙烯	48 953	87 027	45 773	81 170
乙烷	51 664	65 605	47 279	58 158	丁烯	48 367	115 060	45 271	107 529
丙烷	50 208	93 722	46 233	83 471	乙炔	49 848	57 873	48 112	55 856
丁烷	49 371	121 336	45 606	108 366	氢	141 955	12 770	119 482	10 753
戊烷	49 162	149 787	45 396	133 888	一氧化碳	10 155	12 694		
乙烯	49 857	62 354	46 631	58 283	硫化氢	16 778	25 522	15 606	24 016

2. 燃烧温度

可燃物质燃烧所产生的热量,一部分被火焰辐射散失,而绝大多数则消耗在加热燃烧上,在火焰燃烧区域释放出来,因此火焰温度即为燃烧温度。表 3-3 列出了一些常见物质的燃烧温度。

表 3-3　常见物质的燃烧温度

物质	温度/℃	物质	温度/℃	物质	温度/℃	物质	温度/℃
甲烷	1 800	原油	1 100	木材	1 000~1 170	液化气	2 100
乙烷	1 895	汽油	1 200	镁	3 000	天然气	2 020
乙炔	2 127	煤油	700~1 030	钠	1 400	石油气	2 120
甲醇	1 100	重油	1 000	石蜡	1 427	火柴火焰	750~850
乙醇	1 180	烟煤	1 647	一氧化碳	1 680	燃着香烟	700~800
乙醚	2 861	氢气	2 130	硫	1 820	橡胶	1 600
丙酮	1 000	煤气	1 600~1 850	二硫化碳	2 195		

第三节　爆炸及其类型

一、爆炸概述

爆炸是物质发生急剧的物理、化学变化,在瞬间释放出大量能量并伴有巨大声响的过程。在爆炸过程中,爆炸物质所含能量的快速释放,变为对爆炸物质本身、爆炸产物及周围介质的压缩能或运动能。物质爆炸时,极短的时间里大量能量在有限体积内突然释放并聚积,造成高温高压,对邻近介质形成急剧的压力突变并引起随后的复杂运动。爆炸介质在压力作用下,表现出不寻常的运动或机械破坏效应以及爆炸介质受振动而产生的音响效应。

爆炸常伴随发热、发光、高压、真空、电离等现象,并且具有很大的破坏作用。爆炸的破坏作用与爆炸物质的数量和性质、爆炸时的条件以及爆炸位置等因素有关。如果爆炸发生在均匀介质的自由空间,在以爆炸点为中心的一定范围内,爆炸力的传播是均匀的,并使这个范围内的物体粉碎、飞散。

爆炸的威力是巨大的。在遍及爆炸起作用的整个区域内,有一种令物体震荡、使之松散的力量。爆炸发生时,爆炸力的冲击波最初使气压上升,随后气压下降使空气振动产生局部真空,呈现出所谓的吸收作用。由于爆炸的冲击波呈升降交替的波状气压向四周扩散,从而造成附近建筑物的震荡破坏。

化工装置、机械设备、容器等爆炸后,变成碎片飞散出去会在相当大的范围内造成危害。化工生产中属于爆炸碎片造成的伤亡占很大比例。爆炸碎片的飞散距离一般可达 100 ~ 500 m。

爆炸气体扩散通常在爆炸的瞬间完成,对一般可燃物质不致造成火灾,而且爆炸冲击波有时能起到灭火作用。但是爆炸的余热或余火,会点燃从破损设备中不断流出的可燃液体的蒸气而造成火灾。

二、爆炸分类

1. 按爆炸性质分类

(1) 物理爆炸。

物理爆炸是指物质的物理状态发生急剧变化而引起的爆炸。如蒸汽锅炉、压缩气体、液化气体过压等引起的爆炸都属于物理爆炸。物质的化学成分和化学性质在物理爆炸后均不发生变化。

(2) 化学爆炸。

化学爆炸是指物质发生急剧化学反应,产生高温高压而引起的爆炸。物质的化学成分和化学性质在化学爆炸后均发生了质的变化。化学爆炸又可以进一步分为爆炸物分解爆炸、爆炸物与空气的混合爆炸 2 种类型。

爆炸物分解爆炸是爆炸物在爆炸时分解为较小的分子或其组成元素。爆炸物的组成元素中如果没有氧元素,爆炸时则不会有燃烧反应发生,爆炸所需要的热量是由爆炸物本身分解产生的。属于这一类物质的有叠氮铅、乙炔银、乙炔铜、碘化氮、氯化氮等。爆炸物质中如果含有氧元素,爆炸时则往往伴有燃烧现象发生。各种氮或氯的氧化物、苦味酸即属于这一类型。爆炸性气体、蒸气或粉尘与空气的混合物爆炸需要一定的条件,如爆炸性物质的含量或氧气含量以及激发能源等。因此,爆炸物与空气的混合爆炸危险性较分解爆炸低,但这类爆炸更普遍,所造成的危害也较大。

2. 按爆炸速度分类

(1) 轻爆:爆炸传播速度在每秒零点几米至数米之间的爆炸过程。

(2) 爆炸:爆炸传播速度在每秒 10 米至数百米之间的爆炸过程。

(3) 爆轰:爆炸传播速度在每秒 1 千米至数千米以上的爆炸过程。

3. 按爆炸反应物质分类

(1) 纯组元可燃气体热分解爆炸:纯组元气体由于分解反应产生大量的热而引起的爆炸。

(2) 可燃气体混合物爆炸:可燃气体或可燃液体蒸气与助燃气体如空气按一定比例混合,在引火源的作用下引起的爆炸。

(3) 可燃粉尘爆炸:可燃固体的微细粉尘,以一定浓度呈悬浮状态分散在空气等助燃气体中,在引火源作用下引起的爆炸。

(4) 可燃液体雾滴爆炸:可燃液体在空气中被喷成雾状后剧烈燃烧时引起的爆炸。

(5) 可燃蒸气云爆炸:可燃蒸气云产生于设备蒸气泄漏喷出后所形成的滞留状态。密度比空气小的气体浮于上方,反之则沉于地面,滞留于低洼处。气体随风漂移形成连续气流,与空气混合达到其爆炸极限时,在引火源作用下即可引起爆炸。

爆炸在化学工业中一般是以突发或偶发事件的形式出现的,而且往往伴随火灾发生。爆炸所形成的危害性严重,损失也较大。

三、常见爆炸类型

1. 气体爆炸

(1) 纯组元气体分解爆炸。

具有分解爆炸特性的气体分解时可以产生相当数量的热量。摩尔分解热达到 80~120 kJ 的气体一旦引燃火焰就会蔓延开来。摩尔分解热高过上述量值的气体,能够发生很剧烈的分解爆炸。在高压下容易引起分解爆炸的气体,当压力降至某个数值时,火焰便不再传播,这个压力称作该气体分解爆炸的临界压力。

高压乙炔非常危险,其分解爆炸的反应方程式为

$$C_2H_2 \longrightarrow 2C(s) + H_2 + 226 \text{ kJ}$$

如果分解反应无热损失,火焰温度可以高达 3 100 ℃。乙炔分解爆炸的临界压力是 0.14 MPa,在这个压力以下贮存乙炔就不会发生分解爆炸。此外,乙炔类化合物也同样具有分解爆炸危险。如乙烯基乙炔分解爆炸的临界压力为 0.11 MPa,甲基乙炔在 20 ℃ 分解爆炸的临界压力为 0.44 MPa,在 120 ℃ 则为 0.31 MPa。从有关物质危险性质手册中查阅到的分解爆炸临界压力多为 20 ℃ 的数据。

乙烯分解爆炸的反应方程式为

$$C_2H_4 \longrightarrow C(s) + CH_4 + 127.4 \text{ kJ}$$

乙烯分解爆炸所需要的能量随压力的升高而降低,若有氧化铝存在,分解爆炸则更易发生。乙烯在 0 ℃ 的分解爆炸临界压力是 4 MPa,故在高压下加工或处理乙烯,具有与可燃气体-空气混合物同样的危险性。

氮氧化物在一定压力下也可以发生分解爆炸,按下述反应式进行:

$$N_2O \longrightarrow N_2 + 0.5O_2 + 81.6 \text{ kJ}$$

$$NO \longrightarrow 0.5N_2 + 0.5O_2 + 90.4 \text{ kJ}$$

N_2O 的分解爆炸临界压力是 0.25 MPa,NO 的分解爆炸临界压力是 0.15 MPa,在上述条件下,90% 以上可以分解为 N_2 和 O_2。

环氧乙烷分解爆炸的反应方程式为

$$C_2H_4O \longrightarrow CH_4 + CO + 134.3 \text{ kJ}$$

$$2C_2H_4O \longrightarrow C_2H_4 + 2CO + 2H_2 + 33.4 \text{ kJ}$$

环氧乙烷的分解爆炸临界压力为 0.038 MPa,故环氧乙烷有较大的爆炸危险性。在 125 ℃ 时,环氧乙烷的初始压力由 0.25 MPa 增至 1.2 MPa,最大爆炸压力与初压之比则由 2 增至 5.6,可见爆炸的初始压力对终压有很大影响。

(2) 混合气体爆炸。

可燃气体或蒸气与空气按一定比例均匀混合,而后点燃,因为气体扩散过程在燃烧以前已经完成,燃烧速率将只取决于化学反应速率。在这样的条件下,气体的燃烧就有可能达到爆炸的程度。这时的气体或蒸气与空气的混合物,称为爆炸性混合物。例如,煤气从喷嘴喷出以后,在火焰外层与空气混合,这时的燃烧速率取决于扩散速率,所进行的是扩散燃烧。如果令煤气预先与空气混合并达到适当比例,燃烧的速率将取决于化学反应速率,比扩散燃烧速率大得多,有可能形成爆炸。可燃性混合物的爆炸和燃烧之间的区别就在于爆炸是在瞬间完成的化学反应。

在化工生产中,可燃气体或蒸气从工艺装置、设备管线泄漏到厂房中,或空气渗入装有这种气体的设备中,都可以形成爆炸性混合物,遇到火种,便会造成爆炸事故。化工生产中所发生的爆炸事故,大都是爆炸性混合物的爆炸事故。

燃烧的连锁反应理论也可用于解释爆炸。爆炸性混合物与火源接触,便有活性原子或自由基生成而成为连锁反应的作用中心。爆炸性混合物起火后,燃烧热和链锁载体都向外传播,引发邻近一层爆炸性混合物的燃烧反应。而后,这一层又成为热和链锁载体源引发次一层爆炸性混合物的燃烧反应。火焰是以一层层同心圆球面的形式向各个方向蔓延的。燃烧的传播速率在距离着火点 0.5~1 m 的距离以内是固定的,为每秒若干米或者更小一些,但以后即逐渐加速,传播速率达每秒数百米(爆炸),乃至每秒数千米(爆轰)。如果燃烧传播途中有障碍物,就会造成极大的破坏作用。

对于爆炸性混合物,如果燃烧速率极快,在全部或部分封闭状态下,或在高压下燃烧时,可以产生一种与一般爆炸根本不同的现象,称为爆轰。爆轰的特点是突然引发的极高的压力,通过超音速的冲击波传播,每秒可达 2 000~3 000 m 以上。爆轰是在极短的时间内发生的,燃烧物质和产物以极高的速度膨胀,挤压周围的空气。化学反应所产生的能量有一部分传给压紧的空气,形成冲击波。冲击波传播速率极快,以至于物质的燃烧也落于其后,所以,它的传播并不需要物质完全燃烧,而是由其本身的能量支持的。这样,冲击波便能远离爆轰源而独立存在,并能引发所到处其他化学品的爆炸,称为诱发爆炸,即所谓的"殉爆"。

2. 粉尘爆炸

实际上任何可燃物质,当其呈粉尘形式与空气以适当比例混合时,被热、火花、火焰点燃,都能迅速燃烧并引起严重爆炸。许多粉尘爆炸的灾难性事故的发生,都是由于忽略了上述事实。谷物、面粉、煤的粉尘以及金属粉末都有这方面的危险性。化肥、木屑、奶粉、洗衣粉、纸屑、可可粉、香料、软木塞、硫磺、硬橡胶粉、皮革和其他许多物品的加工业,时有粉尘爆炸发生。为了防止粉尘爆炸,维持清洁十分重要,所有设备都应该无粉尘泄漏。爆炸卸放口应该通至室外安全地区,卸放管道应该相当坚固,使其足以承受爆炸力。真空吸尘优于清扫,禁止应用压缩空气吹扫设备上的粉尘,以免形成粉尘云。

屋顶下裸露的管线、横梁和其他突出部分都应该避免积累粉尘。在多尘操作设置区,如果有过顶的管线或其他设施,人们往往错误地认为在其下架设平滑的顶板,就可以达到防止粉尘积累的效果,其实除非顶板是经过特殊设计精细安装的,否则只会增加危险,粉尘会穿过顶板沉积在管线、设施和顶板本身之上。一次震动就足以使可燃粉尘云充满整个人造空间,一个火星就可以引发粉尘爆炸。如果管线不能移装或拆除,最好是使其裸露并定期除尘。

为了防止引发燃烧,在粉尘没有清理干净的区域,严禁明火、吸烟、切割或焊接。电线应该是适于多尘气氛的,静电也必须消除。对于这类高危险性的物质,最好是在封闭系统内加工,在系统内导入适宜的惰性气体,把其中的空气置换掉。粉末冶金行业普遍采用这种方法。

3. 熔盐池爆炸

熔盐池爆炸属于事后抢救往往于事无补的灾难性事件,大多是由于管理和操作人员对熔盐池的潜在危险疏于认识引起的。机械故障、人员失误或者两者的复合作用,都有可能导致熔盐池爆炸。现把熔盐池危险汇总如下:

(1) 工件预清洗或淬火后携带的水、盐池上方辅助管线上的冷凝水、屋顶的渗漏水、自动增湿器的操作用水,甚至操作人员在盐池边温热的液体食物,都有可能造成蒸气急剧发生,引发爆炸。

(2) 有砂眼的铸件、管道和封闭管线、中空的金属部件,当其浸入熔盐池时,其中阻塞和淤积的空气会突然剧烈膨胀,引发爆炸。

(3) 硝酸盐池与毗邻渗碳池的油、炭黑、石墨、氰化物等含碳物质间剧烈的难以控制的化学反应,都有可能诱发爆炸。

(4) 过热的硝酸盐池与铝合金间剧烈的爆发性的反应也可能引起爆炸。

(5) 正常加热的硝酸盐池和不慎掉入池中的镁合金间会发生爆炸反应。

(6) 落入盐池中的铝合金和池底淤积的氧化铁会发生类似于铝热焊接的剧烈反应。

(7) 盐池设计、制造和安装的结构失误会缩短盐池的正常寿命,盐池的结构金属材料与硝酸盐会发生反应。

(8) 温控失误会造成盐池的过热。

(9) 大量硝酸钠的贮存和管理,废硝酸盐不考虑其反应活性的处理和贮存,都有一定的危险性。

(10) 偶尔超过安全操作限的控温设定,也会有一定的危险性。

四、爆炸极限

可燃气体或蒸气与空气的混合物,并不是在任何组成下都可以燃烧或爆炸,而且燃烧或爆炸的速率也随组成而变。实验发现,当混合物中可燃气体浓度接近化学反应式的化学计量比时,燃烧最快、最剧烈。若浓度减小或增加,火焰蔓延速率则降低。当浓度低于或高于某个极限值,火焰便不再蔓延。可燃气体或蒸气与空气的混合物能使火焰蔓延的最低浓度,称为该气体或蒸气的爆炸下限($L_下$);反之,能使火焰蔓延的最高浓度则称为爆炸上限($L_上$)。可燃气体或蒸气与空气的混合物,若其浓度在爆炸下限以下或爆炸上限以上,便不会着火或爆炸。

爆炸极限一般用可燃气体或蒸气在混合气体中的体积百分数表示,有时也用单位体积可燃气体的质量($kg \cdot m^{-3}$)表示。混合气体浓度在爆炸下限以下时含有过量空气,由于空气的冷却作用,活化中心的消失数大于产生数,阻止了火焰的蔓延。若浓度在爆炸上限以上,含有过量的可燃气体,助燃气体不足,火焰也不能蔓延。但此时若补充空气,仍有火灾和爆炸的危险。所以浓度在爆炸上限以上的混合气体不能认为是安全的。可燃物质的燃烧热与爆炸极限如表 3-4 所示。

表 3-4　可燃物质的燃烧热与爆炸极限浓度范围

物质名称	Q /kJ·mol^{-1}	($L_下 \sim L_上$) /%	$L_下 \cdot Q$	物质名称	Q /kJ·mol^{-1}	($L_下 \sim L_上$) /%	$L_下 \cdot Q$
甲烷	799.1	5.0~15.0	3 995.7	异丁醇	2 447.6	1.7~	4 160.9
乙烷	1 405.8	3.2~12.4	4 522.9	丙烯醇	1 715.4	2.4~	4 117.1
丙烷	2 025.1	2.4~9.5	4 799.0	戊醇	3 054.3	1.2~	3 635.9
丁烷	2 652.7	1.9~8.4	4 932.9	异戊醇	2 974.8	1.2~	3 569.0
异丁烷	2 635.9	1.8~8.4	4 744.7	乙醛	1 075.3	4.0~57.0	4 267.7
戊烷	3 238.4	1.4~7.8	4 531.3	巴豆醛	2 133.8	2.1~15.5	4 522.9
异戊烷	3 263.5	1.3~	4 309.5	糠醛	2 251.0	2.1~	4 727.1
己烷	3 828.4	1.3~6.9	4 786.5	三聚乙醛	3 297.0	1.3~	4 284.4
庚烷	4 451.8	1.0~6.0	4 451.8	甲乙醚	1 928.8	2.0~10.1	3 857.6
辛烷	5 050.1	1.0~	4 799.0	二乙醚	2 502.0	1.8~36.5	4 627.5
壬烷	5 661.0	0.8~	4 698.6	二乙烯醚	2 380.7	1.7~27.0	4 045.9
癸烷	6 250.9	0.7~	4 188.2	丙酮	1 652.7	2.5~12.8	4 213.3
乙烯	1 297.0	2.7~28.6	3 564.8	丁酮	2 259.4	1.8~9.5	4 087.8
丙烯	1 924.6	2.0~11.1	3 849.3	2-戊酮	2 853.5	1.5~8.1	4 422.5
丁烯	2 556.4	1.7~7.4	4 347.2	2-己酮	3 476.9	1.2~8.0	4 242.6
戊烯	3 138.0	1.6~	5 020.8	氰酸	644.3	5.6~40.0	3 606.6
乙炔	1 259.4	2.5~80.0	3 150.6	醋酸	786.6	4.0~	3 184.1
苯	3 138.0	1.4~6.8	4 426.7	甲酸甲酯	887.0	5.1~22.7	4 481.1
甲苯	3 732.1	1.3~7.8	4 740.5	甲酸乙酯	1 502.1	2.7~16.4	4 129.6
二甲苯	4 343.0	1.0~6.0	4 343.0	氢	238.5	4.0~74.2	954.0
环丙烷	1 945.6	2.4~10.4	4 669.3	一氧化碳	280.3	12.5~74.2	3 502.0
环己烷	3 661.0	1.3~8.3	4 870.2	氨	318.0	15.0~27.0	4 769.8
甲基环己烷	4 255.1	1.2~	4 895.3	吡啶	2 728.0	1.8~12.4	4 932.9
松节油	5 794.8	0.8~	4 635.9	硝酸乙酯	1 238.2	3.8~	4 707.1
醋酸甲酯	1 460.2	3.2~15.6	4 602.4	亚硝酸乙酯	1 280.3	3.0~50.0	3 853.5
醋酸乙酯	2 066.9	2.2~11.4	4 506.2	环氧乙烷	1 175.7	3.0~80.0	3 527.1
醋酸丙酯	2 648.5	2.1~	5 430.8	二硫化碳	1 029.3	1.2~50.0	1 284.5
异醋酸丙酯	2 669.4	2.0~	5 338.8	硫化氢	510.4	4.3~45.5	2 196.6
醋酸丁酯	3 213.3	1.7~	5 464.3	氧硫化碳	543.9	11.9~28.5	6 472.6
醋酸戊酯	4 054.3	1.1~	4 460.1	氯甲烷	640.2	8.2~18.7	5 280.2
甲醇	623.4	6.7~36.5	4 188.2	氯乙烷	1 234.3	4.0~14.8	4 937.1
乙醇	1 234.3	3.3~18.9	4 050.1	二氯乙烯	937.2	9.7~12.8	9 091.8
丙醇	1 832.6	2.6~	4 673.5	溴甲烷	723.8	13.5~14.5	9 773.8
异丙醇	1 807.5	2.7~	4 790.7	溴乙烷	1 334.7	6.7~11.2	9 004.0
丁醇	2 447.6	1.7~	4 163.1				

五、影响爆炸极限的因素

爆炸极限不是一个固定值,它受各种外界因素的影响而变化。如果掌握了外界条件变化对爆炸极限的影响,在一定条件下测得的爆炸极限值,就有着重要的参考价值。影响爆炸极限的因素主要有以下几种:

1. 初始温度

爆炸性混合物的初始温度越高,混合物分子内能越大,燃烧反应更容易进行,则爆炸极限范围就越宽。所以,温度升高使爆炸性混合物的危险性增加。表3-5列出了初始温度对丙酮和煤气爆炸极限的影响。

表3-5 初始温度对混合物爆炸极限的影响

物质	初始温度/℃	$L_下$/%	$L_上$/%	物质	初始温度/℃	$L_下$/%	$L_上$/%
丙酮	0	4.2	8.0	煤气	300	4.40	14.25
	50	4.0	9.8		400	4.00	14.70
	100	3.2	10.0		500	3.65	15.35
煤气	20	6.00	13.4		600	3.35	16.40
	100	5.45	13.5		700	3.25	18.75
	200	5.05	13.8				

2. 初始压力

爆炸性混合物的初始压力对爆炸极限影响很大。一般在爆炸性混合物初始压力增加的情况下,爆炸极限范围扩大。这是因为压力增加,分子间更为接近,碰撞概率增加,燃烧反应更容易进行,爆炸极限范围扩大。表3-6列出了初始压力对甲烷爆炸极限的影响。在一般情况下,随着初始压力增大,爆炸上限明显提高。在已知可燃气体中,只有一氧化碳随着初始压力的增加,爆炸极限范围缩小。

表3-6 初始压力对甲烷爆炸极限的影响

初始压力/MPa	$L_下$/%	$L_上$/%	初始压力/MPa	$L_下$/%	$L_上$/%
0.101 3	5.6	14.3	5.065	5.4	29.4
1.013	5.9	17.2	12.66	5.7	45.7

初始压力降低,爆炸极限范围缩小。当初始压力降至某个定值时,爆炸上、下限重合,此时的压力称为爆炸临界压力。低于爆炸临界压力的系统不爆炸。因此在密闭容器内进行减压操作对安全有利。

3. 惰性介质或杂质

爆炸性混合物中惰性气体含量增加,其爆炸极限范围缩小。当惰性气体含量增加到某一值时,混合物不再发生爆炸。惰性气体的种类不同对爆炸极限的影响亦不相同。如甲烷,氩、氦、氮、水蒸气、二氧化碳、四氯化碳对其爆炸极限的影响依次增大。再如汽油,氮气、燃烧废气、二氧化碳、氟里昂-21、氟里昂-12、氟里昂-11,对其爆炸极限的影响则依次减小。

在一般情况下,爆炸性混合物中惰性气体含量增加,对其爆炸上限的影响比对爆炸下限的影响更为显著。这是因为在爆炸性混合物中,随着惰性气体含量的增加,氧的含量相对减少,而在爆炸上限浓度下氧的含量本来已经很小,故惰性气体含量稍微增加一点,即产生很大影响,使爆炸上限剧烈下降。

对于爆炸性气体,水等杂质对其反应影响很大。如果无水,干燥的氯没有氧化功能;干燥的空气不能氧化钠或磷;干燥的氢氧混合物在1 000 ℃下也不会产生爆炸。痕量的水会急剧加速臭氧、氯氧化物等物质的分解。少量的硫化氢会大大降低水煤气及其混合物的燃点,加速其爆炸。

4. 容器的材质和尺寸

实验表明,容器管道直径越小,爆炸极限范围越小。对于同一可燃物质,管径越小,火焰蔓延速度越小。当管径(或火焰通道)小到一定程度时,火焰便不能通过。这一间距称作最大灭火间距,也称作临界直径。当管径小于最大灭火间距时,火焰便不能通过而熄灭。

容器大小对爆炸极限的影响也可以从器壁效应得到解释。燃烧是自由基进行一系列连锁反应的结果。只有自由基的产生数大于消失数时,燃烧才能继续进行。随着管道直径的减小,自由基与器壁碰撞的概率增加,有碍于新自由基的产生。当管道直径小到一定程度时,自由基消失数大于产生数,燃烧便不能继续进行。

容器材质对爆炸极限也有很大影响。如氢和氟在玻璃器皿中混合,即使在液态空气温度下,置于黑暗中也会产生爆炸;而在银制器皿中,二者在一般温度下才会发生反应。

5. 能源(点火能)

火花能量、热表面面积、火源与混合物的接触时间等,对爆炸极限均有影响。如甲烷在电压100 V、电流强度1 A的电火花作用下,无论浓度如何都不会引起爆炸;但当电流强度增加至2 A时,其爆炸极限为5.9%~13.6%;电流强度增至3 A时为5.85%~14.8%。对于一定浓度的爆炸性混合物,都有一个引起该混合物爆炸的最低能量。浓度不同,引爆的最低能量也不同。对于给定的爆炸性物质,各种浓度下引爆的最低能量中的最小值,称为最小引爆能量或最小引燃能量。表3-7列出了部分气体的最小引爆能量。

表3-7 部分气体的最小引爆能量

气体	体积分数/%	能量/×10^6 J·mol^{-1}	气体	体积分数/%	能量/×10^6 J·mol^{-1}
甲烷	8.50	0.280	氧化丙烯	4.97	0.190
乙烷	4.02	0.031	甲醇	12.24	0.215
丁烷	3.42	0.380	乙醛	7.72	0.376
乙烯	6.52	0.016	丙酮	4.87	1.15
丙烯	4.44	0.282	苯	2.71	0.550
乙炔	7.73	0.020	甲苯	2.27	2.50
甲基乙炔	4.97	0.152	氨	21.8	0.77
丁二烯	3.67	0.170	氢	29.2	0.019
环氧乙烷	7.72	0.105	二硫化碳	6.52	0.015

另外,光对爆炸极限也有影响。在黑暗中,氢与氯的反应十分缓慢,在光照下则会发生连锁反应引起爆炸。甲烷与氯的混合物,在黑暗中长时间内没有反应,但在日光照射下会发

生反应,两种气体比例适当则会引起爆炸。表面活性物质对某些介质也有影响。如在球形器皿中530℃时,氢与氧无反应,但在器皿中插入石英、玻璃、铜或铁棒时,则会发生爆炸。

第四节　火灾及爆炸蔓延的控制

安全第一,预防为主。安全生产首先应该强调防患于未然,把预防放在第一位。一旦发生事故,我们要首先考虑将事故控制在最小的范围内,使损失最小化。化工生产中的火灾爆炸危险性,可以从生产过程中的物料的火灾爆炸危险性和生产装置及工艺过程中的火灾爆炸危险性两个方面进行分析。具体地说,就是生产过程中使用的原料、中间产品、辅助原料(如催化剂)及成品的物理化学性质、火灾爆炸危险程度,生产过程中使用的设备、工艺条件(如温度、压力),密封种类、安全操作的可靠程度等,综合全面情况进行分析,以便采取相应的防火防爆措施,保证安全生产。

一、火灾爆炸危险物的安全处理

1. 按物质的物理化学性质采取措施

(1) 尽量通过改进工艺的办法,以无危险或危险性小的物质代替有危险或危险性大的物质,从根本上消除火灾爆炸的条件。

(2) 对于本身具有自燃能力的物质、遇空气能自燃的物质以及遇水能燃烧爆炸的物质等,可采取隔绝空气、充入惰性气体保护、防水防潮或针对不同情况采取通风、散热、降温等措施来防止自燃和爆炸的发生。如黄磷、二硫化碳在水中储存,金属钾、钠在煤油中保存,烷基铝在纯氮中保存等。

(3) 互相接触会引起剧烈化学反应、温度升高、燃烧爆炸的物质不能混存,运输时不能混运。

(4) 遇酸或碱分解爆炸燃烧的物质应避免与酸、碱接触;对机械运动(如震动、撞击)比较敏感的物质要轻拿轻放,运输中必须采取减震防震措施。

(5) 易燃、可燃气体和液体蒸气要根据贮存、输送、生产工艺条件等不同情况,采取相适应的耐压容器和密封手段以及保温、降温措施,排污、放空均要有可靠的处理和保护措施,不能任意排入下水道或大气中。

(6) 对不稳定的物质,在贮存中应添加稳定剂、阻聚剂等,防止贮存中发生氧化、聚合等反应引起温度、压力升高而发生爆炸。如丁二烯、丙烯腈在贮存中必须加对苯二酚阻聚剂,防止聚合。

(7) 要根据易燃易爆物质在设备、管道内流动时会产生静电的特征,在生产和贮运过程中采用相应的静电接地设施。

另外,液体具有流动性,为防止因容器破裂后液体流散或发生火灾事故时火势蔓延,应在液体贮罐区较集中的地区设置防护堤。

2. 系统密封及负压操作

为防止易燃气体、蒸气和可燃性粉尘与空气形成爆炸性混合物,应使设备密闭,对于在负压下生产的设备,应防止空气吸入。

为保证设备的密闭性,对危险设备及系统应尽量少用法兰连接,但要保证安装检修方便,输送危险气体的管道要用无缝管。应做好气体中水分的分离和保温,防止冬季气体中冷凝水在管道中冻结胀裂管道而泄漏。易燃易爆物质生产装置投产前应严格进行气密性实验。

负压操作可防止系统中的有毒和爆炸性气体向容器外逸散。但也要防止在负压下操作,由于系统密闭性差,外界空气通过各种孔隙进入负压系统。

加压或减压在生产中都必须严格控制压力,防止超压,并应按照压力容器的管理规定,定期进行强度耐压试验。系统检修时应注意密闭填料的检查调整或更换,凡是与系统密闭有关的关键部件都不能忽视检修质量,以防渗漏。

3. 通风置换

通风是防止燃烧爆炸物形成的重要措施之一。在含有易燃易爆及有毒物质的生产厂房内采取通风措施时,通风气体不能循环使用。通风系统的气体吸入口应选择空气新鲜、远离放空管道和散发可燃气体的地方。在有可燃气体的厂房内,排风设备和送风设备应有独立分开的通风机室,如通风机室设在厂房内,应有隔绝措施。排除输送温度超过80 ℃的空气或其他气体以及有燃烧爆炸危险的气体、粉尘的通风设备,应用非燃烧材料制成。排除具有燃烧爆炸危险粉尘的排风系统,应采用不发生火花的设备和能消除静电的除尘器。排除与水接触能生成爆炸性混合物的粉尘时,不能采用湿式除尘器。通风管道不宜穿越防火墙等防火分隔物,以免发生火灾时火势通过通风管道而蔓延。

4. 惰性介质保护

惰性气体在石油化工生产中对防火防爆起着重要的作用。常用的惰性气体有氮气、二氧化碳、水蒸气等。惰性气体在生产中的应用主要有以下几个方面:

(1) 易燃固体物质的粉碎、筛选处理及其粉末输送,采用惰性气体覆盖保护。

(2) 易燃易爆物料系统投料前,为消除原系统内的空气,防止系统内形成爆炸性混合物,采用惰性气体置换。

(3) 在有火灾爆炸危险的设备、管道上设置惰性气体接头,可作为发生危险时备用保护措施和灭火手段。

(4) 采用氮气压送易燃液体。

(5) 在有易燃易爆危险的生产场所,对有发生火花危险的电器、仪表等采用充氮正压保护。

(6) 易燃易爆生产系统需要检修,在拆开设备前或需动火时用惰性气体进行吹扫和置换,发生危险物料泄漏时用惰性气体稀释,发生火灾时用惰性气体进行灭火。

使用惰性气体应根据不同的物料系统采用不同的惰性介质和供气装置,不能乱用。因为惰性气体与某些物质可以发生化学反应,如水蒸气可以同许多酸性气体生成酸而放热,二氧化碳可同许多碱性气体物质生成盐而堵塞管道和设备。

还要特别指出的是:许多生产装置在生产中将惰性气体系统与危险物料系统连接在一起,要防止危险物料窜入惰性气体系统造成事故。一般临时用惰性气体的装置应采用随用随接、不用断开的方式。常用惰性气体的装置应该设置超压报警自动切断装置,生产停车时应将惰性气体断开。

二、工艺参数的安全控制

化工生产中,工艺参数主要是指温度、压力、流量、液位及物料配比等。防止超温、超压和物料泄漏是防止火灾爆炸事故发生的根本措施。

1. 温度控制

温度是石油化工生产中主要的控制参数之一。不同的化学反应都有其自己最适宜的反应温度,正确控制反应温度不但对保证产品质量、降低消耗有重要意义,而且也是防火防爆所必须的。温度过高可能会引起剧烈反应而使压力突增,造成冲料或爆炸,也可能会引起反应物的分解着火。温度过低,有可能会造成反应速度减慢或停滞,一旦反应温度恢复正常时,则往往会因为未反应的物料过多而发生剧烈反应引起爆炸;温度过低还会使某些物料冻结,造成管路堵塞或破裂,致使易燃物料泄漏而发生火灾、爆炸。

为严格控制温度,应在以下几个方面采取措施:

(1) 除去反应热或适当采取加热措施。化学反应一般都伴随着热效应,放出或吸收一定热量。例如,基本有机合成中的各种氧化反应、氯化反应、水合和聚合反应等均是放热反应;而各种裂解反应、脱氢反应、脱水反应等则是吸热反应。为使反应在一定温度下进行,必须向反应系统中加入或移去一定热量,以防发生危险。

(2) 防止换热在反应中突然中断。化学反应中的热量平衡是保证反应正常进行所必须的条件。放热反应中的热量采出往往是保证不发生超温超压事故的基础。若在生产工艺控制中不能保证换热系统正常工作,那么就必须有在中断换热的同时中断化学反应。例如,苯与浓硫酸混合进行磺化反应,除有冷却系统以外还需用搅拌器加速热的传导,防止局部过热,但是若在反应中搅拌器突然停电,物料分层,当搅拌器再开动后,反应剧烈,冷却系统来不及移去大量反应热,造成温度升高,尚未反应的苯会受热汽化,造成超压爆炸。为防止换热突然中断,可用双路供电、双路供水(指冷却用的传热介质)。

(3) 正确选择传热介质。石油化工生产中常用的热载体有水蒸气、水、矿物油、联苯醚、熔盐、汞和熔融金属、烟道气等。正确选择热载体,对加热过程的安全有十分重要的意义。应当尽量避免使用与反应物料性质相抵触的物质作为热载体。例如,环氧乙烷很容易与水发生剧烈反应,甚至有极其微量的水渗进液体环氧乙烷中,也容易引起自聚发热而爆炸。这类物质的冷却或加热不能用水和水蒸气,而应该使用液体石蜡等作为传热介质。

(4) 加强保温措施。合理的保温对工艺参数的控制、减少波动、稳定生产都有好处,同时也可防止高温设备与管道对周围易燃易爆物质产生着火爆炸的威胁。在进行保温时最好选用防漏防渗的金属铁皮做外壳,减少外界易燃物质泄漏渗入保温层中积存,发生危险。

2. 投料控制

对于放热反应的装置,投料速度不能超过设备的传热能力,否则,物料温度将会急剧升高,引起物料的分解、突沸而发生事故。加料温度如果过低,往往造成物料积累、过量,温度一旦适宜反应便会加剧进行,加之热量不能及时导出,温度及压力都会超过正常指标,造成事故。

反应物料的配比应严格控制,对参加反应的物料浓度、流量等要准确地进行分析和计量,对连续化程度较高、危险性较大的生产更应特别注意。如环氧乙烷的生产中,乙烯与氧混合进行反应,其配比临近爆炸范围,尤其在开停车过程中,乙烯和氧的浓度都在发生变化,且开车时催化剂活性较低,容易造成反应器出口氧浓度过高,为保证安全,应设置联锁装置,经常核对循环气的组成,尽量减少开停车次数。许多聚合物的生产,特别是可燃物质参加反应的生产,常用氧化剂(过氧化剂)作催化剂,若控制不当将发生剧烈反应产生爆炸。高压聚乙烯反应器的分解爆炸大都是因控制配比失调造成的。能形成爆炸性混合物的生产,其配比应严格控制在爆炸极限范围以外,如果工艺条件允许,可以添加惰性气体进行稀释保护。

在投料过程中,另一个值得注意的问题就是投料顺序。石油化工生产中的投料顺序是根据物料性质、反应机理等要求而进行的。如氯化氢的合成,应先投氢气后投氯;三氯化磷的生产,应先投磷后投氯,否则有可能发生爆炸。

在石油化工生产中,许多化学反应由于反应物料中危险杂质的增加会导致副反应、过反应的发生而造成燃烧或爆炸。因此,生产原料、中间产品及成品都应有严格的质量检验,保证其纯度。例如,聚氯乙烯的生产中乙炔与氯化氢反应生成氯乙烯,氯化氢中的游离氯一般不允许超过 0.005%,因为氯与乙炔反应会生成四氯乙烷而立即爆炸。

3. 防止跑、冒、滴、漏

化工生产中的跑、冒、滴、漏往往导致易燃易爆物质在生产场所的扩散,是发生火灾爆炸事故的重要原因之一。因此,在工艺指标控制、设备结构形式等方面应采取相应的措施,操作人员要精心操作,坚持巡回检查,稳定工艺指标,加强设备维护,提高设备完好率。

4. 紧急情况停车处理

在化工生产中,当发生突然停电、停水、停汽、停风、可燃物大量泄漏等紧急情况时,要对生产装置进行停车处理,此时若处理不当,就可能发生事故。

在紧急情况下,整个生产控制,原料、气源、蒸汽、冷却水等都有一个平衡的问题,这种平衡必须保证生产装置的安全。一旦发生紧急情况,就应有严密的组织,果断的指挥、调度,操作人员正确的判断,熟练的处理,来达到保证生产装置和人员安全的目的。

(1)停电。

为防止因突然停电而发生事故,关键设备一般都应具备双电源联锁自控装置。如因电路发生故障装置全部无电时,要及时汇报和联系,查明停电原因,并要特别注意重点设备的温度、压力变化,保持必要的物料畅通,某些设备的手动搅拌、紧急排空等安全装置都要有专人看管。发现因停电而造成冷却系统停车时,要及时将放热设备中的物料进行妥善处理,避免超温超压事故。

(2)停水。

局部停水可视情况减量或维持生产,如大面积停水则应立即停止生产进料,注意温度压力变化,如超过正常值,应视情况采取放空降压措施。

(3)停汽。

停汽后加热设备温度下降,汽动设备停运,对于一些在常温下呈固态而在操作温度下为液态的物料,应防止凝结堵塞管道。另外,应及时关闭物料连通的阀门,防止物料倒流至蒸汽系统。

(4) 停风。

当停风时,所有以气为动力的仪表、阀门都不能动作,此时必须立即改为手动操作。有些充气防爆电器和仪表也处于不安全状态,必须加强厂房内通风换气,以防可燃气体进入电器和仪表内。

(5) 可燃物大量泄漏。

在生产过程中,当有可燃物大量泄漏时,首先应正确判断泄漏部位,及时报告有关领导和部门,切断泄漏物料来源,在一定区域范围内严格禁止动火及其他火源。操作人员应控制一切工艺变化,工艺控制如果达到了临界温度、临界压力等危险值,应正确进行停车处理,开动喷水灭火器,将蒸气冷凝,液态烃回收至事故槽内,并用惰性介质保护。有条件时可采用大量喷水系统在装置周围和内部形成水雾,以达到冷却有机蒸气、防止可燃物泄漏到附近装置中的目的。

三、自动控制与安全保险装置

1. 自动控制

自动化系统按其功能可分为4类:

(1) 自动检测系统:是对机器、设备及过程自动进行连续检测,把工艺参数等变化情况提示或记录出来的自动化系统。

(2) 自动调节系统:是通过自动装置的作用,使工艺参数保持为给定值的自动化系统。

(3) 自动操作系统:是对机器、设备及过程的启动、停止及交换、接通等工序,由自动装置进行操纵的自动化系统。

(4) 自动讯号联锁和保护系统:是在机器、设备及过程出现不正常情况时,会发出报警或自动采取措施以防事故,保证安全生产的自动化系统。

以上4种系统都能起到控制作用。自动检测和自动操作系统主要是使用仪表和操纵机构,调节则还需人工判断操作,通常称为"仪表控制"。自动调节系统,则不仅包括检测和操作,还包括通过参数与给定值的比较和运算发出的调节作用,因此也称为"自动控制"。

2. 安全保险装置

(1) 信号报警。

在石油化工生产过程中,可安装信号报警装置,当出现危险情况时,警告操作人员及时采取措施消除隐患。发出的信号有声音、光或颜色等,它们通常都和测量仪表相联系。例如,在硝化过程中,硝化器内的冷却水如漏进硝化系统则会造成温度升高,引起硝基化合物的分解爆炸,为及时发现冷却水管在硝化器内的渗漏现象,在冷却水排出管上装有带铃的导电性测量仪,若设备出现渗漏,水中酸性增加,导电性提高,铃响报警。

(2) 保险装置。

信号装置只能提醒人们注意事故正在形成和即将发生,但不能自动排除故障,而保险装置则能在发生危险时自动消除危险状态,达到保证安全的目的。例如,氨氧化反应是在氨和空气混合爆炸边缘进行的,在反应过程中,若空气的压力过低或氨的压力过低,都可能使混合气体中氨的浓度提高而达到爆炸下限,若装有保险装置,则在此时可使电流切断,系统中只允许空气流过,氨气中断,因此可防止爆炸事故的发生。又如气体燃烧炉在燃料气压力降低时,火焰熄灭,气体扩散到燃烧室,再重新点火时可能发生爆炸,为防止这类事故,可在输气管上安装保险装置,当炉膛熄火时切断气源。

(3) 安全联锁。

所谓联锁是利用机械或电气控制依次接通各个相关的仪器及设备,使之彼此发生联系,达到安全生产的目的。在石油化工生产中,联锁装置常被用于下列情况:

① 同时或依次排放两种液体或气体时。
② 在反应终止需要惰性气体保护时。
③ 打开设备前预先解除压力或需降温时。
④ 多个设备、部件的操作先后顺序不能随意变动时。
⑤ 工艺控制参数一旦超出极限值必须立即处理时。
⑥ 危险部位或区域禁止无关人员入内时。

如硫酸与水混合的操作中,必须先往设备中注入水后再注入硫酸,否则将会发生喷溅和灼伤事故,为此可将注水阀和注硫酸阀联锁,防止疏忽而颠倒顺序。

四、防火防爆安全装置

在考虑限制火灾爆炸的扩散蔓延的措施中,不仅要研究物料的燃烧爆炸性质、设备装置情况、工艺操作条件等,而且要注意生产过程中由于工艺参数的变化所带来的新问题。因为各种情况的发生,将会给阻火和灭火的效果带来新的困难,所以限制火灾爆炸的扩散蔓延的措施应该是整个工艺装置的重要组成部分。

在化工生产中,某些设备与装置由于危险性较大,应采用分区隔离、露天布置和远距离操纵等措施。另外,在一些具体的过程中,应安装安全阻火装置。

阻火设备包括安全液封、阻火器和单向阀等。其作用是防止外部火焰窜入有爆炸危险的设备、管道,或阻止火焰在设备和管道内扩展。

1. 安全液封

一般安装在压力低于0.2 MPa(表压)的气体管线与生产设备之间,常用的安全液封有敞开式和封闭式两种。液封的基本原理:液封封住气体进出口之间,进出口任何一侧着火,都在液封中被熄灭。

2. 阻火器

在易燃易爆物料生产设备与输送管道之间,或易燃液体、可燃气体容器、管道的排气管上,多采用阻火器阻火。阻火器有金属网、砾石、波纹金属片等形式。

3. 单向阀

单向阀也称止逆阀、止回阀。生产中常用于只允许流体在一定的方向流动,阻止在流体压力下降时返回生产流程。如向易燃易爆物质生产的设备内通入氮气置换,置换作业中氮气管网故障压力下降,在氮气管道通入设备前设一单向阀,即可防止物料倒入氮气管网。单向阀的用途很广,液化石油气钢瓶上的减压阀就起着单向阀的作用。

装置中的辅助管线(水、蒸汽、空气、氮气等)与可燃气体、液体设备、管道连接的生产系统,均可采用单向阀来防止发生窜料危险。

4. 阻火闸门

阻火闸门是为防止火焰沿通风管道或生产管道蔓延而设置的。跌落式自动阻火闸门在正常情况下,受易熔金属元件的控制而处于开启状态,一旦温度升高(即有火焰),易熔金属被熔断,闸门靠本身重量作用自动跌落关闭管道。

5. 火星熄灭器

火星熄灭器也叫防火帽,一般安装在产生火花(星)设备的排空系统上,以防飞出的火星引燃周围的易燃物料。火星熄灭器的种类很多,结构各不相同,大致可分为以下几种形式:

(1) 降压减速:使带有火星的烟气由小容积进入大容积,造成压力降低,气流减慢。

(2) 改变方向:设置障碍改变气流方向,使火星沉降,如旋风分离器。

(3) 网孔过滤:设置网格、叶轮等,将较大的火星挡住或将火星分散开,以加速火星的熄灭。

(4) 冷却:用喷水或蒸汽熄灭火星,如在锅炉烟囱上(使用鼓风机送风的烟囱)常用。

6. 防爆泄压设施

防爆泄压设施包括安全阀、爆破片、防爆门和放空管等。安全阀主要用于防止物理性爆炸,爆破片主要用于防止化学性爆炸,防爆门和防爆球阀主要用于加热炉上,放空管用来紧急排泄有超温、超压、爆聚和分解爆炸危险的物料。有的化学反应设备除设置紧急放空管(包括火炬)外,还宜设置安全阀、爆破片或事故贮槽,有时只设置其中一种。

7. 消防设施和器材

石油化工生产中,除采用上述几种措施来防止火灾蔓延以外,还应根据各工艺装置危险程度的大小,在现场设置水和水蒸气、氮气等惰性气体的固定或半固定灭火设施,配备一定数量的各种手提式灭火器和其他简易灭火器材。

五、防火间距

防火间距一般是指两座建筑物和构筑物之间留出来的水平距离。在此距离之间,不得再搭建任何建筑物和堆放大量可燃易爆材料,不得设置任何有可燃物料的装置和设施。确定防火间距,就是为了防止火灾扩散蔓延。

防火间距的计算方法,一般是从两座建筑物或构筑物的外墙(壁)最突出的部分算起。计算与铁路的防火间距时,是从铁路中心线算起;计算与道路的防火间距时,是从道路的邻近一边的路边算起。

石油化工厂总平面布置的防火间距,应符合《石油化工企业设计防火规范》(GB 50160—1992,1999年版)的规定。

六、厂址选择与总平面布置

1. 选择厂址

正确选择厂址是保障化工生产安全的重要前提。选择厂址的基本安全要求是:

(1) 有良好的工程地质条件。厂址不应设置在有滑坡、断层、泥石流、严重流砂、淤泥溶洞、地下水位过高以及地基土承载力低于 98.07 kPa 的地域。

（2）在沿河、海岸布置时，应位于临江河、城镇和重要桥梁、港区、船厂、水源地等重要建筑物的下游。

（3）避开爆破危险区、采矿崩落区及有洪水威胁的地域。在位于坝址下游方向时，不应设在当水坝发生意外事故时，有受水冲毁危险的地段。

（4）有良好的卫生气象条件，避开窝风积雪的地段及饮用水源区，并考虑季节风向、台风强度、雷击及地震的影响和危害。

（5）厂址布置应在火源的下风侧，毒性及可燃物质的上风侧。

（6）要便于合理配置供水、排水、供电、运输系统及其他公用设施。

2. 工厂总平面布置

石油化工厂的总平面布置，宜根据工厂各组成部分的火灾危险性类别、生产特点及生产流程，将全厂的工艺生产装置、贮罐及其他建筑物、构筑物分区集中布置，做到安全合理。

3. 厂区道路

工厂主要出入口不应少于 2 个，且应设于不同的方位。厂区道路应尽量作环状布置，对火灾危险性大的工艺生产装置，贮罐区及桶装易燃、可燃液体堆场，在其四周应设道路。

4. 厂内铁路

易燃及可燃液体和液化石油气及危险晶的铁路装卸线应为平直段。甲、乙类生产区域内不宜设有铁路线。

5. 厂内外管线

全厂性外管线宜集中架设，其平面布置与竖向布置均应有利于消防和交通。全厂性的输送易燃、可燃液体和液化石油气与可燃气体的管道，宜采用地上敷设，且不得在无生产联系的生产单元及贮罐区上方和地下穿越。临近散发可燃气体、可燃蒸气的工艺生产装置的电缆沟，易燃、可燃液体或气体管廊下面的电缆沟，均应采取防火措施。

第五节 消 防 安 全

一、灭火的原理及方法

灭火的基本方法有：隔离法、窒息法、冷却法和化学抑制法。其中窒息法和冷却法比较常用。

1. 冷却灭火法

这种灭火法的原理是将灭火剂直接喷射到燃烧的物体上，以降低燃烧的温度于燃点之下，使燃烧停止；或者将灭火剂喷洒在火源附近的物质上，使其不因火焰热辐射作用而形成新的火点。冷却灭火法是灭火的一种主要方法，常用水和二氧化碳作灭火剂冷却降温灭火。灭火剂在灭火过程中不参与燃烧过程中的化学反应。这种方法属于物理灭火方法。

2. 隔离灭火法

隔离灭火法是将正在燃烧的物质和周围未燃烧的可燃物质隔离或移开,中断可燃物质的供给,使燃烧因缺少可燃物而停止。具体方法有:

(1) 把火源附近的可燃、易燃、易爆和助燃物品搬走。

(2) 关闭可燃气体、液体管道的阀门,以减少和阻止可燃物质进入燃烧区。

(3) 设法阻拦流散的易燃、可燃液体。

(4) 拆除与火源相毗连的易燃建筑物,形成防止火势蔓延的空间地带。

3. 窒息灭火法

窒息灭火法是阻止空气流入燃烧区或用不燃物质冲淡空气,使燃烧物得不到足够的氧气而熄灭的灭火方法。具体方法有:

(1) 用沙土、水泥、湿麻袋、湿棉被等不燃或难燃物质覆盖燃烧物。

(2) 喷洒雾状水、干粉、泡沫等灭火剂覆盖燃烧物。

(3) 用水蒸气或氮气、二氧化碳等惰性气体灌注发生火灾的容器、设备。

(4) 密闭起火建筑、设备和孔洞。

(5) 把不燃的气体或液体(如二氧化碳、氮气、四氯化碳等)喷洒到燃烧物区域内或燃烧物上。

4. 化学抑制灭火法

化学抑制灭火法是将化学灭火剂喷入燃烧区使之参与燃烧的化学反应,从而使燃烧反应停止。采用这种方法可使用的灭火剂有干粉和卤代烷灭火剂及其替代产品。灭火时,一定要将足够数量的灭火剂准确地喷在燃烧区内,使灭火剂参与和阻断燃烧反应,否则将起不到抑制燃烧反应的作用,达不到灭火的目的。同时还要采取必要的冷却降温措施,以防止复燃。

例 家中做饭的时候,油锅加热后可能着火,这时一般把锅盖盖上,火就熄灭了。这是采用了什么灭火方法?为什么?也可以扔把菜进去,火也能熄灭,这又是什么灭火方法?

二、灭火剂及其应用

1. 水

(1) 灭火作用。

水是应用历史最长、范围最广、价格最低廉的灭火剂。水的蒸发潜热较大,与燃烧物质接触被加热汽化吸收大量的热,使燃烧物质冷却降温,从而减弱燃烧的强度。水遇到燃烧物后汽化生成大量的蒸汽,能够阻止燃烧物与空气接触,并能稀释燃烧区的氧,使火势减弱。

对于水溶性可燃、易燃液体的火灾,如果允许用水扑救,水与可燃、易燃液体混合,可降低燃烧液体浓度以及燃烧区内可燃蒸气浓度,从而减弱燃烧强度。由水枪喷射出的加压水流,其压力可达数兆帕,高压水流强烈冲击燃烧物和火焰,会使燃烧强度显著降低。

(2) 灭火形式。

经水泵加压由直流水枪喷出的柱状水流称作直流水;由开花水枪喷出的滴状水流称作开花水;由喷雾水枪喷出、水滴直径小于 100 μm 的水流称作雾状水。直流水、开花水可用于扑救一般固体如煤炭、木制品、粮食、棉麻、橡胶、纸张等的火灾,也可用于扑救闪点高于

120 ℃,常温下呈半凝固态的重油火灾。雾状水大大提高了水与燃烧物的接触面积,降温快、效率高,常用于扑灭可燃粉尘、纤维状物质、谷物堆囤等固体物质的火灾,也可用于扑灭电气设备的火灾。与直流水相比,开花水和雾状水射程均较近,不适于远距离使用。

(3) 注意事项。

禁水性物质如碱金属和一些轻金属以及电石、熔融状金属的火灾不能用水扑救。非水溶性,特别是密度比水小的可燃、易燃液体的火灾,原则上也不能用水扑救。直流水不能用于扑救电气设备的火灾、浓硫酸和浓硝酸场所的火灾以及可燃粉尘的火灾。原油、重油的火灾及浓硫酸、浓硝酸场所的火灾,必要时可用雾状水扑救。

思考 冷水和热水,哪一个的灭火效果更好一些? 为什么?

2. 泡沫灭火剂

泡沫灭火剂是重要的灭火物质。多数泡沫灭火装置都是小型手提式的,对于小面积火焰覆盖极为有效。也有少数装置配置固定的管线,在紧急火灾中提供大面积的泡沫覆盖。对于密度比水小的液体火灾,泡沫灭火剂有着明显的长处。

泡沫灭火剂由发泡剂、泡沫稳定剂和其他添加剂组成。发泡剂称为基料,稳定剂或添加剂则称为辅料。泡沫灭火剂由于基料不同而有多种类型,如化学泡沫灭火剂、蛋白泡沫灭火剂、水成膜泡沫灭火剂、抗溶性泡沫灭火剂、高倍数泡沫灭火剂等。

3. 干粉灭火剂

干粉灭火剂是一种干燥、易于流动的粉末,又称粉末灭火剂。干粉灭火剂由能灭火的基料(如 $NaHCO_3$)以及防潮剂、流动促进剂、结块防止剂等添加剂组成。一般借助于专用的灭火器或灭火设备中的气体压力将其喷出,以粉雾形式灭火。

4. 其他灭火剂

其他灭火剂还有二氧化碳、卤代烃等灭火剂。手提式的二氧化碳灭火器适于扑灭小型火灾,而大规模的火灾则需要固定管输出的二氧化碳系统,释放出足够量的二氧化碳覆盖在燃烧物质之上。采用卤代烃灭火时应特别注意,这类物质加热至高温会释放出高毒性的分解产物。如应用四氯化碳灭火时,光气是分解产物之一。

三、灭火器及其应用

1. 灭火器类型

根据其盛装的灭火剂种类有泡沫灭火器、干粉灭火器、二氧化碳灭火器等多种类型。根据其移动方式则有手提式灭火器、背负式灭火器、推车式灭火器等几种类型。

2. 使用与保养

泡沫灭火器使用时需要倒置稍加摇动,而后打开开关对着火焰喷出药剂。二氧化碳灭火器只需一手持喇叭筒对着火源,一手打开开关即可。四氯化碳灭火器只需打开开关,液体即可喷出。干粉灭火器只需提起圈环,干粉即可喷出。

灭火器应放置在使用方便的地方,并注意有效期限。要防止喷嘴堵塞,压力或质量小于一定值时,应及时加料或充气。

3. 灭火器配置

小型灭火器配置的种类与数量,应根据火险场所险情、消防面积、有无其他消防设施等综合考虑。小型灭火器是指 10 L 泡沫、8 kg 干粉、5 kg 二氧化碳等手提式灭火器。应根据装置所属的类别和所占的面积配置不同数量的灭火器。易发生火灾的高险地点,可适当增设较大的泡沫或干粉等推车式灭火器。

四、灭火设施

1. 水灭火装置

(1) 喷淋装置。

喷淋装置由喷淋头、支管、干管、总管、报警阀、控制盘、水泵、重力水箱等组成。当防火对象起火后,喷淋头自动打开喷水,具有迅速控制火势或灭火的特点。

喷淋头有易熔合金锁封喷淋头和玻璃球阀喷淋头两种形式。对于前者,防火区温度达到一定值时,易熔合金熔化,锁片脱落,喷口打开,水经溅水盘向四周均匀喷洒。对于后者,防火区温度达到释放温度时,玻璃球破裂,水自喷口喷出。可根据防火场所的火险情况设置喷淋头的释放温度和喷淋头的流量。喷淋头的安装高度为 3.0~3.5 m,防火面积为 7~9 m^2。

(2) 水幕装置。

水幕装置是能喷出幕状水流的管网设备。它由水幕头、干支管、自动控制阀等构成,用于隔离冷却防火对象。每组水幕头需在与供水管连接的配管上安装自动控制装置,所控制的水幕头一般不超过 8 只。供水量应能满足全部水幕头同时开放的流量,水压应能保证最高最远的水幕头有 3 m 以上的压力高度。

2. 泡沫灭火装置

泡沫灭火装置按发泡剂不同分为化学泡沫和空气机械泡沫装置两种类型;按泡沫发泡倍数分为低倍数、中倍数和高倍数三种类型;按设备形式分为固定式、半固定式和移动式三种类型。泡沫灭火装置一般由泡沫液罐、比例混合器、混合液管线、泡沫室、消防水泵等组成。

3. 蒸汽灭火装置

蒸汽灭火装置一般由蒸汽源、蒸汽分配箱、输汽干管、蒸汽支管、配汽管等组成。把蒸汽施放到燃烧区,使氧气浓度降至一定程度,从而终止燃烧。试验得知,对于汽油、煤油、柴油、原油的灭火,燃烧区每立方米空间内水蒸气的量应不少于 0.284 kg。经验表明,饱和蒸汽的灭火效果优于过热蒸汽。

4. 二氧化碳灭火装置

二氧化碳灭火装置一般由储气钢瓶组、配管和喷头组成。按设备形式分为固定和移动两种类型;按灭火用途分为全淹没系统和局部应用系统。二氧化碳灭火用量与可燃物料的物性、防火场所的容积和密闭性等有关。

5. 氮气灭火装置

氮气灭火装置的结构与二氧化碳灭火装置类似,适于扑灭高温高压物料的火灾。1 kg 氮气常压下的体积为 0.8 m^3,用钢瓶贮存时,灭火氮气的储备量应不少于灭火估算用量的 3 倍。

6. 干粉灭火装置

干粉是微细的固体颗粒,有碳酸氢钠、碳酸氢钾、磷酸二氢铵、尿素干粉等。密闭库房、厂房、洞室灭火干粉用量每立方米空间应不少于 0.6 kg;易燃、可燃液体灭火干粉用量每平方米燃烧表面应不少于2.4 kg。空间有障碍或垂直向上喷射,干粉用量应适当增加。

7. 烟雾灭火装置

烟雾灭火装置由发烟器和浮漂两部分组成。烟雾剂盘分层装在发烟器筒体内。浮漂是借助液体浮力,使发烟器漂浮在液面上。发烟器头盖上的喷孔要高出液面350~370 mm。

烟雾灭火剂由硝酸钾、木炭、硫磺、三聚氰胺和碳酸氢钠组成。硝酸钾是氧化剂,木炭、硫磺和三聚氰胺是还原剂,它们在密闭系统中可维持燃烧而不需要外部供氧。碳酸氢钠作为缓燃剂,使发烟剂燃烧速度维持在适当范围内而不至于引燃或爆炸。烟雾灭火剂燃烧产物85%以上是二氧化碳和氮气等不燃气体。灭火时,烟雾从喷孔向四周喷出,在燃烧液面上布上一层均匀浓厚的云雾状惰性气体层,使液面与空气隔绝,同时降低可燃蒸气浓度,达到灭火目的。

五、灭火器适用的火灾类型及使用方法

1. 手提式化学泡沫灭火器适用的火灾类型及使用方法

适用范围:适用于扑救一般B类火灾,如油制品、油脂等火灾,也可适用于A类火灾,但不能扑救B类火灾中的水溶性可燃、易燃液体的火灾,如醇、酯、醚、酮等物质火灾,也不能扑救带电设备及C类和D类火灾。

使用方法:可手提筒体上部的提环,迅速奔赴火场。这时应注意不得使灭火器过分倾斜,更不可横拿或颠倒,以免两种药剂混合而提前喷出。当距离着火点10 m左右时,即可将筒体颠倒过来,一只手紧握提环,另一只手扶住筒体的底圈,将射流对准燃烧物。在扑救可燃液体火灾时,如已呈流淌状燃烧,则将泡沫由远而近喷射,使泡沫完全覆盖在燃烧液面上;如在容器内燃烧,应将泡沫射向容器的内壁,使泡沫沿着内壁流淌,逐步覆盖着火液面,切忌直接对准液面喷射,以免由于射流的冲击,反而将燃烧的液体冲散或冲出容器,扩大燃烧范围。在扑救固体物质火灾时,应将射流对准燃烧最猛烈处。灭火时随着有效喷射距离的缩短,使用者应逐渐向燃烧区靠近,并始终将泡沫喷在燃烧物上,直到扑灭。使用时,灭火器应始终保持倒置状态,否则会中断喷射。

手提式泡沫灭火器存放应选择干燥、阴凉、通风并取用方便之处,不可靠近高温或可能受到暴晒的地方,以防止碳酸分解而失效;冬季要采取防冻措施,以防止冻结;并应经常擦除灰尘、疏通喷嘴,使之保持通畅。

2. 推车式化学泡沫灭火器适用的火灾类型及使用方法

适用范围:与手提式化学泡沫灭火器相同。

使用方法:使用时,一般由两人操作,先将灭火器迅速推拉到火场,在距离着火点10 m左右处停下,由一人施放喷射软管后,双手紧握喷枪并对准燃烧处;另一人则先逆时针方向转动手轮,将螺杆升到最高位置,使瓶盖开足,然后将筒体向后倾倒,使拉杆触地,并将阀门手柄旋转90°,即可喷射泡沫进行灭火。如阀门装在喷枪处,则由负责操作喷枪者打开阀门。

灭火方法及注意事项与手提式化学泡沫灭火器基本相同,可以参照。由于该种灭火器的喷射距离远,连续喷射时间长,因而可充分发挥其优势,用来扑救较大面积的储槽或油罐车等处的初起火灾。

第三章 防火防爆技术

3. 空气泡沫灭火器适用的火灾类型及使用方法

适用范围：基本上与化学泡沫灭火器相同，但抗溶泡沫灭火器还能扑救水溶性易燃、可燃液体的火灾，如醇、醚、酮等溶剂燃烧的初起火灾。

使用方法：使用时可手提或肩扛迅速奔到火场，在距燃烧物 6 m 左右，拔出保险销，一手握住开启压把，另一手紧握喷枪；用力捏紧开启压把，打开密封或刺穿储气瓶密封片，空气泡沫即可从喷枪口喷出。灭火方法与手提式化学泡沫灭火器相同。但空气泡沫灭火器使用时，应使灭火器始终保持直立状态，切勿颠倒或横卧使用，否则会中断喷射，同时应一直紧握开启压把，不能松手，否则也会中断喷射。

4. 酸碱灭火器适用的火灾类型及使用方法

适用范围：适用于扑救 A 类物质燃烧的初起火灾，如木、织物、纸张等燃烧的火灾。它不能用于扑救 B 类物质燃烧的火灾，也不能用于扑救 C 类可燃性气体或 D 类轻金属火灾，同时也不能用于带电物体火灾的扑救。

使用方法：使用时应手提筒体上部的提环，迅速奔到着火地点。决不能将灭火器扛在背上，也不能过分倾斜，以防两种药液混合而提前喷射。在距离燃烧物 6 m 左右，即可将灭火器颠倒过来，并摇晃几次，使两种药液加快混合；一只手握住提环，另一只手抓住筒体下的底圈，将喷出的射流对准燃烧最猛烈处喷射。同时随着喷射距离的缩减，使用者应向燃烧处推近。

5. 手提式二氧化碳灭火器适用的火灾类型及使用方法

适用范围：适用于易燃液体（B 类火灾）、易燃气体（C 类火灾）及电器设备和初起火灾。

使用方法：灭火时只要将灭火器提到或扛到火场，在距燃烧物 5 m 左右，放下灭火器拔出保险销，一手握住喇叭筒根部的手柄，另一只手紧握启闭阀的压把。对没有喷射软管的二氧化碳灭火器，应把喇叭筒往上扳 70°～90°。使用时，不能直接用手抓住喇叭筒外壁或金属连线管，防止手被冻伤。灭火时，当可燃液体呈流淌状燃烧时，使用者将二氧化碳灭火剂的喷流由近而远向火焰喷射。如果可燃液体在容器内燃烧，使用者应将喇叭筒提起，从容器的一侧上部向燃烧的容器中喷射。但不能将二氧化碳射流直接冲击可燃液面，以防止将可燃液体冲出容器而扩大火势，造成灭火困难。使用二氧化碳灭火器时，在室外使用的，应选择在上风方向喷射；在室内窄小空间使用的，灭火后操作者应迅速离开，以防窒息。

6. 推车式二氧化碳灭火器适用的火灾类型及使用方法

适用范围：与手提式二氧化碳灭火器相同。

使用方法：推车式二氧化碳灭火器一般由两人操作，使用时两人一起将灭火器推或拉到燃烧处，在离燃烧物 10 m 左右停下，一人快速取下喇叭筒并展开喷射软管后，握住喇叭筒根部的手柄，另一人快速按逆时针方向旋动手轮，并开到最大位置。灭火方法与手提式的一样。

7. 手提式 1211 灭火器适用的火灾类型及使用方法

适用范围：适用于扑救油类、有机溶剂、可燃气体、精密仪器和文物档案等的火灾。

使用方法：使用时，应手提灭火器的提把或肩扛灭火器带到火场。在距燃烧处 5 m 左右，放下灭火器，先拔出保险销，一手握住开启压把，另一手握在喷射软管前端的喷嘴处。如灭火器无喷射软管，可一手握住开启压把，另一手扶住灭火器底部的底圈部分。先将喷嘴对准燃烧处,用力握紧开启压把,使灭火器喷射。当被扑救可燃烧液体呈现流淌状燃烧时,使用者应对准火焰根部由近而远并左右扫射,向前快速推进,直至火焰全部扑灭。如果可燃液体在容器中燃烧,应对准火焰左右晃动扫射,当火焰被赶出容器时,喷射流跟着火焰扫射,直至把火焰全部扑灭。但应注意不能将喷流直接喷射在燃烧液面上,防止灭火剂的冲力将可燃液体冲出容器而扩大火势,造成灭火困难。如果扑救可燃性固体物质的初起火灾,则应将喷流对准燃烧最猛烈处喷射,当火焰被扑灭后,应及时采取措施,不让其复燃。1211灭火器使用时不能颠倒,也不能横卧,否则灭火剂不会喷出。另外,在室外使用时,应选择在上风方向喷射;在窄小的室内灭火时,灭火后操作者应迅速撤离,因为1211灭火剂也有一定的毒性。

8. 推车式1211灭火器适用的火灾类型及使用方法

适用范围:适用于扑救液体、气体和电气设备初起火灾。

使用方法:灭火时一般由两人操作,先将灭火器推或拉到火场,在距燃烧处10 m左右停下,一人快速放开喷射软管,紧握喷枪,对准燃烧处,另一人则快速打开灭火器阀门。灭火方法与手提式1211灭火器相同。

9. 干粉灭火器适用的火灾类型和使用方法

适用范围:碳酸氢钠干粉灭火器适用于易燃、可燃液体、气体及带电设备的初起火灾;磷酸铵盐干粉灭火器除可用于上述几类火灾外,还可扑救固体类物质的初起火灾。但这两种干粉灭火器都不能扑救金属燃烧火灾。

使用方法:灭火时,可手提或肩扛灭火器快速奔赴火场,在距燃烧处5 m左右,放下灭火器。如在室外,应选择在上风方向喷射。使用的干粉灭火器若是外挂式储压式的,操作者应一手紧握喷枪,另一手提起储气瓶上的开启提环。如果储气瓶的开启是手轮式的,则向逆时针方向旋开,并旋到最高位置,随即提起灭火器。当干粉喷出后,迅速对准火焰的根部扫射。使用的干粉灭火器若是内置式储气瓶的或者是储压式的,操作者应先将开启压把上的保险销拔下,然后握住喷射软管前端喷嘴部,另一只手将开启压把压下,打开灭火器进行灭火。有喷射软管的灭火器或储压式灭火器在使用时,一手应始终压下压把,不能放开,否则会中断喷射。

干粉灭火器扑救易燃、可燃液体火灾时,应对准火焰要害部扫射。如果被扑救的液体火灾呈流淌燃烧时,应对准火焰根部由近而远左右扫射,直至把火焰全部扑灭。如果可燃液体在容器内燃烧,使用者应对准火焰根部左右晃动扫射,使喷射出的干粉流覆盖整个容器开口表面;当火焰被赶出容器时,使用者仍应继续喷射,直至将火焰全部扑灭。在扑救容器内可燃液体火灾时,应注意不能将喷嘴直接对准液面喷射,防止喷流的冲击力使可燃液体溅出而扩大火势,造成灭火困难。如果当可燃液体在金属容器中燃烧时间过长,容器的壁温已高于扑救可燃液体的自燃点,此时极易造成灭火后再复燃的现象,若与泡沫类灭火器联用,则灭火效果更佳。

使用磷酸铵盐干粉灭火器扑救固体可燃物火灾时,应对准燃烧最猛烈处喷射,并上下左右扫射。如条件许可,使用者可提着灭火器沿着燃烧物的四周边走边喷,使干粉灭火剂均匀地喷在燃烧物的表面,直至将火焰全部扑灭。

附：几种常见火灾的扑救方法

（1）家具、被褥等起火：一般用水灭火。用身边可盛水的物品如脸盆等向火焰上泼水，也可把水管接到水龙头上喷水灭火，同时把燃烧点附近的可燃物泼湿降温。但油类、电器着火不能用水灭火。

（2）电气起火：家用电器或线路着火，要先切断电源，再用干粉或气体灭火器灭火，不可直接泼水灭火，以防触电或电器爆炸伤人。

（3）电视机起火：电视机万一起火，决不可用水浇，可以在切断电源后，用棉被将其盖灭。灭火时，只能从侧面靠近电视机，以防显像管爆炸伤人。若使用灭火器灭火，不应直接射向电视屏幕，以免其受热后突然遇冷而爆炸。

（4）油锅起火：油锅起火时应迅速关闭炉灶燃气阀门，直接盖上锅盖或用湿抹布覆盖，还可向锅内放入切好的蔬菜冷却灭火，将锅平稳端离炉火，冷却后才能打开锅盖，切勿向油锅倒水灭火。

（5）燃气罐着火：要用浸湿的被褥、衣物等捂盖火，并迅速关闭阀门。

（6）身上起火：不要乱跑，可就地打滚或用厚重衣物压灭火苗。

第六节 常见危化品火灾的扑救

危险化学品容易发生火灾、爆炸事故，但不同的化学品以及在不同情况下发生火灾时，其扑救方法差异很大，若处置不当，不仅不能有效扑灭火灾，反而会使灾情进一步扩大。此外，化学品本身及其燃烧产物大都具有较强的毒害性和腐蚀性，极易造成人员中毒、灼伤。因此，扑救危险化学品火灾是一项极其重要又非常危险的工作。

一、扑救压缩或液化气体火灾的基本对策

压缩或液化气体总是被贮存在不同的容器内，或通过管道输送。其中贮存在较小钢瓶内的气体压力较高，受热或受火焰熏烤容易发生爆裂。气体泄漏后遇火源已形成稳定燃烧时，其发生爆炸或再次爆炸的危险性与可燃气体泄漏未燃时相比要小得多。遇压缩或液化气体火灾一般应采取以下基本对策：

（1）扑救气体火灾切忌盲目扑灭火势，在没有采取堵漏措施的情况下，必须保持稳定燃烧。否则，大量可燃气体泄漏出来与空气混合，遇着火源就会发生爆炸，后果将不堪设想。

（2）首先应扑灭外围被火源引燃的可燃物火势，切断火势蔓延途径，控制燃烧范围，并积极抢救受伤和被困人员。

（3）如果火势中有压力容器或有受到火焰辐射热威胁的压力容器，能疏散的应尽量在水枪的掩护下疏散到安全地带，不能疏散的应部署足够的水枪进行冷却保护。为防止容器爆裂伤人，进行冷却的人员应尽量采用低姿射水或利用现场坚实的掩蔽体防护。对卧式贮罐，冷却人员应选择贮罐四侧角作为射水阵地。

（4）如果是输气管道泄漏着火，应设法找到气源阀门。阀门完好时，只要关闭气体的进出阀门，火势就会自动熄灭。

（5）贮罐或管道泄漏关阀无效时，应根据火势判断气体压力和泄漏口的大小及其形状，准备好相应的堵漏材料（如软木塞、橡皮塞、气囊塞、粘合剂、弯管工具等）。

（6）堵漏工作准备就绪后，即可用水扑救火势，也可用干粉、二氧化碳、卤代烷灭火，但仍需用水冷却烧烫的罐或管壁。火扑灭后，应立即用堵漏材料堵漏，同时用雾状水稀释和驱散泄漏出来的气体。如果确认泄漏口非常大，根本无法堵漏，只需冷却着火容器及其周围容器和可燃物品，控制着火范围，直到燃气燃尽，火势自动熄灭。

（7）现场指挥应密切注意各种危险征兆，遇有火势熄灭后较长时间未能恢复稳定燃烧或受热辐射的容器安全阀火焰变亮耀眼、尖叫、晃动等爆裂征兆时，指挥员必须适时作出准确判断，及时下达撤退命令。现场人员看到或听到事先规定的撤退信号后，应迅速撤退至安全地带。

二、扑救易燃液体火灾的基本对策

易燃液体通常也是贮存在容器内或通过管道输送。与气体不同的是，液体容器有的密闭，有的敞开，一般都是常压，只有反应锅（炉、釜）及输送管道内的液体压力较高。液体不管是否着火，如果发生泄漏或溢出，都将顺着地面（或水面）漂散流淌，而且易燃液体还有比重和水溶性等涉及能否用水和普通泡沫扑救的问题以及危险性很大的沸溢和喷溅问题，因此扑救易燃液体火灾往往也是一场艰难的战斗。遇易燃液体火灾，一般应采取以下基本对策：

（1）首先应切断火势蔓延的途径，冷却和疏散受火势威胁的密闭容器和可燃物，控制燃烧范围，并积极抢救受伤和被困人员。如有液体流淌时，应筑堤（或用围油栏）拦截飘散流淌的易燃液体或挖沟导流。

（2）及时了解和掌握着火液体的品名、比重、水溶性以及有无毒害、腐蚀、沸溢、喷溅等危险性，以便采取相应的灭火和防护措施。

（3）对较大的贮罐或流淌火灾，应准确判断着火面积。小面积（一般 50 m^2 以内）液体火灾，一般可用雾状水扑灭，用泡沫、干粉、二氧化碳、卤代烷(1211,1301)灭火一般更有效。大面积液体火灾则必须根据其相对密度（比重）、水溶性和燃烧面积大小，选择正确的灭火剂扑救。比水轻又不溶于水的液体（如汽油、苯等），用直流水、雾状水灭火往往无效，可用普通蛋白泡沫或轻水泡沫灭火。用干粉、卤代烷扑救时灭火效果要视燃烧面积大小和燃烧条件而定，最好用水冷却罐壁。比水重又不溶于水的液体（如二硫化碳）起火时可用水扑救，水能覆盖在液面上灭火，用泡沫灭火也有效。用干粉、卤代烷扑救，灭火效果要视燃烧面积大小和燃烧条件而定，最好用水冷却罐壁。具有水溶性的液体（如醇类、酮类等），虽然从理论上讲能用水稀释扑救，但用此法要使液体闪点消失，水必须在溶液中占很大的比例。这不仅需要大量的水，也容易使液体溢出流淌，而普通泡沫又会受到水溶性液体的破坏（如果普通泡沫强度加大，可以减弱火势），因此，最好用抗溶性泡沫扑救。用干粉或卤代烷扑救时，灭火效果要视燃烧面积大小和燃烧条件而定，也需用水冷却罐壁。

（4）扑救毒害性、腐蚀性或燃烧产物毒害性较强的易燃液体火灾，扑救人员必须佩戴防护面具,采取防护措施。

(5)扑救原油和重油等具有沸溢和喷溅危险的液体火灾,如有条件,可采取放水、搅拌等防止发生沸溢和喷溅的措施,在灭火同时必须注意计算可能发生沸溢、喷溅的时间和观察是否有沸溢、喷溅的征兆。指挥员发现危险征兆时应立即作出准确判断,及时下达撤退命令,避免造成人员伤亡和装备损失。扑救人员看到或听到统一撤退信号后,应立即撤至安全地带。

(6)遇易燃液体管道或贮罐泄漏着火,在切断蔓延方向并把火势限制在一定范围内的同时,对输送管道应设法找到并关闭进、出阀门。如果管道阀门已损坏或是贮罐泄漏,应迅速准备好堵漏材料,然后先用泡沫、干粉、二氧化碳或雾状水等扑灭地上的流淌火焰,为堵漏扫清障碍,再扑灭泄漏口的火焰,并迅速采取堵漏措施。与气体堵漏不同的是,液体一次堵漏失败,可连续堵几次,只要用泡沫覆盖地面,并堵住液体流淌和控制好周围着火源,不必点燃泄漏口的液体。

三、扑救爆炸物品火灾的基本对策

爆炸物品一般都有专门或临时的贮存仓库。这类物品由于内部结构含有爆炸性基因,受摩擦、撞击、震动、高温等外界因素激发,极易发生爆炸,遇明火则更危险。遇爆炸物品火灾时,一般应采取以下基本对策:

(1)迅速判断和查明再次发生爆炸的可能性和危险性,紧紧抓住爆炸后和再次发生爆炸之前的有利时机,采取一切可能的措施,全力制止再次发生爆炸。

(2)切忌用沙土盖压,以免增强爆炸物品爆炸时的威力。

(3)如果有疏散可能,在人身安全确有可靠保障的前提下,应立即组织力量及时疏散着火区域周围的爆炸物品,使着火区周围形成一个隔离带。

(4)扑救爆炸物品堆垛时,水流应采用吊射,避免强力水流直接冲击堆垛,以免堆垛倒塌引起再次爆炸。

(5)灭火人员应尽量利用现场现成的掩蔽体或尽量采用卧姿等低姿射水,尽可能地采取自我保护措施。消防车辆不要停靠离爆炸物品太近的水源。

(6)灭火人员发现有发生再次爆炸的危险时,应立即向现场指挥报告,现场指挥应立即作出准确判断,确有发生再次爆炸征兆或危险时,应立即下达撤退命令。灭火人员看到或听到撤退信号后,应迅速撤至安全地带,来不及撤退时,应就地卧倒。

四、扑救遇湿易燃物品火灾的基本对策

遇湿易燃物品能与水或湿气发生化学反应,产生可燃气体和热量,有时即使没有明火也能自动着火或爆炸,如金属钾、钠以及三乙基铝(液态)等。因此,这类物品有一定数量时,绝对禁止用水、泡沫、酸碱灭火器等湿性灭火剂扑救。这类物品的这一特殊性给其火灾时的扑救带来了很大的困难。

通常情况下,遇湿易燃物品由于其发生火灾时的灭火措施特殊,在贮存时要求分库或隔离分堆单独贮存,但在实际操作中有时往往很难完全做到,尤其是在生产和运输过程中更难以做到,如铝制品厂往往遍地积有铝粉。对包装坚固、封口严密、数量又少的遇湿易燃物品,

在贮存规定上允许同室分堆或同柜分格贮存。这就给其火灾扑救工作带来了更大的困难，灭火人员在扑救中应谨慎处置。对遇湿易燃物品火灾一般采取以下基本对策：

（1）首先应了解清楚遇湿易燃物品的品名、数量、是否与其他物品混存、燃烧范围、火势蔓延途径等。

（2）如果只有极少量（一般50 g以内）遇湿易燃物品，则不管是否与其他物品混存，仍可用大量的水或泡沫扑救。水或泡沫刚接触着火点时，短时间内可能会使火势增大，但少量遇湿易燃物品燃尽后，火势很快就会熄灭或减小。

（3）如果遇湿易燃物品数量较多，且未与其他物品混存，则绝对禁止用水或泡沫、酸碱等湿性灭火剂扑救，应用干粉、二氧化碳、卤代烷扑救，只有金属钾、钠、铝、镁等个别物品用二氧化碳、卤代烷扑救无效。固体遇湿易燃物品应用水泥、干沙、干粉、硅藻土和蛭石等覆盖。水泥是扑救固体遇湿易燃物品火灾比较容易得到的灭火剂。对遇湿易燃物品中的粉尘如镁粉、铝粉等，切忌喷射有压力的灭火剂，以防止将粉尘吹扬起来，与空气形成爆炸性混合物而导致爆炸发生。

（4）如果有较多的遇湿易燃物品与其他物品混存，则应先查明是哪类物品着火，遇湿易燃物品的包装是否损坏。可先用开关水枪向着火点吊射少量的水进行试探，如未见火势明显增大，证明遇湿易燃物品尚未着火，包装也未损坏，应立即用大量水或泡沫扑救，扑灭火势后立即组织力量将淋过水或仍在潮湿区域的遇湿易燃物品疏散到安全地带分散开来。如射水试探后火势明显增大，则证明遇湿易燃物品已经着火或包装已经损坏，应禁止用水、泡沫、酸碱灭火剂扑救，若是液体应用干粉等灭火剂扑救，若是固体应用水泥、干砂等覆盖，如遇钾、钠、铝、镁轻金属发生火灾，最好用石墨粉、氯化钠以及专用的轻金属灭火剂扑救。

（5）如果其他物品火灾威胁到相邻的较多遇湿易燃物品，应先用油布或塑料膜等其他防水布将遇湿易燃物品遮盖好，然后再在上面盖上棉被并淋上水。如果遇湿易燃物品堆放处地势不太高，可在其周围用土筑一道防水堤。在用水或泡沫扑救火灾时，对相邻的遇湿易燃物品应留一定的力量监护。

由于遇湿易燃物品性能特殊，又不能用常用的水和泡沫灭火剂扑救，从事这类物品生产、经营、贮存、运输、使用的人员及消防人员平时应经常了解和熟悉其品名和主要危险特性。

五、扑救毒害品、腐蚀品火灾的基本对策

毒害品和腐蚀品对人体都有一定危害。毒害品主要经口、吸入蒸气或通过皮肤接触引起人体中毒。腐蚀品通过皮肤接触使人体形成化学灼伤。毒害品、腐蚀品有些本身能着火，有些本身并不着火，但与其他可燃物品接触后能着火。这类物品发生火灾一般应采取以下基本对策：

（1）灭火人员必须穿防护服，佩戴防护面具。一般情况下采取全身防护即可，对有特殊要求的物品火灾，应使用专用防护服。考虑到过滤式防毒面具防毒范围的局限性，在扑救毒害品火灾时应尽量使用隔绝式氧气或空气面具。为了在火场上能正确使用和适应防护面具，平时应进行严格的适应性训练。

（2）积极抢救受伤和被困人员，限制燃烧范围。毒害品、腐蚀品火灾极易造成人员伤亡,灭火人员在采取防护措施后,应立即投入寻找和抢救受伤、被困人员的工作,并努力限制燃烧范围。

(3) 扑救时应尽量使用低压水流或雾状水,避免腐蚀品、毒害品溅出。遇酸类或碱类腐蚀品最好调制相应的中和剂稀释中和。

(4) 遇毒害品、腐蚀品容器泄漏,在扑灭火势后应采取堵漏措施。腐蚀品需用防腐材料堵漏。

(5) 浓硫酸遇水能放出大量的热,会导致沸腾飞溅,需特别注意防护。扑救浓硫酸与其他可燃物品接触发生的火灾,浓硫酸数量不多时,可用大量低压水快速扑救。如果浓硫酸量很大,应先用二氧化碳、干粉、卤代烷等灭火,然后再把着火物品与浓硫酸分开。

六、扑救易燃固体、自燃物品火灾的基本对策

易燃固体、自燃物品一般都可用水或泡沫扑救,相对其他种类的危险化学物品而言是比较容易扑救的,只要控制住燃烧范围,逐步扑灭即可。但也有少数易燃固体、自燃物品的扑救方法比较特殊,如2,4-二硝基苯甲醚、二硝基萘、萘、黄磷等。

(1) 2,4-二硝基苯甲醚、二硝基萘、萘等是能升华的易燃固体,受热产生易燃蒸气。火灾时可用雾状水、泡沫扑救并切断火势蔓延途径,但应注意,不能以为明火焰扑灭即已完成灭火工作,因为受热以后升华的易燃蒸气能在不知不觉中飘逸,在上层与空气能形成爆炸性混合物,尤其是在室内,易发生爆燃。因此,扑救这类物品火灾千万不能被假象所迷惑。在扑救过程中应不时向燃烧区域上空及周围喷射雾状水,并用水浇灭燃烧区域及其周围的一切火源。

(2) 黄磷是自燃点很低、在空气中能很快氧化升温并自燃的自燃物品。遇黄磷火灾时,首先应切断火势蔓延途径,控制燃烧范围。对着火的黄磷应用低压水或雾状水扑救。高压直流水冲击能引起黄磷飞溅,导致灾害扩大。黄磷熔融液体流淌时应用泥土、砂袋等筑堤拦截并用雾状水冷却。对磷块和冷却后已固化的黄磷,应用钳子钳入贮水容器中,来不及钳时可先用砂土掩盖,但应作好标记,等火势扑灭后,再逐步集中到贮水容器中。

(3) 少数易燃固体和自燃物品不能用水和泡沫扑救,如三硫化二磷、铝粉、烷基铝、保险粉等,应根据具体情况区别处理。宜选用干沙和不用压力喷射的干粉扑救。

七、扑救放射性物品火灾的基本对策

放射性物品是一类发射出人类肉眼看不见但却能严重损害人类生命和健康的 α、β、γ 射线和中子流的特殊物品。扑救这类物品火灾必须采取特殊的能防护射线照射的措施。平时生产、经营、贮存和运输、使用这类物品的单位及消防部门,应配备一定数量的防护装备和放射性测试仪器。遇这类物品火灾一般应采取以下基本对策:

(1) 先派出精干人员携带放射性测试仪器,测试辐射(剂)量和范围。测试人员应尽可能地采取防护措施。对辐射(剂)量超过 0.038 7 C/kg 的区域,应设置写有"危及生命、禁止进入"的警告标志牌。对辐射(剂)量小于 0.038 7 C/kg 的区域,应设置写有"辐射危险、请勿接近"的警告标志牌。测试人员还应进行不间断巡回监测。

(2) 对辐射(剂)量大于 0.038 7 C/kg 的区域,灭火人员不能深入辐射源纵深灭火。对

辐射(剂)量小于 0.038 7 C/kg 的区域,可快速出水灭火或用泡沫、二氧化碳、干粉、卤代烷扑救,并积极抢救受伤人员。

(3) 对燃烧现场包装没有被破坏的放射性物品,可在水枪的掩护下佩戴防护装备,设法疏散,无法疏散时,应就地冷却保护,防止造成新的破损,增加辐射(剂)量。

(4) 对已破损的容器切忌搬动或用水流冲击,以防止放射性污染范围扩大。

思考 如果你处在一个高楼之中,这时突发火灾,你会如何处理?

自　　测

一、选择题

1. 引发火灾的点火源,其实质是下列哪一项?(　　)
   A. 助燃　　　B. 提供初始能量　　　C. 加剧反应　　　D. 延长燃烧时间
2. 凡是能与氧气或者其他氧化剂发生氧化反应而燃烧的物质称之为(　　)。
   A. 可燃物　　　B. 不燃物　　　C. 氧化剂　　　D. 还原剂
3. 氧化剂是能和可燃物发生氧化反应并引起(　　)的物质。
   A. 爆炸　　　B. 燃烧　　　C. 放热　　　D. 发光
4. 可燃液体的燃烧过程较可燃气体复杂,所需的初始能量(　　)。
   A. 较多　　　B. 较少　　　C. 相等　　　D. 不确定
5. 多数固体的燃烧呈(　　),有些固体则同时发生气相燃烧和固相燃烧。
   A. 固相　　　B. 液相　　　C. 气相
6. 按照产生的原因和性质,爆炸可分为(　　)。
   A. 物理爆炸、化学爆炸　　　B. 化学爆炸、锅炉爆炸
   C. 物理爆炸、核爆炸　　　　D. 化学爆炸、核爆炸
7. 爆炸现象的最主要特征是(　　)。
   A. 温度升高　　　B. 压力急剧升高　　　C. 周围介质振动　　　D. 发光发热
8. 爆炸性混合物燃爆最强烈的浓度是(　　)。
   A. 爆炸下限　　　　　　　　B. 爆炸极限
   C. 爆炸上限　　　　　　　　D. 爆炸反应当量浓度
9. 可燃气体的爆炸下限数值越低,爆炸极限范围越大,则爆炸危险性(　　)。
   A. 越小　　　B. 越大　　　C. 不变　　　D. 不确定
10. 下列哪一种气体属于易燃气体?(　　)
    A. 二氧化碳　　　B. 乙炔　　　C. 氧气
11. 下列物品中,(　　)的粉尘不可能发生爆炸。
    A. 石灰粉　　　B. 面粉　　　C. 煤粉　　　D. 铝粉
12. 具有爆炸、易燃、腐蚀性质,易造成人身伤亡和财产损失,需特别防护的物品称为(　　)。

A. 爆炸品　　　　B. 易燃易爆品　　　C. 危险品　　　　D. 腐蚀品
13. 气体燃烧的火灾为( )类火灾。
A. A　　　　　　B. B　　　　　　　C. C　　　　　　　D. D
14. 轻金属燃烧的火灾为( )类火灾。
A. A　　　　　　B. B　　　　　　　C. C　　　　　　　D. D
15. 化工企业厂址必须考虑当地风向因素,一般应位于城镇居住区全年( )。
A. 最大风向频率上风方向　　　　B. 最大风向频率下风方向
C. 最小风向频率上风方向　　　　D. 最小风向频率下风方向
16. ( )是阻止空气流入燃烧区,使燃烧物质得不到足够的氧气而熄灭的灭火法。
A. 隔离灭火法　　B. 窒息灭火法　　C. 冷却灭火法　　D. 抑制灭火法
17. 扑救电器火灾,必须尽可能首先( )。
A. 找寻适合的灭火器扑救　　　　B. 将电源开关关掉
C. 大声呼叫　　　　　　　　　　D. 用水浇灭
18. 在扑灭电火灾的过程中,为防止触电,应注意不得用( )。
A. 泡沫灭火器　　B. 干粉灭火器　　C. 二氧化碳灭火器　D. 1211 灭火器
19. 水能扑救下列哪种火灾? ( )
A. 石油、汽油　　B. 熔化的铁水、钢水　C. 高压电器设备　D. 木材、纸张
20. 下列哪种灭火剂不能用来扑灭油类火灾? ( )
A. 水　　　　　　B. 二氧化碳灭火剂　C. 泡沫灭火剂
21. 使用二氧化碳灭火器时,人应站在( )。
A. 上风位　　　　B. 下风位　　　　C. 无一定位置
22. 使用水剂灭火器时,应射向火源哪个位置才能有效将火扑灭? ( )
A. 火源底部　　　B. 火源中间　　　C. 火源顶部　　　　D. 火源中上部
23. 下列哪种灭火剂最适合扑灭由钠或镁金属造成的火灾? ( )
A. 二氧化碳　　　D. 泡剂　　　　　C. 特别成分粉剂
24. 灭火器应放置在( )。
A. 隐蔽的地方　　B. 易于取用的地方　C. 远离生产车间的地方
25. 在狭小地方使用二氧化碳灭火器容易造成( )事故。
A. 中毒　　　　　B. 缺氧　　　　　C. 爆炸

二、简答题

1. 何谓燃烧的"三要素"? 它们之间的关系如何?
2. 如何扑救电气设备火灾?
3. 人身体着火时应该如何扑救?

第四章

防尘防毒技术

学习要求

- 了解毒性物质的定义、分类
- 了解毒性的定义、评价指标以及毒性的影响因素
- 了解毒物进入人体的途径和职业中毒的临床表现
- 掌握急性中毒的现场急救方法
- 了解粉尘的概念及其影响
- 了解工业防尘的一些技术措施

第一节 毒性物质分类及毒性

一、毒性物质概述

有些物质进入机体并积累到一定量后,就会与机体组织和体液发生生物化学或生物物理学作用,扰乱或破坏机体的正常生理功能,进而引起暂时性或永久性的病变,甚至危及生命。这些物质称为毒性物质。由毒物侵入机体而导致的病理状态称为中毒。工业生产中接触到的毒物主要是化学物质,称为工业毒物或生产性毒物。在生产过程中由于接触工业毒物而引起的中毒称为职业中毒。

在化学工业中,毒性物质的来源是多方面的。有的作为原料,如制造硫酸二甲酯的甲醇和硫酸;有的作为中间体或副产物,如苯制造苯胺的中间产物以及苯生产二硝基苯的副产物硝基苯;有的作为成品,如化肥厂的产品氨、农药厂的产品有机磷;有的作为催化剂,如生产氯乙烯的催化剂氯化汞;有的作为溶剂,如生产胶鞋用的溶剂汽油;有的作为夹杂物,如电石中的砷和磷以及乙炔中的砷化氢和磷化氢;还有如氯碱厂水银电解法的阴极用汞以及氩弧焊作业中产生的臭氧和氮氧化物等,多数都是毒性物质。另外,塑料工业、橡胶工业中所用的增塑剂、防老剂、润滑剂、稳定剂、填料等,以及化学工业的废气、废液、废渣等排放物均属于工业毒性物质。对于毒物的来源作全面调查,明确主要毒物,有利于解决毒性物质的污染

和确定防毒措施,也有利于职业中毒的诊断。

毒性物质的毒害作用是有条件的。它涉及毒性物质的数量、存在形态以及作用条件。例如,氯化钠作为普通食用盐,被认为无毒,但是如果溅到鼻黏膜上就会引起溃疡,甚至使鼻中隔穿孔,如果一次服用200~250 g,就会致人死亡。这就是说,一切物质在一定的条件下均可以成为毒物。由于生产工艺的需要以及所进行的加工过程,如加热、加压、破碎、粉碎、筛分、溶解等操作,使工业毒物常以气体、蒸气、烟雾、烟尘、粉尘等形式存在。毒物存在的形式直接关系到接触时中毒的危险性,影响到毒物进入人体的途径和病因。

二、毒性物质分类

毒性物质分类很多,按物理形态分类可分为气体、蒸气、雾、烟和粉尘(后三种一般统称为气溶胶)等;按化学类属分类通常分为无机毒物(如金属及其盐类、酸、碱、气体和其他无机物)和有机毒物(如溶剂类和其他有机物)2种;按毒作用性质分类通常可分为窒息性毒物、刺激性毒物、麻醉性毒物和全身性毒物4类。

在工业防毒技术中,为使用方便多采用综合性分类,即按毒物的存在形态、作用特点、理化性质等多种因素划分如下:

(1) 金属、类金属:如汞、铬、铍、锰、铅、砷等。
(2) 刺激性或窒息性气体:如氯气、硫化氢、光气等。
(3) 有机溶剂类:如苯、四氯化碳等。
(4) 苯的氨基、硝基化合物类:如硝基苯、氨基苯、三硝基甲苯等。
(5) 农药类:如有机磷、有机氯等。
(6) 高分子化合物类:如塑料、橡胶及树脂类产品等。

三、常用的毒性指标

毒性是用来表示毒性物质的剂量与毒害作用之间关系的一个概念。它不是一种物理常数,又受到多种因素的影响,几乎无法精确地进行测定,而为了研究毒物对人体的危害程度,又必须对毒性程度进行评定,并以一定的数值来表示。在毒理学研究中,通常是以动物实验外推应用到人体进行毒性评价,并用以下指标表示毒性程度:

研究化学物质毒性时,最常用的剂量-响应关系是以试验动物的死亡作为终点,测定毒物引起动物死亡的剂量或浓度。经口服或皮肤接触进行试验时,剂量常用每千克体重毒物的毫克数,即 $mg \cdot kg^{-1}$ 来表示。目前国外已有用每平方米体表面积毒物的毫克数,即 $mg \cdot m^{-2}$ 表示的趋势。吸入的浓度则用单位体积空气中的毒物量,即 $mg \cdot m^{-3}$ 表示。

常用于评价毒性物质急性、慢性毒性的指标有以下几种:

(1) 绝对致死剂量或浓度(LD_{100}或LC_{100}):是指引起全组染毒动物全部(100%)死亡的毒性物质的最小剂量或浓度。

(2) 半数致死剂量或浓度(LD_{50}或LC_{50}):是指引起全组染毒动物半数(50%)死亡的毒性物质的最小剂量或浓度。

(3) 最小致死剂量或浓度(MLD 或 MLC):是指全组染毒动物中只引起个别动物死亡的毒性物质的最小剂量或浓度。

(4) 最大耐受剂量或浓度（LD_0 或 LC_0）：是指全组染毒动物全部存活的毒性物质的最大剂量或浓度。

(5) 急性阈剂量或浓度（LMTac）：是指一次染毒后，引起试验动物某种有害作用的毒性物质的最小剂量或浓度。

(6) 慢性阈剂量或浓度（LMTcb）：是指长期多次染毒后，引起试验动物某种有害作用的毒性物质的最小剂量或浓度。

(7) 慢性无作用剂量或浓度：是指在慢性染毒后，试验动物未出现任何有害作用的毒性物质的最大剂量或浓度。

毒性物质对试验动物产生同一作用所需要的剂量，会由于动物种属或种类、染毒的途径、毒物的剂型等条件不同而不同。除用试验动物死亡表示毒性外，还可以用机体的其他反应，如引起某种病理变化来表示。例如，上呼吸道刺激、出现麻醉以及某些体液的生物化学变化等。阈剂量或浓度表示的是能引起上述变化的毒性物质的最小剂量或浓度。于是，就有麻醉阈剂量或浓度、上呼吸道刺激阈剂量或浓度、嗅觉阈剂量或浓度等。

致死浓度和急性阈浓度之间的浓度差距，能够反映出急性中毒的危险性，差距越大，急性中毒的危险性就越小。而急性阈浓度和慢性阈浓度之间的浓度差距，则反映出慢性中毒的危险性，差距越大，慢性中毒的危险性就越大。而根据嗅觉阈或刺激阈，可估计工人能否及时发现生产环境中毒性物质的存在。

对于毒性危险分级，目前世界各国尚无统一标准。毒性物质的急性毒性危险常按 LD_{50}（吸入 2 h 的结果）进行分级，美国科学院采用的就是这种方法。

四、毒性的影响因素

化学物质的毒性大小和作用特点，与物质的化学结构、物性、剂量或浓度、环境条件以及个体敏感程度等一系列因素有关。

1. 化学结构对毒性的影响

物质的生物活性，不仅取决于物质的化学结构，而且与其理化性质有很大关系。而物质的理化性质也是由化学结构决定的。所以化学结构是物质毒性的决定因素。化学物质的结构和毒性之间的严格关系，目前还没有完整的规律可言。但是对于部分化合物，却存在一些类似于规律性的关系。

在有机化合物中，碳链的长度对毒性有很大影响。饱和脂肪烃类对有机体的麻醉作用随分子中碳原子数的增加而增强，如戊烷＜己烷＜庚烷等。对于醇类的毒性，高级醇、戊醇、丁醇大于丙醇、乙醇，但甲醇是例外。在碳链中若以支链取代直链，则毒性减弱。如异庚烷的麻醉作用比正庚烷小一些，2-丙醇的毒性比正丙醇小一些。如果碳链首尾相连成环，则毒性增加，如环己烷的毒性大于正己烷。

物质分子结构的饱和程度对其生物活性影响很大。不饱和程度越高，毒性就越大。例如，二碳烃类的麻醉毒性，随不饱和程度的增加而增大，乙炔＞乙烯＞乙烷；丙烯醛和2-丁烯醛对结膜的刺激性分别大于丙醛和丁醛；环己二烯的毒性大于环己烯；环己烯的毒性又大于环己烷。

分子结构的对称性和几何异构对毒性都有一定的影响。一般认为，对称程度越高，毒性越大。如1,2-二氯甲醚的毒性大于1,1-二氯甲醚,1,2-二氯乙烷的毒性大于1,1-二氯乙烷。芳香族苯环上的三种异构体的毒性次序,一般是对位＞间位＞邻位,如硝基酚、氯酚、甲苯胺、硝基甲苯、硝基苯胺等的异构体均有此特点。但也有例外,如邻硝基苯甲醛、邻羟基苯甲醛的毒性都大于其对位异构体。对于几何异构体的毒性,一般认为顺式异构体的毒性大于反式异构体,如顺丁烯二酸的毒性大于反丁烯二酸。

有机化合物的氢取代基团对毒性有显著影响。脂肪烃中以卤素原子取代氢原子,芳香烃中以氨基或硝基取代氢原子,苯胺中以氧、硫、羟基取代氢原子,毒性都明显增加。如氟代烯烃、氯代烯烃的毒性都大于相应的烯烃,而四氯化碳的毒性远远高于甲烷。

在芳香烃中,苯环上的氢原子若被甲基或乙基取代,全身毒性减弱,而对黏膜的刺激性增加;若被氨基或硝基取代,则有明显形成高铁血红蛋白的作用。苯乙烯的氯代衍生物的毒性试验指出,其毒性随氯原子所取代的氢原子数的增加而增加。具有强酸根、氢氰酸根的化合物毒性较大。芳香烃衍生物的毒性大于相同碳数的脂肪烃衍生物。而醇、酯、醛类化合物的局部刺激作用,则依序增加。

2. 物理性质对毒性的影响

除化学结构外,物质的物理性质对毒性也有相当大的影响。物质的溶解性、挥发性以及分散度对毒性作用都有较大的影响。

（1）溶解性。

毒性物质的溶解性越大,侵入人体并被人体组织或体液吸收的可能性就越大。如硫化砷由于溶解度较低,所以毒性较轻。氯、二氧化硫较易溶于水,能够迅速引起眼结膜和上呼吸道黏膜的损害。而光气、氮的氧化物水溶性较差,常需要经过一定的潜伏期才引起呼吸道深部的病变。氧化铅比其他铅化合物易溶于血清,更容易引起中毒。汞盐类比金属汞在胃肠道内易被吸收。

对于不溶于水的毒性物质,有可能溶解于脂肪和类脂质中,它们虽不溶于血液,但可与中枢神经系统中的类脂质结合,从而表现出明显的麻醉作用,如苯、甲苯等。四乙基铅等脂溶性物质易渗透至含类脂质丰富的神经组织,从而引起神经组织的病变。

（2）挥发性。

毒性物质在空气中的浓度与其挥发性有直接关系。物质的挥发性越大,在空气中的浓度就越大。物质的挥发性与物质本身的熔点、沸点和蒸气压有关。如溴甲烷的沸点较低,为4.6℃,在常温下极易挥发,故易引起生产性中毒。相反,乙二醇挥发性很小,则很少发生生产性中毒。所以,有些物质本来毒性很大,但挥发性很小,实际上并不怎么危险。反之,有些物质本来毒性不大,但挥发性很大,也就具有较大危险。

（3）分散度。

粉尘和烟尘颗粒的分散度越大,就越容易被吸入。在金属熔融时产生高度分散性的粉尘,发生铸造性吸入中毒就是明显的例子,如氧化锌、铜、镍等的粉尘中毒。

3. 环境条件对毒性的影响

任何毒性物质只有在一定的条件下才能表现出其毒性。一般说来,物质的毒性与物质的浓度、接触的时间以及环境的温度、湿度等条件有关。

（1）浓度和接触时间。

环境中毒性物质的浓度越高,接触的时间越长,就越容易引起中毒。在第二章已经给出了 Haber 定律,即毒性物质浓度和时间的乘积 ct 为常数,并用这个概念表示毒性作用程度指数。这表明毒性物质的吸入剂量是 ct 值的函数。在指定的时间内,毒性作用与浓度的关系因物质而异。有些毒物的毒性反应随剂量增加而加快;有些毒物的毒性反应随剂量增加,开始时变化缓慢,而后逐步加快;有些则开始时无变化,剂量增加到一定程度才出现明显的中毒反应。但是对于大多数毒物,毒性反应随剂量增加,开始时变化不明显,而后一段时间变化显著,再往后变化则又不明显。

(2) 环境温度、湿度和劳动强度。

环境温度越高,毒性物质越容易挥发,环境中毒性物质的浓度越高,越容易造成人体的中毒。环境中的湿度较大,也会增加某些毒物的作用强度。如氯化氢、氟化氢等在高湿环境中,对人体的刺激性明显增强。

劳动强度对毒物吸收、分布、排泄都有显著影响。劳动强度大,能促进皮肤充血、汗量增加,毒物的吸收速度加快;耗氧增加,对毒物所致的缺氧更敏感。同时劳动强度大能使人疲劳,抵抗力降低,毒物更容易起作用。

(3) 多种毒物的联合作用。

环境中的毒物往往不是单一品种,而是多种毒物。多种毒物联合作用的综合毒性较单一毒物的毒性可以增强,也可以减弱。增强者称为协同作用,减弱者则称为拮抗作用。此外,生产性毒物与生活性毒物的联合作用也比较常见。如酒精可以增强铅、汞、砷、四氯化碳、甲苯、二甲苯、氨基或硝基苯、硝化甘油、氮氧化物以及硝基氯苯等的吸收能力。所以接触这类毒物的作业人员不宜饮酒。

4. 个体因素对毒性的影响

在毒物种类、浓度和接触时间相同的条件下,有的人没有中毒反应,而有的人却有明显的中毒反应,这完全是个体因素不同所致。毒物对人体的作用,不仅随毒物剂量和环境条件而异,而且随人的年龄、性别、中枢神经系统状态、健康状况以及对毒物的耐受性和敏感性不同而有所区别。

动物试验表明,猫对苯酚的敏感性大于狗,大鼠对四乙基铅的敏感性大于兔,小鼠对丙烯腈的敏感性大约比大鼠大 10 倍。即使是对于同一种动物,也会随性别、年龄、饲养条件或试验方法,特别是染毒途径的不同而出现不同的试验结果。

一般说来,少年对毒物的抵抗力弱,而成年人则较强;女性对毒物的抵抗力比男性弱。需要注意的是,对于某些致敏性物质,各人的反应是不一样的。例如,接触甲苯二异氰酸酯、对苯二胺等可诱发支气管哮喘,接触二硝基氯苯、镍等可引起过敏性皮炎,常会因个体不同而有所差异,与接触量并无密切关系。耐受性对毒物作用也有很大影响。长期接触某种毒物,会提高对该毒物的耐受能力。此外,患有代谢机能障碍、肝脏或肾脏疾病的人,解毒机能大大削弱,较易中毒。如贫血患者接触铅,肝病患者接触四氯化碳、氯乙烯,肾病患者接触砷,有呼吸系统疾病的患者接触刺激性气体等,都较易中毒,而且后果要严重些。

五、毒物的最高容许浓度

所谓最高容许浓度是指在目前医学水平上,认为对人体不会发生危害作用的限量浓度。它是通过卫生学调查、临床医学检查、化验检查、流行病学调查和动物实验等系统研究而制定的。

最高容许浓度是以每立方米的空气中含毒物的毫克数来表示的,单位是 $mg \cdot m^{-3}$。

1979 年颁发的《工业企业卫生设计标准》中,对 111 种毒物的最高容许浓度作了规定。1983 年至 1989 年我国又颁布了 25 种毒物的最高容许浓度。2002 年 4 月 8 日发布的《工作场所有害因素职业接触限值》(GBZ 2—2002)对工作场所空气中有毒物质容许浓度按最高容许浓度、时间加权平均容许浓度、短时间接触容许浓度作了规定。

该职业接触限值是对急性作用大、刺激作用强和(或)危害性较大的有毒物质而制定的最高容许接触限值。应根据不同工种和操作地点采集有代表性的空气样品。该职业接触限值要求工作场所中有毒物质的浓度必须控制在最高容许浓度以下,而不容许超过此限值。表 4-1 列出了常见有毒物质的最高容许浓度。

对于标以(皮)字的有毒物质,应积极防止皮肤污染。某些化学物质(如有机磷化合物、三硝基甲苯等)在工作场所中经皮肤吸收是重要的侵入途径,应采取个人防护措施,防止皮肤污染。

对粉尘制定了总粉尘、呼吸性粉尘的时间加权平均容许浓度(PC-TWA)和短时间接触容许浓度(PC-STEL)两种接触限值,应尽量测定呼吸性粉尘的时间加权平均浓度进行评价,尚不具备测定呼吸性粉尘条件时,可测定总粉尘浓度进行评价。

当工作场所中存在两种或两种以上有毒物质时,若缺乏联合作用资料,应测定各种物质的浓度,并分别按各种物质的职业接触限值进行评价。

当两种或两种以上有毒物质共同作用于同一器官、系统或具有相同的毒性作用(如刺激作用等),或已知这些物质可产生相加作用时,则应按下面的公式计算结果,进行评价:

$$\frac{c_1}{L_1} + \frac{c_2}{L_2} + \cdots + \frac{c_n}{L_n}$$

式中:$c_1, c_2, \cdots, c_n$ 代表各种物质所测得的浓度;$L_1, L_2, \cdots, L_n$ 代表各种物质相应的容许浓度限值。

以此算出的比值小于 1 或等于 1 时,表示未超过接触限值,符合卫生要求;反之,当比值大于 1 时,表示超过接触限值,不符合卫生要求。

表 4-1 常见有毒物质的最高容许浓度

编号	物质名称	最高容许浓度 /$mg \cdot m^{-3}$	编号	物质名称	最高容许浓度 /$mg \cdot m^{-3}$
1	一氧化碳	30	11	二氧丙醇(皮)	5
2	一甲胺	5	12	二硫化碳(皮)	10
3	乙醚	500	13	二异氰酸甲苯酯	0.2
4	乙腈	3	14	丁烯	100
5	二甲胺	10	15	丁二烯	100
6	二甲苯	100	16	丁醛	10
7	二甲基甲酰胺(皮)	10	17	三乙基氯化锡(皮)	0.01
8	二甲基二氯硅烷	2	18	三氧化二砷及五氧化二砷	0.3
9	二氧化硫	15	19	三氧化铬、铬酸盐、重铬酸盐(换算成 CrO_3)	0.05
10	二氧化硒	0.1			

续表

编号	物质名称	最高容许浓度/mg·m⁻³	编号	物质名称	最高容许浓度/mg·m⁻³
20	三氯氢硅	3		汞及其化合物	
21	己内酰胺	10	43	金属汞	0.01
22	五氧化二磷	1	44	升汞	0.1
23	五氯酚及其钠盐	0.3	45	有机汞化合物(皮)	0.005
24	六六六	0.1	46	松节油	300
25	丙体六六六	0.05	47	环氧氯丙烷(皮)	1
26	丙酮	400	48	环氧乙烷	5
27	丙烯腈(皮)	2	49	环己酮	50
28	丙烯醛	0.3	50	环己醇	50
29	丙烯醇(皮)	2	51	环己烷	100
30	甲苯	100	52	苯(皮)	40
31	甲醛	3		苯及其同系物的一硝基化合物(硝基苯及硝基甲苯等)(皮)	5
32	光气	0.5	53		
	有机磷化合物				
33	内吸磷(E059)(皮)	0.02	54	苯及其同系物的二及三硝基化合物(二硝基苯、三硝基甲苯等)(皮)	1
34	对硫磷(E650)(皮)	0.05			
35	甲拌磷(3911)(皮)	0.01		苯的硝基及二硝基氯化物(一硝基氯苯、二硝基氯苯等)(皮)	1
36	马拉硫磷(4049)(皮)	2	55		
37	甲基内吸磷(甲基E059)(皮)	0.2	56	苯胺、甲苯胺、二甲苯胺(皮)	5
38	甲基对硫磷(甲基E605)(皮)	0.1	57	苯乙烯	40
				钒及其化合物	
39	乐戈(乐果)(皮)	1	58	五氧化二钒烟	0.1
40	敌百虫(皮)	1	59	五氧化二钒粉尘	0.5
41	敌敌畏(皮)	0.3	60	钒铁合金	1
42	吡啶	4	61	苛性碱(换算成NaOH)	0.5

第二节 毒物进入人体的途径与中毒机理

一、毒物进入人体的途径

在生产条件下,毒物进入人体的途径有3种:呼吸道、皮肤和消化道,其中最主要是经呼吸道、皮肤进入人体,经消化道进入人体仅在特殊情况下才会发生,实际意义不大。

1. 呼吸道

呈气体、蒸气、气溶胶状态的毒物可经呼吸道进入体内。进入呼吸道的毒物,通过肺泡直接进入大循环,其毒性作用发生快。大部分职业中毒系毒物由此途径进入体内而引起的。这是因为肺泡表面积较大(估计一个正常人的肺泡表面积为 80~90 m²)和肺部毛细血管较丰富,毒物被迅速吸收(毒物由肺部进入血循环较由消化道进入血循环快20倍)。

气态毒物经呼吸道吸收会受到许多因素的影响。接触毒物的水平,即毒物在空气中的浓度高,则进入体内的速度快,进入的量也大。气态毒物进入呼吸道的深度与其水溶性有关。水溶性较大的毒物易为上呼吸道吸收,除非浓度较高,一般不易到达肺泡(如氨)。水溶性较差的毒物在上呼吸道难以吸收,而在深部呼吸道、肺泡则能吸收一部分(如氮氧化物)。此外,劳动强度、肺通气量、肺血流量及劳动环境的气象条件等因素,也可影响毒物经呼吸道吸收的情况。

呈气溶胶状态的毒物,其进入呼吸道的情况比气态毒物复杂得多。它们在呼吸道滞留的量和受呼吸道清除系统清除的量与粒径大小有密切关系。呈气溶胶状态的毒物能引起中毒的颗粒的粒径一般为 $1 \times 10^{-6} \sim 1 \times 10^{-4}$ cm。颗粒太小,毒物容易在呼吸道内漂浮而被呼出;颗粒过大,则毒物容易停留在上呼吸道的黏膜表面,难以通过肺泡吸收而引起中毒。雾状毒物及溶解度较大的粒子可在沉积部位被吸收。

2. 皮肤和黏膜

虽然完整的皮肤是很好的防毒屏障,但在生产劳动过程中,毒物经皮肤吸收而致中毒者也较常见。特别是某些工业毒物可通过完整的皮肤或经毛孔到达皮脂腺而被吸收,一小部分可通过汗腺吸收进入体内。汗腺与毛囊分布广泛,但总截面积仅占表皮面积的0.1%~1.0%左右,实际意义不大。毒物主要还是通过表皮屏障到达真皮而进入血循环。另外,毒物经皮肤吸收后也不经肝脏而直接进入大循环。

正常的皮肤表面有一层类脂质层,对水溶性毒物有很好的防护作用,但一些脂溶性毒物如苯、芳香族的氨基和硝基化合物、金属的有机化合物(四乙铅)、有机磷化合物、氯仿等,可以穿透该层而到达真皮层致吸收中毒。因为该层除少量的结缔组织能阻止部分毒物吸收外,真皮层的血管和淋巴管网很易吸收毒物。一些对皮肤局部有刺激性和损伤性作用的毒物(如砷化物),可使皮肤充血或损伤而加快毒物的吸收。若皮肤有伤口或在高温、高湿度情况下,可增加毒物的吸收。

脂溶性物质能透过表皮屏障,但如不具有一定的水溶性也不易被血液吸收,故了解其脂/水分配系数($K = \dfrac{溶于脂肪的浓度}{溶于水的浓度}$)有助于估计经表皮进入的可能性。皮肤最易吸收毒物的部位为腋窝、腹股沟、四肢的内侧、颈部和薄嫩而潮湿的皮肤。

个别金属如汞也可经皮肤吸收。某些气态毒物(如氰化氢)浓度较高时可经皮肤进入体内。

3. 消化道

生产性毒物经消化道进入体内而致职业中毒的事例甚少。个人卫生习惯不好和发生意外时毒物可经消化道进入体内,主要是固体、粉末状毒物。毒物经口腔和食道黏膜吸收很少,但有些毒物如有机磷、氰化物等可迅速由该处吸收而进入血循环。不可忽略的是,进入呼吸道的难溶性气溶胶被呼吸道以痰的形式清除后,可经由咽部而进入消化道。进入消化道的毒物主要在小肠吸收,经门脉、肝脏再进入大循环。

二、毒物作用于机体的方式

毒物在未被吸收以前,首先在接触的部位出现作用,由于直接刺激了周围末梢神经感受器,便引起了不同的毒性反应。如毒物刺激了消化道,便引起恶心、呕吐;毒物刺激了眼睛,便引起流泪;腐蚀性毒物对局部表现为刺激及腐蚀现象。

毒物被吸收后,便对机体的组织或器官产生毒性作用。由于机体的各种组织和细胞不仅具有形态上的不同,而且其生化过程也各有其特点,这些特点便使毒物对机体的组织或器官发生选择性侵害作用。一般说来,组织分化愈高或生化过程愈复杂,则这种组织对毒物的敏感性也愈高,因而毒物对其损害性也就愈大。中枢神经系统的分化最高,因此对毒物也就最敏感。例如,有机磷中毒后很快即引起大脑皮质的功能障碍,首先是兴奋过程占优势,然后即转入抑制状态;氢氰酸及一氧化碳中毒,也是首先破坏中枢神经系统的功能。有些毒物可选择性地直接作用于某些器官。例如,酚可作用于毛细血管和心肌,引起心血管机能的障碍。

三、毒物引起机体中毒的机理

1. 缺氧

一些毒物可引起机体的缺氧,进一步使机体器官的机能和代谢发生障碍,出现中毒现象。毒物引起缺氧的原因如下:

(1)毒物破坏了呼吸机能。如抑制或麻痹了呼吸中枢,或由于毒物引起喉头水肿、支气管痉挛、呼吸肌痉挛及肺水肿等。

(2)毒物引起血液成分的改变。如发生碳氧血红蛋白、变性血红蛋白血症以及溶血等。

(3)毒物使机体组织的呼吸抑制。如氰化物、硫化氢中毒等。

(4)毒物引起心血管机能的破坏。如毒物对毛细血管及心肌的影响以及毒物所致的休克等。

2. 毒物对酶的影响

大部分毒物是通过对酶系统的作用而引起中毒的。其作用如下:

(1)破坏酶的蛋白质部分的金属或活性中心。如氰化物抑制细胞色素氧化酶的Fe^{2+},而一氧化碳抑制细胞色素氧化酶的Fe^{3+},从而破坏酶蛋白质分子中的金属,使细胞发生窒息。

(2)毒物与基质竞争同一种酶而产生抑制作用。如在三羧酸循环中,由于丙二酸结构与琥珀酸相似,因而可以抑制琥珀酸脱氢酶。

(3)与酶的激活剂作用。如氟化物可与Mg^{2+}形成复合物,结果使Mg^{2+}失去激活磷酸葡萄糖变位酶的作用。

(4)去除辅酶。如铅中毒时,造成烟酸的消耗增多,结果使辅酶Ⅰ和辅酶Ⅱ均减少,从而抑制了脱氢酶的作用。

(5)与基质直接作用。如氟乙酸可直接与柠檬酸结合形成氟柠檬酸,从而阻断三羧酸循环的继续进行。

3. 毒物对传导介质的影响

有的毒物,特别是有机磷化合物,可抑制体内的胆碱酯酶,使组织中乙酰胆碱过量蓄积,引起一系列以乙酰胆碱为传导介质的神经处于过度兴奋状态,最后则转为抑制和衰竭。四氯化碳中毒时,首先作用于中枢神经系统,使之产生交感神经冲动,引起体内大量释放儿茶酚胺、肾上腺素、去甲肾上腺素、5-羟色胺等,这可使内脏血管收缩引起供血不足,中毒数小时后即可出现肝、肾损害。

4. 毒物通过竞争作用引起中毒

有些毒物通过竞争作用引起中毒。如一氧化碳与氧对血红蛋白来说有其共性,因此,一氧化碳可与氧竞争血红蛋白,而形成碳氧血红蛋白,破坏正常的输氧功能。

5. 毒物通过破坏核糖核酸的代谢引起中毒

有些毒物可通过破坏核糖核酸的代谢而引起机体中毒,如芥子气即是如此。

第三节 职业中毒的临床表现

职业中毒在临床上可分为急性、亚急性和慢性中毒。毒物一次或短时间内大量进入人体可引起急性中毒;若少量毒物长期逐渐地进入体内,在体内蓄积到一定程度才出现中毒症状,称为慢性中毒。介于两者之间,在较短时间内有较大剂量毒物反复进入人体而引起的中毒,称为亚急性中毒。要在急性、亚急性和慢性中毒之间严格地划分出界限,有时也是比较困难的。

有些毒物一般只能引起慢性中毒,只有在很大的浓度时,才能引起急性中毒,如铅、锰等,这是由于在生产条件下不存在有这样浓度的场所。有些毒物一般只引起急性中毒,而不引起慢性中毒,如氢氰酸等,这是由于这类毒物进入体内后,很快地发生变化,迅速排出体外,因而不引起慢性中毒。

职业中毒有明确的工业毒物职业接触史,包括接触毒物的工种、工龄以及接触毒物的种类和方式等。职业中毒具有群发性的特点,即同车间同工种的工人接触某种工业毒物,若有人发生中毒,则可能会有多人发生中毒。职业中毒症状有特异性,即毒物会有选择地作用于某系统或某器官,出现典型的系统症状。

急性职业中毒发病快,接触毒物后即有一定刺激症状,随即症状消失,经过并无明显症状的潜伏期,突然发生严重症状。多数职业中毒只要能早期诊断,及时恰当治疗,都可以做到预后良好。急性职业中毒多数都是在发生事故时造成的,诊断并不困难。但在抢救急性中毒病人的同时,还应积极组织现场调查,了解引起中毒的毒物的种类和浓度。因为毒物往往不是单一的,而是混合状态的。如氮肥厂原料气中除一氧化碳外还有硫化氢等;电化厂乙炔气中往往混有砷化氢、磷化氢等。这些毒物的性质不同,中毒后的抢救治疗措施也不同。对于混合毒物中毒,只治疗其中某一种毒物的中毒,往往难以奏效。

慢性职业中毒发病慢,从开始接触毒物到发病要持续很长一段时间,其后症状逐渐加重。由于有些毒物中毒又无特异诊断指标,所以诊断时应注意鉴别诊断,谨防误诊。对于暂时难以确诊者,可进行动态观察或驱毒试验,住院观察治疗后作出诊断。许多毒物中毒都有一定的潜伏期,在潜伏期内要静心休息,注意观察。如光气、氮氧化物常在被吸入 $12\sim24$ h后突然发生中毒性肺水肿。若在潜伏期内注意休息和进行抗肺水肿治疗,就不至于发生肺水肿,即使发病也很轻;若在潜伏期内没有进行治疗并做剧烈活动,则发病可能很重,甚至难以抢救。对于间歇性中毒发作,应随时注意病情变化。如一氧化碳中毒者治疗清醒后,经数小时或数日可能会再度出现昏迷症状等。

职业中毒常见症状及临床表现主要为如下几个方面：

一、神经系统

慢性中毒早期常见神经衰弱综合征，脱离毒物接触后可逐渐恢复。毒物可损伤运动神经、感觉神经，引起周围神经病，常见于砷、铅等中毒。震颤则常为锰中毒及一氧化碳中毒后损伤锥体外系出现的症状。重症中毒时可发生中毒性脑病及脑水肿。

二、呼吸系统

一次大量吸入某些气体可突然引起窒息。吸入刺激性气体可引起鼻炎、咽炎、喉炎、气管炎、支气管炎等呼吸道炎症。吸入大量刺激性气体可引起严重的呼吸道病变、化学性肺水肿和化学性肺炎。某些毒物可导致哮喘发作，如二异氰酸甲苯酯。长期接触某些刺激性气体可引起肺纤维化、肺气肿，导致气体交换障碍、呼吸功能衰竭。

三、血液系统

许多毒物能对血液系统造成损害，常表现为贫血、出血、溶血、高铁血红蛋白血症等。如铅可抑制卟啉代谢通路中的巯基酶而影响血红素的合成，临床上常表现为低血色素性贫血；苯可抑制骨髓造血功能，表现为白细胞和血小板减少，甚至全血减少，成为再生障碍性贫血，苯还可导致白血病；砷化氢可引起急性溶血，出现血红蛋白尿；亚硝酸盐类及苯的氨基、硝基化合物可引起高铁血红蛋白血症；一氧化碳中毒可产生碳氧血红蛋白血症，导致组织缺氧。

四、消化系统

毒物所致消化系统症状呈多种多样。由于毒物作用特点不同，可出现急性胃肠炎，见于汞盐、三氧化二砷等经口急性中毒；可出现腹绞痛，见于铅及铊中毒；一些毒物可引起牙龈炎、牙龈色素沉着、牙酸蚀症、氟斑牙；许多亲肝性毒物，如四氯化碳、三硝基甲苯等，可引起急性或慢性肝病。

五、泌尿系统

汞、铅、四氯化碳、砷化氢等可以引起肾损害，常见的临床类型有急性肾功能衰竭、肾病综合征等。

六、其他

生产性毒物还可以引起皮肤和眼睛的损害、骨骼病变以及烟尘热等。

第四节　职业中毒的处理

职业中毒种类繁多，病情复杂，不少更是病势凶险，发展迅速，必须高度重视，分秒必争，全力以赴,抓住重点,兼顾全局,积极进行抢救。

职业中毒的治疗可分为病因治疗、对症治疗及支持治疗 3 类。病因治疗的目的是阻止毒物继续进入体内,促使毒物排泄以及拮抗或解除其毒作用。对症治疗是为缓解毒物引起的主要症状,以促进人体功能的恢复。支持治疗能提高患者抗病能力,促使其早日恢复健康。

急性职业中毒的处理,可按下述步骤进行:

一、清除未被吸收的毒物

1. 吸入的毒物

应尽快使患者脱离中毒环境,呼吸新鲜空气,解开衣服,必要时给予氧气吸入及进行人工呼吸。

2. 由皮肤和黏膜吸收的毒物

除去毒物污染的衣服,一般用清水清洗体表、毛发及甲缝内毒物(不可用热水,因其可使血管扩张,增加毒物吸收),冲洗必须彻底。皮肤处理得好坏,特别对能从皮肤吸收的毒物是个关键,但往往不被重视,因而导致发生严重中毒。

对于由伤口进入的毒物,应在伤口的近心端扎止血带(每隔 15~30 min 放松 1 min,以免肢体坏死),局部用冰敷。未被吸收的毒物,可通过吸引器或局部引流排毒。

眼内溅入毒物时,应立即用清水彻底冲洗,特别对腐蚀性毒物更须反复冲洗,至少不短于 15 min。对固体的腐蚀性毒物颗粒,要立即用机械方法取出。

3. 由消化道进入的毒物

对于一切由消化道进入的毒物,除非有禁忌的情况,均应采取催吐、洗胃和导泻的方法以排除毒物。

(1) 催吐。

由消化道进入的大多数毒物本身可引起呕吐,如果自发性呕吐不发生或呕吐不彻底,则应采取各种措施催吐。

催吐前先给患者饮水 500~600 mL(空胃不易引起呕吐),然后再采取措施诱致呕吐。最简单的方法为用手指、鸡毛、棉棒或任何钝物刺激咽后壁,即可反射性引起呕吐。

(2) 洗胃。

如考虑催吐效果欠佳或催吐失败时,应立即进行洗胃。一般毒物进入时间不久(4~6 h 之内)均应洗胃。下列情况即便时间再久也应洗胃:① 毒物量较多时;② 由于毒物的作用,或由于胃的保护性反应而使胃的排空延长时;③ 毒物小颗粒易嵌入胃黏膜皱襞内的(如砷);④ 酚或带肠衣的药片等;⑤ 服毒后曾进食大量牛乳及蛋清的;⑥ 毒物吸收后又可由胃再排出部分的(如有机磷)。

一般洗胃时用清水,但用生理盐水更为安全。洗胃的液体,尚应根据进入消化道的毒物的种类加入适当的解毒剂。解毒剂可通过吸附、沉淀、氧化、中和、化合等性能使胃内未被吸收的毒物失去活性或阻滞其吸收。没有适当的解毒剂时,切勿为等候解毒剂而延误了治疗时机,此时用普通清水即可。

洗胃时常用的解毒剂及特殊情况下使用的解毒剂分别见表 4-2 及表 4-3。

表 4-2 常见洗胃用解毒剂

解毒剂	浓 度	作用及用途	毒性及注意事项
高锰酸钾	1∶5 000 ~ 1∶2 000	为一氧化剂,可破坏生物碱及有机物,能有效地破坏阿片类、士的宁、烟碱、毒扁豆碱、奎宁等,并可使氰化物及磷氧化而失去毒性	① 有很强的刺激性,不应使未溶解的颗粒与胃黏膜或其他组织接触; ② 1605 中毒时禁用
活性炭	0.2% ~ 0.5% 悬液(半汤匙或 1 汤匙活性炭混于 1 000 mL 水中)	为一强力吸附剂,可用于一切化学物质(氰化物除外),不论有机物或无机物,大分子或小分子均可被阻滞吸收	广谱解毒剂,无任何毒性
碳酸氢钠	1% ~ 5% 溶液	用于有机磷中毒、硫酸铁中毒,因可形成腐蚀性弱、溶解度低的碳酸铁,并能沉淀多数生物碱	① 敌百虫中毒时禁用; ② 不适用于强酸中毒,因能产生二氧化碳而有引起胃扩张及胃穿孔的危险
鞣酸	3% ~ 5% 溶液	可使大部分有机及无机化合物沉淀(包括去水吗啡、士的宁、金鸡纳生物碱、洋地黄、铝、铅、钴、银、铜、锌等)	① 可用浓茶水代替; ② 对肝脏有毒性,应慎重使用,不应留置胃内

表 4-3 特殊情况下洗胃用解毒剂

解毒剂	浓 度	作用及用途	毒性及注意事项
氢氧化高铁	10 mL	与砷形成不溶性的亚砷酸铁	
硫酸铜	0.2% ~ 0.5%	与磷形成不溶性的磷化铜	
过氧化氢	3% 溶液 10 mL 加入 100 mL 水	用于有机物(如阿片、士的宁等)及高锰酸钾、氰化物、磷中毒	对黏膜有刺激作用,由于气体释放可致腹胀
氧化镁或氢氧化镁	25 g/1 000 mL	中和酸性物质如阿司匹林、硫酸及其他矿物酸和草酸	① 因不产生二氧化碳,故不会引起胃扩张及胃穿孔; ② 如在胃中存留量不大,由镁离子所产生的中枢抑制作用不明显
钙盐	乳酸钙 15 ~ 30 g/1 000 mL 氯化钙 5 g/1 000 mL	用于氟及草酸盐中毒,分别形成不溶性的氟化钙及草酸钙	
淀粉	75 ~ 80 g/1 000 mL	用于碘剂中毒	洗胃应持续至洗出液不再显蓝色
生理盐水		用于硝酸银中毒,可与硝酸银形成溶解度低、腐蚀性弱的氯化银	
碘化钠或碘化钾	1% 溶液	可与铊结合形成不溶性的碘化铊(黄色)以减少铊的吸收	应用碘化钠或碘化钾后立即用清水洗胃,以清除碘化铊
醋酸铵或稀氨水	4 mL/500 mL	与甲醛形成毒性较低的六甲烯四铵	

(3) 导泻。

在催吐或洗胃后,可口服或由胃管注入泻剂,使已进入肠道的毒物迅速排出体外,因而减少在肠内的吸收。临床常用的泻剂为硫酸镁 30 g 或硫酸钠 10～15 g。已有严重脱水的患者及腐蚀性毒物中毒者禁用。对孕妇尽量不用,以免引起流产或早产。

此外,油类泻剂也可采用,但对能溶解于脂肪的毒物引起的中毒,则忌用油类泻剂。

二、现场急救

1. 现场急救要点

一般救治原则如下:

(1) 将伤员移离中毒环境至空气新鲜场所,并脱掉或剪去毒物污染的衣服,用流动清水进行及时有效的冲洗,时间不得少于 15 min。

(2) 保持呼吸道通畅,注意保暖。注意观察伤员的意识状态、瞳孔大小、血压、呼吸及脉搏,及时给予相应处理。

(3) 群体中毒时,必须对伤员受伤性质和严重程度做好"检伤分类",做到轻重缓急、分门别类进行分级治疗和管理。首先应积极寻找神志不清的伤员,若不止一名则应先求援助,再对其中最严重者进行急救,其顺序为心跳呼吸停止者最先,深度昏迷者其次。

(4) 防止毒物继续吸收。如在现场清洗不够彻底应反复冲洗。气体或蒸气吸入中毒时,可给予吸氧。如是经口中毒,须尽早催吐、洗胃及导泻。

2. 心、脑、肺复苏

心搏骤停如得不到及时抢救,会造成脑和其他重要器官组织不可逆的损害而导致死亡。越早抢救,则复苏成功率越高。若能在心搏骤停后 4 min 内进行心肺复苏,成功率可达 32%,如延迟至 4 min 以上,则复苏成功率仅 17%,故复苏抢救必须分秒必争。心肺复苏术是针对呼吸、心搏停止所采取的抢救措施,包括基础生命支持、进一步生命支持和延续生命支持三部分。下面着重介绍基础生命支持。

基础生命支持(BLS)又称初期复苏处理或现场急救。其主要目标是向心、脑及全身重要器官供氧,延长机体耐受临床死亡时间(临床死亡时间指心跳、呼吸停止,机体完全缺血,但尚存在心肺复苏及脑复苏机会的一段时间,通常约 4 min 左右)。BLS 包括心跳、呼吸停止的判定,呼吸道通畅(A),人工呼吸(B),人工循环(C)和转运等环节,即心肺复苏的 ABC 步骤。

(1) 心跳、呼吸停止的判定。

BLS 的适应征为心搏骤停。实施前必须迅速判定:① 有无头颈部外伤,对伤者应尽量避免移动,以防脊髓进一步损伤。② 检查者轻拍并呼叫病人,若无反应即可判断为意识丧失;同时以手指触摸患者喉结再滑向一侧,颈动脉搏动触点即在此平面的胸锁乳突肌前缘的凹陷处。若意识丧失同时颈动脉搏动消失,即可判定为心搏骤停,应立即开始抢救,并及时呼救以取得他人帮助。

(2) A(呼吸道通畅)。

开放气道以保持呼吸道通畅,是进行人工呼吸前的首要步骤。病人仰卧,解松衣领及裤带,挖出口中污物、假牙及呕吐物等,然后按以下手法开放气道。

① 仰面抬颈法：使病人平卧，救护者一手抬起病人颈部，另一手以小鱼际侧下按病人前额，使病人头后仰，颈部抬起（图 4-1）。对疑有头、颈部外伤者，不应抬颈，以避免进一步损伤脊髓。

图 4-1　仰面抬颈法

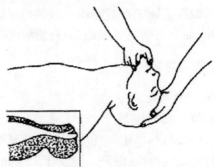

图 4-2　仰面举颏法

② 仰面举颏法：病人平卧，救护者一手置于病人前额，手掌用力向后压以使其头后仰，另一手的手指放在靠近颏部的下颌骨的下方，将颏部向前抬起，使病人牙齿几乎闭合（图 4-2）。

③ 托下颌法：病人平卧，救护者用双手同时将左右下颌角托起，一面使其头后仰，一面将下颌骨前移。

3. B（人工呼吸）。

人工呼吸是用人工方法（手法或机械）借外力来推动肺、膈肌及胸廓的活动，使气体被动进入或排出肺，以保证机体氧的供给和二氧化碳的排出。

口对口人工呼吸是为病人供应所需氧气的快速而有效的方法。借助救护者用力呼气的力量，把气体吹入病人肺泡，使肺间歇性膨胀，以维持肺泡通气和氧合作用，减轻机体缺氧及二氧化碳潴留。

（1）方法。

① 病人仰卧，松开衣领、裤带。

② 救护者用仰面抬颈法保持患者气道通畅，同时用压前额的那只手的拇指、食指捏紧病人的鼻孔，防止吹气时气体从鼻孔逸出。

③ 救护者深吸一口气后，双唇紧贴病人口部，然后用力吹气，使胸廓扩张。

④ 吹气毕，救护者头稍抬起并侧转换气，松开捏鼻孔的手，让病人的胸廓及肺依靠其弹性自动回缩，排出肺内的二氧化碳。

⑤ 按以上步骤反复进行。吹气频率，成人为 14～16 次/分钟，儿童为 18～20 次/分钟。

⑥ 如有特殊面罩或通气管，则可通过口对面罩或通气管吹气。前者可保护救护者不受感染；后者还可较好地保持病人口咽部的气道通畅，避免舌后坠所致的气道受阻，在一定程度上减少了口腔部的呼吸道死腔。

⑦ "S"形通气管的使用。"S"形管又称急救管。救护者站在病人头侧，用手指启开病人口腔，将通气管的"病人口含部"沿病人舌背向下插入，使"S"形管的弧度与舌背弓度相适。"S"形管的"颚部"应紧贴病人口唇四周，使其不漏气。然后深吸一口气，对准通气管用力吹入。吹气时，应用手捏紧病人鼻孔，同时观察胸廓起伏情况（图 4-3）。

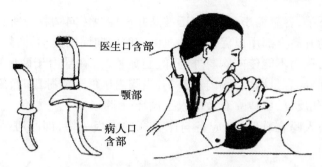

图4-3 "S"形管吹气人工呼吸

（2）注意事项。

① 吹气应有足够的气量，以使胸廓抬起，但一般不超过 1 200 mL。吹气过猛过大，可造成咽部压超过食道开放压，从而使气体吹入胃内引起胃胀气。

② 吹气时间宜短，以约占一次呼吸周期的 1/3 为宜。

③ 若病人口腔及咽喉部有分泌物或堵塞物如痰液、血块、泥土等，应在操作前清除，以免影响人工呼吸效果或将分泌物吹入呼吸道深处。

④ 有假牙者应取下假牙。遇舌后坠的病人，应用舌钳将舌拉出口腔外，或用通气管吹气。

⑤ 如遇牙关紧闭者，可行口对鼻人工呼吸。操作方法大体同上，只是对着鼻孔吹气。吹气时应将病人口唇闭紧。为克服鼻腔阻力，吹气时用劲要大，吹气时间要长。

⑥ 若病人尚有微弱呼吸，人工呼吸应与病人的自主呼吸同步进行，即于病人吸气时，救护者用力吹气以辅助进气，病人呼气时，松开口鼻，便于排出气体。

⑦ 为防止交叉感染，操作时可取一块纱布单层覆盖在病人口或鼻上，有条件时用面罩及通气管更理想。

⑧ 通气适当的指征是看到病人胸部起伏并于呼气时听到及感到有气体逸出。

4．C（人工循环）

（1）心前区捶击。

在心搏骤停 1 分 30 秒内心脏应激性最高，此时拳击心前区所产生的 5~15 W·s 电能可使心肌兴奋并产生心电综合波，促使心脏复跳。心前区捶击只能刺激有反应的心脏，主要用于心电监测有室颤或目击心脏骤停这两种情况。

① 方法。右手松握空心拳，小鱼际肌侧朝向病人胸壁，以距离胸壁 20~25 cm 高度，垂直向下捶击心前区，即胸骨下段。捶击一两次，每次 1~2 s，力量中等。观察心电图变化，如无变化，应立即进行胸外心脏按压和人工呼吸。

② 注意事项。a. 捶击不宜反复进行，最多不超过 2 次。b. 捶击时用力不宜过猛。c. 婴幼儿禁用。

（2）胸外心脏按压。

心搏骤停病人的胸廓有一定弹性，胸骨和肋软骨交界处可因受压而下陷。因此，当按压胸廓时，对位于胸骨和脊柱之间的心脏产生直接压力，引起心室内压力的增加和瓣膜的关闭，就是这种压力使血液流向肺动脉和主动脉，此为"心泵学说"。而"胸泵学说"认为，胸外心脏按压时，胸廓下陷，容量缩小，使胸内压增高并平均地传向胸腔内所有大血管，由于动脉不萎陷，动脉压力的升高全部用以促使动脉血由胸腔内向周围流动，而静脉血管由于静脉萎陷及静脉瓣的阻挡，压力不能传向胸腔外静脉；当放松时，胸骨由于两侧肋骨和肋软骨的支持，回复原来位置，胸廓容量增大，胸内压减小，当胸内压低于静脉压时，静脉血回流至心脏，心室得到充盈。如此反复，可建立有效的人工循环（图4-4）。

① 用物。如病人睡在软床上，应备与床等宽的硬板一块，即心脏按压板，另备脚踏凳一个。

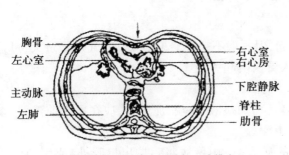
(a) 按压胸骨下段，胸内压增高，血液排出

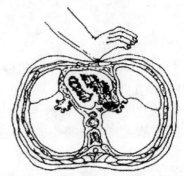
(b) 放松时，胸内压减小，血液回流，心脏充盈

图4-4　胸外心脏按压解剖示意图（横切面）

② 方法。使病人仰卧于硬板床或地上，头后仰10°左右，解开上衣。救护者紧靠患者一侧。为确保按压力垂直作用于患者胸骨，救护者应根据个人身高及患者位置高低，采用脚踏凳或跪式等不同体位。确定按压部位的方法：救护者靠近患者足侧的手的食指和中指沿患者肋弓下缘上移至胸骨下切迹，将另一手的食指紧靠在胸骨下切迹处，中指紧靠食指，靠近患者足侧的手的掌根（与患者胸骨长轴一致）紧靠另一手的中指放在患者胸骨上，该处为胸骨中、下1/3交界处，即为正确的按压部位（图4-5，图中阴影部分为胸外心脏按压的正确部位）。操作时将靠近患者足侧的手平行重叠在已置于患者胸骨按压处的另一手之背上，手指并拢或互相握持，只以掌根部位接触患者胸骨。操作者两臂位于患者胸骨正上方，双肘关节伸直，利用上身重量垂直下压，对中等体重的成人下压深度约3~4 cm，而后迅即放松，解除压力，让胸廓自行复位（图4-6）。如此有节奏地反复进行，按压与放松时间大致相等，频率为每分钟60~80次。

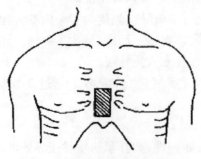

图4-5　胸外心脏按压的正确部位

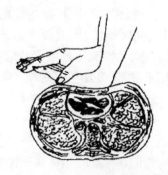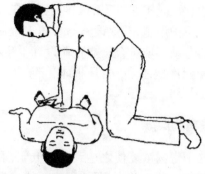

图4-6 胸外心脏按压的手法及姿势

③注意事项。a. 按压部位要准确。如部位太低,可能损伤腹部脏器或引起胃内容物反流;部位过高,可伤及大血管;若部位不在中线,则可能引起肋骨骨折。b. 按压力要适度。过轻达不到效果,过重易造成损伤。c. 按压姿势要正确。注意肘关节伸直,双肩位于双手的正上方,手指不应加压于患者胸部,放松时掌根不离开胸壁。d. 避免冲击式猛压。e. 为避免按压时呕吐物反流至气管,病人头部应适当放低。f. 心脏按压必须同时配合人工呼吸。一人单独操作时,可先行口对口人工呼吸2次,再做胸外心脏按压15次。如为两人操作,则一人先做口对口人工呼吸1次,另一人做胸外心脏按压5次,如此反复进行。g. 操作过程中,救护人员替换,可在完成一组按压、通气后的间隙中进行,不得使复苏抢救中断时间超过5~7 s。h. 按压期间,密切观察病情,判断效果。胸外心脏按压有效的指标是按压时可触及颈动脉搏动及肱动脉收缩压大于(或等于)8 kPa。

第五节 综合防毒措施

生产性毒物的种类繁多,影响面大。预防职业中毒必须采取综合措施,分清主次,着重从根本上解决,而又不放松辅助性措施。防毒措施的具体办法多种多样,但就其效用而论可归纳为4个方面:根除毒物、降低毒物浓度、加强个体防护、安全卫生管理。

一、根除毒物

(1) 从生产工艺流程中消除有毒物质,用无毒或低毒物质代替有毒物质是最理想的防毒措施。在生产实际中,完全以无毒代替有毒的想法是不现实的,同时也不符合"物尽其用"的原则。但是,用无毒、低毒的物料或工艺代替有毒、高毒的物料或工艺,存在着极为广泛的可能性。对于一些毒性大、卫生标准高且难以采用其他防毒措施的生产工艺要尽可能以无毒代替有毒;在选择生产工艺或确定工艺路线时,必须考虑寻找新的无毒或低毒的生产工艺。虽然目前由于受到现有科技水平的限制,以无毒代替有毒还只在少数行业内得到应用,但只要有关生产技术人员和劳动保护科研人员认真研究、提高创新,其必将成为工业防毒技术的主要组成部分。如用无苯稀料,即采用抽余油、醇类、丙酮或甲醛酯代替苯类作为稀释剂,从而降低了苯对人体的危害等。

(2) 新建、改建、扩建工程的职业卫生"三同时",是指新建、改建、扩建企业的建设项目中的职业卫生防护设施、环保设施与主体工程同时设计、同时施工、同时投产。其目的在于保证投产后的劳动环境符合工业企业设计卫生标准的要求,从源头上控制职业危害,并符合大气环境质量标准要求,才能从根本上防止或减少职业中毒的发生,保障公众及工人的健康。

二、降低毒物浓度

降低空气中毒物浓度使之达到乃至低于国家卫生标准中规定的职业接触限值,是预防职业中毒的关键环节。首先,要使毒物不能逸散到空气中,或消除工人接触毒物的机会;其次,对逸出的毒物要设法排除,控制其飞扬、扩散,对散落地面的毒物应及时清除;第三,缩小毒物波及的范围,以便于控制排除并减少受毒物危害的人数。

(1) 革新技术,改造工艺。

尽量采用先进技术和工艺过程,避免开放式生产,消除毒物逸散的条件。采用遥控乃至程序控制,最大限度地减少工人接触毒物的机会。另一方面,采用新技术及新方法,也可从根本上控制毒物的逸散。例如,生产水银温度计时,用真空灌表法代替热装法;在蓄电池生产中,将灌注铅粉的工艺改为灌注铅膏。

(2) 通风排毒。

用通风的方法将逸散的毒物排出,是预防职业中毒的一项辅助措施。安装通风装置时,首先要考虑在毒物逸出的局部就地排出,尽量缩小其扩散范围。最常用的是局部抽出式通风,这种通风方式通常与密闭毒物发生源方式结合应用。局部排毒装置的结构及样式,依毒物发生源及生产设备的不同特点而异,但以尽量接近毒物逸出处最大限度地阻止毒物扩散而又不妨碍生产操作、便于检修为原则。经通风排出的废气,应加以净化回收,综合利用。

(3) 建筑布局卫生。

不同生产工序的布局,不仅要满足生产上的需要,而且要考虑卫生上的要求。有毒物逸散的作业,应设在单独的房间内;可能发生剧毒物质泄漏的生产设备应隔离。使用容易积存或被吸附的毒物(如汞),或能发生有毒粉尘飞扬的工房,其内部装饰应符合卫生要求。例如,地面、墙壁要光滑、无缝隙。

三、加强个体防护

搞好个体防护与个人卫生,对于预防职业中毒虽不是根本性措施,但在许多情况下起着重要作用。

(1) 防护服装。

除普通工作服外,对某些作业工人尚需供应特殊质地或样式的防护服。接触剧毒或经皮进入能力强的化学物质,应供应衬衣;接触局部作用强或经皮中毒危险性大的物质,要供给相应质地的防护手套;对毒物溅入眼内有灼伤危险的作业,应给予防护眼镜。

(2) 防护面具。

包括防毒口罩与防毒面具。有毒物质呈粉尘、烟、雾形态时,可使用机械过滤式防毒口罩;如有毒物质呈气体、蒸气形态,则必须使用化学过滤式防毒口罩或防毒面具,而且不同型号防毒面具装填的滤料不同,一定的滤料只对一定类别的毒物有效,必须合理选用。在毒物浓度过高或氧气含量过低的特殊情况下,则要采用隔离式防护面具。个人防护用具要有专人保管,定期检查及维护。

(3) 个人卫生。

如饭前要洗脸洗手,车间内禁止吃饭、饮水和吸烟,班后要淋浴,工作衣帽与便服隔开存放,并定期清洗等。这对防止有害物质污染人体,防止有毒物质从口腔、消化道、皮肤,特别是皮肤伤口处侵入人体内至关重要。从事铅作业的工人,当手被铅污染时,往往不易洗净,应先将手用3%～4%的醋酸浸泡1～3 min,然后用肥皂水刷洗3～5 min,再用自来水冲洗;从事汞作业的工人,作业后或工间要用1:5 000的高锰酸钾溶液漱口,下班要洗澡,还要勤理发、勤剪指甲,以免积蓄汞尘;从事电镀作业的工人,必须注意酸(镀铬)、碱(氰镀)分开,不能同时沾染,以免产生剧毒气体;有铬酸液或酸雾的作业场所,要尽可能避免皮肤、黏膜接触,有破口的皮肤更忌接触,如不慎接触或感到有刺激时,要立即用硫代硫酸钠溶液冲洗涂搽。总之,从事有毒有害作业的工人,必须注意搞好个人卫生。

四、安全卫生管理

加强生产设备的维修和管理,特别是化工生产中防止设备的跑、冒、滴、漏,对于预防职业中毒有重要意义。

各种防毒措施必须辅以必要的规章制度才能取得应有效果。因此,建立或健全安全生产制度,广泛开展卫生宣传,对工人进行安全防毒教育,使他们了解毒物的危害性及预防方法,提高作业人员对防毒工作的认识和自觉性。

要定期监测作业场所空气中的毒物浓度;实施就业前健康检查,排除有职业禁忌者参加接触毒物的作业;定期进行健康检查,早期发现工人健康受损情况并及时处理,也是预防职业中毒的一项有效的措施。

第六节　粉尘及其危害

一、粉尘的概念及分类

粉尘是一种通俗的对能较长时间悬浮于空气中的固体颗粒物的总称。粉尘可以根据许多特征进行分类。按照通常的分类方法,可分为下列几种:

1. 按粉尘的成分分类

(1) 无机粉尘:包括矿物性粉尘、金属性粉尘及人工无机性粉尘。

① 矿物性粉尘:如石英、石棉、滑石、煤、石灰石、黏土粉尘等。

② 金属性粉尘:如铁、铅、锌、锰、铜、锡粉尘等。

③ 人工无机性粉尘:如金刚砂、水泥、石墨、玻璃粉尘等。

(2) 有机粉尘:包括动物性粉尘、植物性粉尘和人工有机性粉尘。

① 动物性粉尘：如兽毛、鸟毛、骨质、毛发粉尘等。
② 植物性粉尘：如谷物、棉、麻、烟草、茶叶粉尘等。
③ 人工有机粉尘：如 TNT 炸药、合成纤维、有机染料粉尘等。

（3）混合性粉尘：是指上述两种或多种粉尘的混合物。混合性粉尘在生产环境中会常常遇到，如铸造厂用混砂机混碾物料时产生的粉尘，既有石英砂和黏土粉尘，又有煤尘；又如用砂轮机磨削金属时产生的粉尘，既有金刚砂粉尘，又金属粉尘。

2. 按粉尘的粒径分类

（1）可见粉尘：是指用肉眼可见的粉尘，粒径大于 10 μm。

（2）显微粉尘：是指在普通显微镜下可以分辨的粉尘，粒径为 0.25～10 μm。

（3）超显微粉尘：是指在超倍显微镜或电子显微镜下才能分辨的粉尘，粒径小于 0.25 μm。

3. 从卫生学角度分类

（1）呼吸性粉尘：又称可吸入性粉尘，是指能进入人体的细支气管到达肺泡的粉尘微粒，其粒径在 5 μm 以下。由于呼吸性粉尘能到达人的肺泡，并沉积在肺部，故对人体健康危害最大。

（2）非呼吸性粉尘：又称不可吸入性粉尘。

（3）有毒粉尘：如锰粉尘、铅粉尘等。

（4）无毒粉尘：如铁矿石粉尘等。

（5）放射性粉尘：如铀矿石粉尘等。

二、粉尘的理化特性及其卫生学意义

1. 粉尘的化学成分和浓度

作业场所空气中粉尘的化学成分和浓度是直接决定其对人体危害性质和严重程度的重要因素。根据化学成分不同，粉尘对人体可有致纤维化、刺激、中毒和致敏作用。结晶型和非结晶型、游离型和结合型二氧化硅对人体的危害作用是不同的。粉尘中游离二氧化硅含量愈高，致纤维化作用愈强，危害愈大。非结晶型比结晶型二氧化硅致肺纤维化作用轻。直接引起肺尘埃沉着病（即尘肺病）的粉尘是指那些可以吸入到肺泡内的粉尘，一般称为呼吸性粉尘，因此，呼吸性粉尘中游离二氧化硅的含量更具有实际意义。含有不同成分的混合性粉尘，其对人体危害不同。某些金属粉尘如铅及其化合物，通过肺组织吸收，进入血循环，引起中毒。如六价铬混入水泥中的含量虽只有 0.01%，但可增强粉尘的致敏性。同一种粉尘，作业环境空气中的浓度愈高，暴露时间愈长，对人体危害愈严重。因此，在评价粉尘的致病作用时，一定要了解粉尘的化学组成和浓度。

2. 粉尘的分散度

劳动卫生学上粉尘的粒径分布也叫做粉尘的分散度，是指物质被粉碎的程度。粉尘的分散度以粉尘粒径大小（μm）的数量或质量分数来表示。前者称为粒子分散度，粒径较小的颗粒愈多，分散度愈高，反之，则分散度愈低；后者称为粉尘质量分散度，粉尘粒径较小的颗粒质量分数愈大，质量分散度愈高，吸入量愈多，对人体危害愈严重。

粉尘分散度的高低与其在空气中的悬浮性能、被人体吸入的可能性和在肺内的阻留及其溶解度均有密切的关系。

(1) 粉尘的分散度与其在空气中的悬浮性。

粉尘粒径的大小直接影响其沉降速度。分散度高的尘粒,由于质量较轻,可以较长时间在空气中悬浮,不易降落,这一特性称为悬浮性。如以密度为 2.62 g·cm^{-3} 的石英粉尘为例,由于其粒径不同,其在静止空气中的沉降速度也不同(表4-4)。

表4-4　不同粒径的石英粉尘在静止空气中的沉降速度

尘粒直径/μm	沉降速度/cm·s^{-1}	尘粒直径/μm	沉降速度/cm·s^{-1}
100	2 829.6	1	0.282 96
10	28.296	0.1	0.002 829 6

从上表可以看出,粉尘的沉降速度随其粒径的减小而急剧降低。在生产环境中,直径大于 10 μm 的粉尘很快就会降落,而直径为 1 μm 左右的粉尘可以较长时间悬浮在空气中而不易沉降。尘粒在空气中呈漂浮状态的时间愈长,被吸入肺内的机会就愈多。粉尘在空气中的悬浮时间与许多因素有关,除与粉尘分散度有关外,还与粉尘的密度和尘粒的形状有关。从卫生学的观点来看,只有那些分散度高、易于悬浮的粉尘才对人体有危害,因为工人在整个工作日的劳动过程中将持续地吸入这种粉尘。

在生产条件下,由于机械的转动、工人的走动以及存在热源等因素的影响,经常会有气流运动,这些因素都能延长尘粒在空气中的悬浮时间,一般在生产环境中能较长时间悬浮在空气中的粉尘多为 10 μm 以下的尘粒。

(2) 粉尘分散度与其表面积的关系。

总表面积是指单位体积中所有粒子表面积的总和。粉尘的分散度愈高,粉尘的总表面积就愈大。如 1 个 1 cm^3 的立方体其表面积为 6 cm^2,当将之粉碎成直径为 1 μm 的颗粒时,其总表面积就增加到 6 m^2,即其表面积增大 10 000 倍。分散度高的粉尘容易参加理化反应,如有些粉尘可与空气中的氧气发生反应从而引起粉尘的自燃或爆炸。分散度高的粉尘,由于其表面积大,因而在溶液或液体中的溶解速度也会增加。

粉尘还可以吸附有毒气体,如一氧化碳、氮氧化物等,分散度愈高,吸附的量也愈大,对人体危害也愈大。

3. 粉尘的溶解度

粉尘溶解度的大小与其对人体的危害性有关。对于有毒性粉尘,随着其溶解度的增加,对人体中毒作用增强,如铅、砷等;而面粉、糖等粉尘溶解度高,易吸收并被排出,故反而可减轻对人体的危害。石英尘是难溶物质,在体内持续产生毒害作用,故其危害极其严重。正常情况下,呼吸道黏膜的 pH 是 6.8~7.4,吸入粉尘引起 pH 范围改变,可导致黏液纤毛上皮组织排除功能障碍,致使粉尘阻留。

4. 粉尘的密度、形状和硬度

粉尘密度的大小与其沉降速度有关。当尘粒大小相同时,密度大的粉尘沉降速度快,在空气中的悬浮性小。在通风除尘装置的设计上要考虑粉尘的密度,需采用不同的控制风速。此外粉尘在呼吸道内的阻留也与其密度有关。

粉尘粒子的形状是多种多样的。常见的形状有球形(如炭黑粉尘)、菱形(如石英粉尘)、叶片形(如云母粉尘)、纤维形(如石棉、棉花、玻璃纤维、矿物纤维粉尘等),此外,还有凝聚体和聚集体等形状。

阻留在上呼吸道或眼睛内的粉尘,特别是锐利而坚硬的尘粒会引起局部机械性损伤或慢性炎症;而进入肺泡的尘粒,由于其质量较小,环境湿润,并受肺泡腔表面活性物质影响,可以减轻机械损伤的程度。

5. 粉尘的荷电性

粉尘粒子可带有电荷,其来源可能是由于物质在粉碎过程中因摩擦而带电,或与空气中的离子碰撞而带电。尘粒的荷电量除与其粒径大小、密度有关外,还与作业环境温度和湿度有关。温度升高时荷电量增加,湿度增加时荷电量减少。

粉尘的荷电性对粉尘在空气中的悬浮性有一定的影响。带相同电荷的尘粒,由于相互排斥而不易沉降,因而增加了尘粒在空气中的悬浮性;带异种电荷的尘粒则因相互吸引,易于凝集而加速沉降。

6. 粉尘的爆炸性

悬浮在空气中的某些粉尘,当达到一定浓度时,如果存在着能量足够的火源(如火焰、电火花、炽热物体或由于摩擦、震动、碰撞等引起的火花),就会发生爆炸。具有爆炸危险的粉尘在空气中的浓度只有在一定范围内才能发生爆炸。因此,对于有爆炸危险性的粉尘,在进行通风除尘系统设计时,需采取必要的防爆措施。

三、粉尘对人体的致病作用

生产性粉尘由于种类和性质不同,因而对机体产生的危害也不同,一般常引起的疾病主要包括以下几个方面:

1. 呼吸系统疾病

(1) 肺尘埃沉着病(尘肺病)。

肺尘埃沉着病是指由于吸入较高浓度的生产性粉尘而引起的以肺组织弥漫性纤维化病变为主的全身性疾病。

由吸入的粉尘引起肺尘埃沉着病是无疑的,但不是所有的粉尘都可引起肺尘埃沉着病。目前,确认能引起肺尘埃沉着病的粉尘有硅尘、硅酸盐尘(如石棉尘、云母尘、滑石尘等)、炭粉尘(如煤尘、炭黑尘、石墨尘、活性炭尘等)、金属尘(如铝尘)。硅尘是生物学活性最强、对人体危害最严重的粉尘。一些粉尘吸入后并不引起肺尘埃沉着病,如铁尘、锡尘、钡尘等引起的是粉尘沉着症,木尘、谷物尘、动物蛋白尘等有机粉尘可引起支气管哮喘,发霉干草、蘑菇孢子、甘蔗等粉尘则引起过敏性肺泡炎。致肺尘埃沉着病的粉尘引起肺尘埃沉着病还与粉尘粒径大小、浓度、形态和表面活性等有关,且粉尘浓度与疾病发生有明确的量效关系。

在我国,肺尘埃沉着病是危害接尘作业工人健康的最主要疾病,为国家法定职业病。据国际劳工组织(ILO)的资料,印度肺尘埃沉着病患病率为55%,拉美国家为37%,美国100多万接尘工人中约有10万人可能患肺尘埃沉着病。目前,我国接尘工人超过600万,累计检出肺尘埃沉着病病人达558 624例,已死亡133 226例,病死率为23.90%;另外,有可疑肺尘埃沉着病病人60多万,每年新发生肺尘埃沉着病病人1.5万~2万例。肺尘埃沉着病病人数占我国职业病总病例数的79.55%,由肺尘埃沉着病造成的死亡人数已超过工伤死亡人数,造成了巨大的社会影响和经济损失,影响到劳动力资源和国家建设的持续发展。因此,做好肺尘埃沉着病的防治工作刻不容缓。

(2) 肺粉尘沉着症。

有些粉尘,特别是金属性粉尘,如钡、铁和锡等粉尘,长期吸入后可沉积在肺组织中,主要产生一般的异物反应,也可继发轻微的纤维化病变,对人体的危害比硅沉着病、硅酸盐肺小,在脱离粉尘作业后,有些病人的病变可有逐渐减轻的趋势。但也有人研究认为,某些金属粉尘也可引起肺尘埃沉着病。

(3) 有机粉尘引起的肺部其他疾患。

许多有机粉尘吸入肺泡后可引起过敏反应。如吸入棉尘、亚麻或大麻粉尘后可引起棉尘病。也有些粉尘可引起外源性过敏性肺泡炎。如反复吸入带有芽孢霉菌的发霉的植物性粉尘,可引起农民肺、蔗渣肺尘埃沉着病等。又如吸入禽类排泄物的粉尘可引起禽类饲养工肺等。

有机粉尘的成分复杂,有些粉尘可被各种微生物污染,也常混有一定含量的游离二氧化硅及无机杂质等,所以各种有机粉尘对人体的生物学作用是不同的。如长期吸入木、茶、枯草、麻、咖啡、骨、羽毛、皮毛等粉尘可引起支气管哮喘。

有些有机粉尘中常混有砂土及其他无机杂质,如烟草、茶叶、皮毛、棉花等粉尘中常混有无机杂质,长期吸入这种粉尘可以引起肺组织的间质纤维化,叫做混合性肺尘埃沉着病。

2. 其他系统疾病

接触生产性粉尘除可引起上述呼吸系统的疾病外,还可引起眼睛及皮肤的病变。如在阳光下接触煤焦油、沥青粉尘时可引起眼睑水肿和结膜炎。粉尘落在皮肤上可堵塞皮脂腺而引起皮肤干燥,继发感染时可形成毛囊炎、脓皮病等。有些纤维状结构的矿物性粉尘,如玻璃纤维和矿渣棉粉尘,长期作用于皮肤可引起皮炎。也有一些腐蚀性和刺激性的粉尘,如砷、铬、石灰等粉尘,作用于皮肤可引起某些皮肤病变和溃疡性皮炎。

四、粉尘对生产的影响

1. 粉尘对能见度的影响

能见度即人的肉眼能辨别物体的视力范围。能见度也常被称为可见范围。一般来说,能见度取决于光的传播和眼睛从视场背景中区别物体的能力。

在作业场所进行操作时,人们需要通过视觉观察外界情况,作出判断并进行操作。不能清晰地看到周围的事物,很容易在行动时出现错误,导致事故的发生。长时间在粉尘作业场所工作,由于能见度的降低还会使视力疲劳,造成眼疾。

工作场所的能见度低,会使得工作目标不清晰,影响操作质量。如室内喷砂清理工件时,如果通风量不足,室内照明又较差时,操作人员便看不清楚工件表面,工件有可能清理不净而影响产品质量。

严重的大气粉尘污染会导致作业场所中能见度的降低,不仅影响工作场地上人员的健康和操作安全,在某些工作场所,还直接造成巨大的经济损失。如在一些深凹露天矿中,由于能见度低,影响生产过程,致使信号看不清,加上自卸汽车排出的黑烟和二次扬尘也污染作业现场环境,现场无法工作,造成停产,带来经济损失。

为保证生产的正常进行,保障工作人员的人身安全,要特别重视作业场所的通风和照明,注意改善能见度恶劣的工作环境。

2. 粉尘对设备磨损、产品质量的影响

含尘气流在运动时与壁面冲撞,产生切削和摩擦,引起磨损。含尘气流的粉尘磨损性与气流速度的2~3次方成正比,气流速度越高,粉尘对壁面的磨损越严重。气流中的粉尘浓度越高,磨损性也越强,但粉尘浓度达到某一程度时,由于粉尘粒子之间的相互碰撞,反而减轻了与壁面的碰撞摩擦。

空气机械如通风机、鼓风机、空气压缩机、燃气涡轮机等,当通过该种机械的空气中存在悬浮粉尘时将严重降低其运行寿命。一般对高压鼓风机、空气压缩机械要求进入的空气中的含尘量低于每立方米数微克至毫克的数量级。不符合标准时,含尘空气进入这类机械设备,将使昂贵的部件迅速磨损而报废。

在除尘系统使用中,高速烟气强烈地冲刷着除尘器内壁,壳体很快就被磨损。特别是离心式旋风除尘器的蜗壳和锥体部分,数毫米厚的钢板用不到半年甚至几个月就会被局部磨穿,极大地影响着除尘器的使用效果。

含尘空气中的尘粒沉降到机器的转动部件上,将加速机件的磨损,影响机器工作精度,甚至使小型精密仪表的部件卡住不能工作。

粉尘污染不仅会影响产品的外观,还会造成产品质量的下降。许多现代化产品(如电子产品、化学药品、摄影胶片等)特别要求高质量、高可靠性,在生产过程中应重视防止粉尘污染。

第七节　工厂防尘的综合措施

防止粉尘危害的具体措施不是孤立的,而是与其有关事物密切相关的。因此,必须从设计、设备制造到施工安装,尤其是使用和维护管理等各个方面积极主动配合,采取综合性防尘措施,才能使除尘设施充分发挥效能,真正起到防止粉尘危害、保护劳动者健康的作用,否则就难于发挥除尘设施的作用,就不能达到国家有关标准规定的要求,必须给予足够的重视。根据我国的实践经验,综合防尘措施基本上可归纳为以下几个方面:

一、厂房位置和朝向的选择

(1) 产尘车间在工厂总平面图上的位置,对于集中采暖地区应位于其他建筑物的非采暖季节主导风向的下风侧;在非集中采暖地区,应位于全年主导风向的下风侧。

(2) 厂房主要进风面应与夏季风向频率最高的两个象限的中心线垂直或接近垂直,即与厂房纵轴成60°~90°角。

(3) 对⌐、⌒、⌑形平面的厂房,开口部分应朝向夏季主导风向,并在0°~45°之间。

(4) 在考虑风向的同时,应尽量使厂房的纵墙朝南北向或接近南北向,以减少西晒,在太阳辐射热较强及低纬度地区尤需特别注意。

二、工艺方法和工艺布置合理化

(1) 采用新工艺、新设备、新材料,达到机械化、自动化来消灭尘源或减少粉尘飞扬是最重要的措施。在工艺改革中,首先应当采取使生产过程不产生粉尘危害的治本措施,其次才是产生粉尘以后通过治理减少其危害的治标措施。例如,用压力铸造、金属模铸造代替型砂铸造,用磨液喷射加工新工艺取代沿用近一个世纪的磨料喷射加工方法,可以从根本上消除粉尘的污染和对人体的危害;采用配备有气力输送设备的密闭罐车和气力输送系统储运、装卸和输送各种粉粒状物料,用风选代替筛选,能避免在储运、装卸、输送和分级过程中粉尘的飞扬;采用高效的轮碾设备可以减少砂处理设备的台数,从而减少了扬尘点;采用高压静电技术对开放性尘源实行就地抑制,可以有效地防止粉尘扩散,使作业点的含尘浓度大大降低;以不含或少含游离二氧化硅的物料或工艺代替游离二氧化硅含量高的物料或工艺也是从根本上解决粉尘危害的好办法,如用游离二氧化硅含量很低的石灰石砂代替游离二氧化硅含量很高的石英砂制作型砂,可以大大减轻粉尘对人体的危害。

(2) 工艺布置必须合理。在工艺流程和工艺设备布局时,应使主要操作地点位于车间内通风良好和空气较为清洁的地方,一般布置在夏季主导风向的上风侧。严重的产尘点应位于次要产尘点的下风侧。在工艺布置时,尽可能为除尘系统(包括管道敷设、平台位置、粉尘的集送及污泥处理等方面)的合理布置提供必要的前提条件。

三、粉尘扩散的控制

1. 密闭控制

密闭控制是对产尘点的设备进行密闭,防止粉尘外逸的措施,它常与通风除尘措施配合使用。所有破碎、筛分、清理、混碾、粉状物料的运输、装卸、储存等过程均应尽量密闭。密闭装置必须做到不妨碍操作,并以便于拆卸检修、结构严密坚固等为原则。根据不同的扬尘特点,采取不同的密闭方式,一般分为局部密闭、整体密闭和密闭小室。例如,某耐火材料厂的硅砖车间原设有整套通风除尘装置,由于密闭不好,车间内含尘浓度仍高达 $400 \text{ mg} \cdot \text{m}^{-3}$。设备进行严格密闭后,含尘浓度降到 $2 \sim 3 \text{ mg} \cdot \text{m}^{-3}$。国外玻璃行业的粉料加工、称量、配料、混合等工序,广泛采用电子计算机控制,在密闭通风的条件下进行,不但提高了产量和质量,而且粉尘危害也得到控制。目前,一些技术发达的国家(如英、美、瑞士等国)已出现无人车间、无人生产线。在粉尘浓度很高、劳动条件十分恶劣的作业环境中,使用机械手或机器人隔离操作,从而避免了粉尘与人体的直接接触,防止了发生肺尘埃沉着病的可能。

2. 消除正压

粉尘从生产设备中外逸的原因之一是由于物料下落时诱导了大量空气,在密闭罩内形成正压。为了减弱和消除这种影响,各种密闭装置除均应保持有足够的空间外,尚需采取下列措施:

(1) 降低落料高差。按照物料颗粒尺寸,空气诱导量分别与降落距离的 1/2 或 2/3 次幂成比例,距离越短,物料诱导空气量就越少。

(2) 适当减小溜槽倾斜角,可以增加颗粒与溜槽壁之间的摩擦或碰撞,以降低诱导空气的能量。

(3) 隔绝气流,减少诱导空气量。可在溜槽内采取挡板型溜槽隔流装置。

(4) 降低下部正压,可采取如下方法:

① 连通管法,即将下部正压区和上部负压区连通,进行泄压,使空气循环流通。

② 将导料槽的空间增高,形成缓冲箱。

③ 在导料槽上加长缓冲箱,其中设迷宫挡板,使空气可以迅速排出而达到泄压的目的。

3. 消除飞溅现象

当密闭罩较小时[图4-7(a)],虽然密闭罩内有排风,但由于飞溅作用,含尘空气高速冲击罩壁,结果从孔隙中逸出。密闭罩较大时[图4-7(b)],含尘气流在到达罩壁上的孔口之前已消耗掉了能量,这样便可减少或不再外逸。飞溅和诱导空气造成扬尘的区别在于后者会使含尘空气从任何位置的孔口逸出,而飞溅仅从发生飞溅处附近的孔口向外流动。

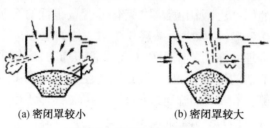

(a) 密闭罩较小　　　　(b) 密闭罩较大

图 4-7　从密闭罩内飞溅

为了克服这种现象,首先应避免在飞溅区域内有孔口,装置较宽大的密闭罩,如在皮带运输机的受料点下部不采用托辊,而改用钢板,则可以避免皮带因受到物料冲击而下陷,以致在导料槽和皮带之间形成间隙,而这往往是造成粉尘外逸的原因。如果将皮带运输机的受料点的排风罩做成双层,对防止飞溅效果更显著。

4. 消除空气扰动

造成扬尘的另外一个原因是由于设备的转动、振动或摆动而产生的空气扰动。为解决此类问题,可将设备进行整体密闭或采用密闭小室。这种装置应做得宽大些,并避免把排风口设在直接扬尘处。由于空气只是在密闭装置内被搅动,所以风量不必很大,但罩子的气密性要好。其措施有:门斜口接触,法兰垫料,砂封盖板,毡封轴孔、柔性连接,堵眼糊缝等。

四、静电消尘与湿法消尘

1. 静电消尘

静电消尘装置是建立在电除尘和尘源控制方法的基础上。它主要包括高压供电设备和电收尘装置(包括密闭罩和排风管)两部分。直接利用生产设备的密闭罩和排风管作为阳极,在其空间中装设电晕线,并接上高压电源,就构成了简易的电除尘器。含尘气流通过电场,在高压(60~100 kV)静电场中,气体被电离成正、负离子,这些离子碰到尘粒,使之带电。带正电的尘粒很快回到负极电晕线上,带负电的尘粒趋向正极(密闭罩和排风管的内壁),采取简易振打或自行脱落,掉入皮带上或料仓中,净化后的气体经排风管排出。

这种装置的特点是效率高(一般都在99%以上)、设备较简单、施工方便、运行可靠、管理方便、粉尘容易回收。用于产尘点分散的工艺流程之中,显得特别灵活。它无需管网复杂的除尘系统,但必须有一套整流升压的供电设备,造价较高。

2. 湿法消尘

在工艺允许的条件下,可以首先采用湿法消尘的措施来达到防尘的目的,这是一种比较简便和有效的措施。水对大多数粉尘有良好的亲和力,如将物料的干法破碎、研磨、筛分、混合改为湿法操作,在物料的装卸、转运过程中往物料中加水,可以减少粉尘的产生和飞扬。一般有喷水雾及喷蒸汽降尘2种方法。

(1) 喷水雾降尘。

在工艺允许的条件下,在物料的装卸、破碎、筛分、运转等过程中,在扬尘点采用喷水雾来降尘。采用这种方法时,应注意以下几点:

① 喷嘴喷水雾的方向可与物料流动方向顺向平行或成一定的角度。

② 布置喷嘴时应注意防止水滴或水雾被吸到排风系统中去,也不应溅到工艺设备的运转部分,以免影响设备的正常运转。

③ 喷嘴到物料层上面的距离不宜小于300 mm,射流的宽度不应大于物料输送时所处空间位置的最大宽度。在排风罩和喷嘴之间应装橡皮挡帘。

④ 喷水管可配置在物料加湿点。水阀应和生产设备的运行实行联锁。

(2) 喷蒸汽降尘。

凡是用蒸汽作为介质进行消尘的措施统称为蒸汽消尘。

喷蒸汽降尘的基本原理:将低压饱和蒸汽喷射到产尘点的密闭罩内之后,由于蒸汽本身的扩散作用,一部分凝结在尘粒表面,增加尘粒间的凝聚力,一部分凝结成水滴与尘粒凝并,从而加速粉尘沉降,使粉尘丧失飞扬的能力。

五、通风除尘

采用通风除尘系统来使工作地点的粉尘浓度达到国家卫生标准是工厂防尘工作的又一重要措施。通常采用局部排风的除尘系统,对其排气进行净化处理后排入大气。有时也辅以机械的全面排风(如屋顶通风器或轴流风机)或自然排风(如利用通风天窗排气)。

通风除尘系统的形式应根据工艺设备配置、生产流程和厂房结构等条件来确定,通常可分为以下3种类型:

1. 就地式

就地式通风除尘系统是将除尘器或除尘机组直接设置在产尘设备上,就地捕集和回收粉尘。这种系统布置紧凑、结构简单、维护管理方便,能同时达到防止粉尘外逸和净化含尘气体两个目的。在采用压送(气力输送的一种形式)直接向料仓输送物料时,尾气含尘浓度很高,料仓余压也很高。在这种情况下,可采用如图4-8所示的形式,将脉冲喷吹袋式除尘器直接设置在料仓顶盖上,利用送料时仓内的余压排出尾气,而不需风机。但是,由于受到生产和工艺条件的限制,这种系统目前只在某些产尘设备,如混砂机、皮带运输机转运点、料仓上得到应用。

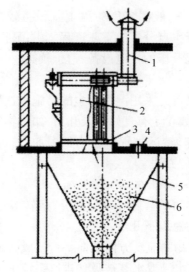

1：排风管；2：脉冲喷吹袋式除尘器；3：安全栅栏；4：进料口；5：料仓；6：物料

图4-8　设置在料仓上的脉冲喷吹袋式除尘器

2. 分散式

分散式通风除尘系统是将一个或数个产尘点作为一个系统，除尘器和风机安装在产尘设备附近，一般由生产操作工人看管，不设专人管理。这种系统具有管路短、布置简单、阻力容易平衡、风量调节方便等优点，但粉尘后处理比较麻烦。它适用于产尘设备比较分散并且厂房有安装除尘设备位置的场合，如烧结厂、铸造厂等。机械加工车间则多采用单机除尘，即每台机床配一台除尘机组，含尘气体经过净化后直接排入车间内。

3. 集中式

集中式通风除尘系统是将多个产尘点或整个车间甚至全厂的产尘点全部集中为一个系统，设专门除尘室，由专人负责管理。这种系统处理风量大，便于集中管理，粉尘后处理比较容易；但管路长而复杂，阻力不容易平衡，风量调节比较困难。它适用于产尘设备比较集中并且有条件设置除尘室的场合。对于多产尘点的多层厂房，可将楼层最上面一层全部用作除尘室，将各楼层的产尘点都接到顶部除尘室内，净化后排入大气。

六、消除二次尘源

在生产过程中产生的粉尘除了大部分被吸尘罩、高压静电抑尘装置等防尘设施所捕集或抑制外，从产尘设备密闭罩的缝隙或开放性尘源逸散到车间空气中的粉尘，最终将沉积于地面、墙壁、建筑构件和设备上，形成二次尘源。据相关资料介绍，在工业厂房中，当尘源有良好的密闭和有效的排风时，每小时每平方米所沉积下来的粉尘有 1~5 g，在严重扬尘情况下可达 5~20 g，在敞开的产尘设备附近可达到几十克。粒径较大的尘粒（4~10 mm）在个别地点上的沉降率可高达 300~1 300 g/(m²·h)。这些积尘由于机器设备的振动或转动、车辆的来往、人员的走动以及车间内气流（由于通风或冷热气流对流所形成的气流）的带动就会再次飞扬（即二次扬尘），散布到整个车间，使车间空气的含尘浓度显著增加。所以，消除二次尘源仍是防尘工作重要的一环。

这些积尘不宜采用一般的清扫方法,更不能用压缩空气去吹,否则将会造成大范围的污染,最简便而又经济有效的一种方法是用水冲洗。但这种方法不是任何场合都适用,当受到生产或工艺条件限制不宜采用水冲洗的方法时,可采用真空清扫的方法。

七、个人防护

为了保证工人在劳动中的安全与健康,企业应当采取各种技术措施来改善劳动条件,消除各种不安全、不卫生因素。但是目前仍有一些不安全、不卫生因素,由于技术上或工艺上的原因不能排除或者由于没有经济力量去做到完全控制粉尘飞扬。因此,只有采取个人防护措施,如配备防尘口罩、防尘工作服、防尘眼镜等。防尘工作的实践表明,即使粉尘作业场所已采取了湿法防尘、通风除尘、气力输送、静电抑尘等防尘措施,并使作业点的含尘浓度接近或达到国家规定的卫生标准,但总还有一些未被捕集而危害性又大的微细粉尘漂浮在车间空气中。因此,使用个人防尘用具阻挡这部分粉尘侵入人体呼吸器官,对保障劳动者的身体健康、防止硅(肺尘埃)沉着病的发生仍具有重要意义。

自　　测

一、选择题

1. 急性苯中毒主要表现为对中枢神经系统的麻醉作用,而慢性中毒主要为(　　)的损害。
　　A. 呼吸系统　　　　　　B. 消化系统　　　　　　C. 造血系统
2. 引起煤气中毒的主要原因是超量吸入(　　)气体。
　　A. 一氧化碳　　　　　　B. 一氧化氮　　　　　　C. 二氧化碳
3. 在生产过程中,控制尘毒危害的最重要的方法是(　　)。
　　A. 生产过程密闭化　　　B. 通风　　　　　　　　C. 发放保健食品
4. 铅中毒者常表现为(　　)。
　　A. 兴奋　　　　　　　　B. 乏力,关节酸痛　　　　C. 无明显感觉
5. 下列哪种毒性粉尘,对人体危害程度随其溶解度的增加而增加?(　　)
　　A. 铅　　　　　　　　　B. 面粉　　　　　　　　C. 糖粉
6. 下列哪种物质可经皮肤进入人体损害健康?(　　)
　　A. 汞　　　　　　　　　B. 尘土　　　　　　　　C. 碳
7. 防止毒物危害的最佳方法是(　　)。
　　A. 穿工作服　　　　　　B. 佩戴呼吸器具　　　　C. 使用无毒或低毒的代替品
8. 下列三种毒气哪一种是无色无味的?(　　)
　　A. 氯气　　　　　　　　B. 一氧化碳　　　　　　C. 二氧化硫
9. 亚硝酸盐呈(　　)状,味感微咸或微甜,常被误食而中毒。
　　A. 白色粉末　　　　　　B. 黄色粉末　　　　　　C. 粉红色粉末

10. 下列毒物中,哪个不属于刺激性和窒息性毒物?(　　)
A. 铅　　　　　　　　B. 氯　　　　　　　　C. 一氧化碳
11. 粉尘通常是指飘浮于空气中直径(　　)的颗粒。
A. 小于 0.1 μm　　　　B. 大于 0.1 μm　　　　C. 大于 0.1 mm
12. 清理工作地点散布的有害尘埃时,应用下列哪种工具?(　　)
A. 扫把　　　　　　　B. 吸尘器　　　　　　C. 排风扇

二、简答题

1. 毒性物质侵入人体的途径有哪些?为防止有毒物质对人体的危害,应采取哪些措施?
2. 简述急性中毒的现场急救要点。
3. 粉尘的危害主要表现在哪些方面?如何预防?

第五章

压力容器安全技术

学习要求
- 了解压力容器的定义、分类、安全附件等一些基本概念
- 了解锅炉和气瓶的安全技术和要求

压力容器如塔、器、釜、槽、罐,在化学工业中有着广泛应用。由于压力容器在温度、压力、介质、环境等极为复杂、苛刻的条件下运行,有事故率高、危害性大的特点。瑞士某保险公司的统计资料显示,导致化学工业和石油工业事故的九大类型危险源中,设备缺陷问题居于第一位。由设备缺陷引发的事故,在化学工业中占31.1%,在石油工业中占46.0%。若能消除设备缺陷,会有效提高化学工业和石油工业生产的安全性。

基于以上情况,我们开设专章,讨论压力容器的安全技术,希望能引起大家对这些严重的事故源安全生产的重视,提高我国化学工业生产的安全性。

第一节 压力容器概述

压力容器,是指盛装气体或者液体,承载一定压力的密闭设备,其范围规定为最高工作压力大于或者等于0.1 MPa(表压),且压力与容积的乘积大于或者等于2.5 MPa·L的气体、液化气体和最高工作温度高于或者等于标准沸点的液体的固定式容器和移动式容器;盛装工作压力大于或者等于0.2 MPa(表压),且压力与容积的乘积大于或者等于1.0 MPa·L的气体、液化气体和标准沸点等于或者低于60 ℃液体的气瓶、氧舱等。

压力容器的用途十分广泛。它是在石油化学工业、能源工业、科研和军工等国民经济的各个部门都起着重要作用的设备。压力容器一般由筒体、封头、法兰、密封元件、开孔和接管、支座等六大部分构成容器本体。此外,还配有安全装置、表计及完成不同生产工艺作用的内件。压力容器由于密封、承压及介质等原因,容易发生爆炸、燃烧起火而危及人员、设备和财产的安全及污染环境的事故。目前,世界各国均将其列为重要的监检产品,由国家指定的专门机构,按照国家规定的法规和标准实施监督检查和技术检验。

一、压力容器的分类

压力容器的分类方法很多,从不同的角度去划分,主要有以下几种:
(1) 按承受压力的等级分为:低压容器、中压容器、高压容器和超高压容器。
(2) 按盛装介质分为:非易燃、无毒;易燃或有毒;剧毒。
(3) 按工艺过程中的作用不同分为:反应容器:用于完成介质的物理、化学反应的容器;换热容器:用于完成介质的热量交换的容器;分离容器:用于完成介质的质量交换、气体净化、固液气分离的容器;贮运容器:用于盛装液体或气体物料、贮运介质或对压力起平衡缓冲作用的容器。

为了更有效地实施科学管理和安全监检,对每个类别的压力容器在设计、制造过程,以及检验项目、内容和方式作出了不同的规定。压力容器已实施进口商品安全质量许可制度,未取得进口安全质量许可证书的商品不准进口。

二、压力容器的设计、制造和安装

用户根据需要,向设计单位提出压力容器的最高工作压力、介质(易燃爆、毒性程度)、环境温度等内容,设计单位据此选取材料。盛装毒性程度为极度、高度危险介质的压力容器采用的材料要逐件进行超声波探伤。

1. 设计

压力容器的准确设计是保证压力容器安全运行的第一个环节。压力容器的设计单位必须由省级以上主管部门批准,同级劳动部门备案。

在压力容器设计的过程中,壁厚的确定、材料的选用、合理的结构是直接影响容器安全运行的三个方面。压力容器设计的一个重要原则就是设计压力必须大于工作压力。同时设计压力还必须大于安全泄压装置的开启压力或爆破压力。

2. 制造与现场组焊

压力容器由于制造质量低劣而发生的事故比较常见。为了确保压力容器的制造质量,国家规定凡制造和现场组焊压力容器的单位,必须持有省级以上劳动部门颁发的制造许可证。

压力容器制造质量的优劣,主要取决于材料质量、焊接质量和检验质量三个方面。

压力容器铭牌上必须注明制造单位名称、制造许可证编号等内容。压力容器出厂时技术资料(四证)必须齐全,包括:① 竣工图;② 产品质量证明书;③ 产品质量合格证;④ 压力容器产品安全质量监督检验证书(劳动部门颁发)。

3. 安装

压力容器安装质量的好坏直接影响压力容器的使用安全。压力容器的安装单位也必须经劳动部门审核批准后才可以从事承压设备的安装工作。安装过程中还应该对安装质量进行分段验收和总体验收。验收由使用单位和安装单位共同进行。验收合格后,施工单位应将竣工图、安装及验收的技术资料等移交给使用单位。

三、压力容器的定期检验

1. 定期检验的内容

（1）外部检验：指专业人员在压力容器运行中的定期的在线检查。检验内容包括：压力容器外部有没有裂纹、变形、腐蚀和局部鼓包；焊接部位和连接部位有没有泄漏或松动；安全附件是否齐全，能否正常工作；运行参数是否符合操作规程等。

（2）内外部检验：指专业人员在压力容器停机时的检验。检验内容除了外部检验的全部内容外，还包括：压力容器内部有没有腐蚀、磨损；容器壁厚的测量；容器材料硬度的测定等。

（3）全面检验：除了上面的全部内容外，还包括无损探伤与压力试验。探伤一般有射线探伤、超声探伤、磁粉探伤、渗透探伤4种方法。一般要求对于Ⅲ类和Ⅱ类易燃、反应和储存容器必须进行100%探伤。常用的压力试验方法包括水压试验、气压实验、气密性试验。

2. 定期检验的周期

一般情况下，压力容器每年至少作一次外部检验，每3年作一次内外部检验，每6年作一次全面检验。外部检验由单位管理部门负责，而周期检验由劳动部门负责。新注册的压力容器，考虑到新投入使用，可适当缩短检验周期。使用期超过15年的压力容器，需经技术鉴定再定检验周期。

四、安全附件

安全附件是为了使压力容器安全运行而装设在设备上的一种安全装置，包括安全阀、爆破片、压力表、液面计、易熔塞等。

（1）压力容器的安全附件，按使用性能或用途可以分为以下4种：

① 泄压装置：压力容器超压时能自动排放压力的装置，如安全阀、爆破片和易熔塞等。

② 计量装置：能自动显示容器运行中与安全有关的工艺参数的器具，如压力表、温度计、液面计等。

③ 报警装置：容器在运行中出现不安全因素致使容器处于危险状态时能自动发出音响或其他明显报警讯号的仪器，如压力报警器、温度检测仪。

④ 联锁装置：为了防止操作失误而设的控制机构，如联锁开关、联动阀等。

（2）在压力容器的安全附件中，最常用而且最关键的是泄压装置、压力表等。下面就这些安全附件作一较为细致的讲解：

① 安全阀：其特点是当压力容器处于正常工作压力的情况下，保持严密不漏，当容器内压力一旦超过规定，它就能自动迅速排泄容器内介质，使容器内的压力始终保持在最高允许范围之内。安全阀可分为弹簧式安全阀、杠杆式安全阀、脉冲式安全阀。一般情况下，安全阀应尽量安装在容器本体上，液化气要装在气相部位，同时要考虑到排放的安全。

② 爆破片：又称防爆膜，是一种断裂型安全装置，具有密封性能好、泄压反应快等特点。爆破片一般用在高压、无毒的气瓶上，如空气、氮气瓶。气瓶上的爆破片压力一般应大于气瓶充装压力、小于气瓶设计最高温升压力。

③ 易熔塞：利用装置内的低熔点合金在较高的温度下即熔化，打开通道使气体从原来

填充的易熔合金的孔中排出来泄放压力。其特点是结构简单,更换容易,由熔化温度而确定的动作压力较易控制。一般用于气体压力不大、完全由温度的高低来确定的容器。如低压液化氯气钢瓶上的易熔塞的熔化温度为 64 ℃ ~68 ℃。

这 3 种安全装置相比较,安全阀开启排放过高压力后可自行关闭,容器和装置可以继续使用,而爆破片、易熔塞排放过高压力后不能继续使用,容器和装置也得停止运行。

④ 压力表:压力容器上用以测量介质压力的仪表。压力表的种类有:弹簧式压力表,适用于一般性介质的压力容器;波纹膜式压力表,适用于腐蚀性介质的压力容器。

(3) 在选择和使用压力表时应注意以下几个问题:

① 根据不同的介质选择不同种类的压力表。

② 低压容器使用的压力表精度应不低于 2.5 级,中压容器使用的压力表精度应不低于 1.5 级。

③ 压力表盘刻度极限值为最高工作压力的 1.5~3 倍,最好选用 2 倍,并且表盘直径应不小于 100 mm。

④ 根据容器最高许用压力,在表盘上画红色警戒线,且不可画在压力表玻璃盘上,以免转动引起错觉。

同样,在选择安全阀时要考虑安全排放量,选择爆破片时要考虑到泄放面积、厚度。上述安全附件应定期检验。检验周期:安全阀每年一次;爆破片应定期更换;压力表按计量部门处理,发现情况及时停用或更换。

第二节 蒸汽锅炉的安全运行和管理

压力容器可以粗分为蒸汽锅炉和非燃火压力容器两大类型。锅炉作为产生蒸汽的热力设备,在动力、热能和工艺用汽的供应中,发挥着重要作用。锅炉由于设计、制造不合理,尤其是使用管理不当,导致事故的频率很高。据日本 20 世纪 70 年代的调查披露,日本当时运行的 10 万余台锅炉,在十年间共发生事故 355 次,其中由于管理不善而发生的事故有 243 次,占事故总数的 70.8%。多年来锅炉的安全工作一直受到国家劳动部门的重视,相继颁发了许多安全和劳动保护工作的法令、规范和标准,收到了显著效果。本节将根据国家和有关部门关于锅炉安全运行的规定,从锅炉的安全使用等方面进行介绍。

一、锅炉分类及其参数系列

1. 锅炉型号

完整的锅炉型号由三部分组成:第一部分包括锅炉本体型式、燃烧方式的汉语拼音代号及蒸发量($t \cdot h^{-1}$);第二部分包括工作压力(MPa)和过热蒸汽温度(℃);第三部分包括燃料品种的汉语拼音代号及设计序号。锅炉本体型式、燃烧方式和燃料品种的汉语拼音代号分别列于表 5-1、表 5-2、表 5-3 中。

表5-1 锅炉本体型式的汉语拼音代号

锅炉种类	本体型式	汉语拼音代号	锅炉种类	本体型式	汉语拼音代号
锅壳锅炉	立式水管	LS(立、水)	水管锅炉	单锅筒横置式	DH(单、横)
	立式火管	LH(立、火)		双锅筒纵置式	SZ(双、纵)
	卧式外燃	WW(卧、外)		双锅筒横置式	SH(双、横)
	卧式内燃	WN(卧、内)		纵横锅筒式	ZH(纵、横)
	卧式双火管	WS(卧、双)		分联箱横锅筒式	FH(分、横)
水管锅炉	单锅筒立式	DL(单、立)		双横锅筒式	HH(横、横)
	单锅筒纵置式	DZ(单、纵)		强制循环式	QX(强、循)

表5-2 燃烧方式的汉语拼音代号

燃烧方式	汉语拼音代号	燃烧方式	汉语拼音代号	燃烧方式	汉语拼音代号
固定炉排	G(固)	倒转炉排加抛煤机	D(倒)	沸腾炉	F(沸)
活动手摇炉排	H(活)	振动炉排	Z(振)	半沸腾炉	B(半)
链条炉排	L(链)	下饲炉排	A(下)	室燃炉	S(室)
抛煤机	P(抛)	往复推饲炉排	W(往)	旋风炉	X(旋)

表5-3 燃料品种的汉语拼音代号

燃料品种	汉语拼音代号	燃料品种	汉语拼音代号	燃料品种	汉语拼音代号
无烟煤	W(无)	褐煤	H(褐)	稻糠	D(稻)
贫煤	P(贫)	油	Y(油)	甘蔗渣	G(甘)
烟煤	A(烟)	气	Q(气)	煤矸石	S(矸)
劣质烟煤	L(劣)	木柴	M(木)	特种燃料和余热	

举例:型号 SHL10-13/350-W-1 表示双锅筒横置式链条炉排,蒸发量为 $10\ t\cdot h^{-1}$,出口蒸汽压力为 13 MPa,出口过热蒸汽温度为 350 ℃,适用于无烟煤,经过第一次修改设计制造的锅炉。

2. 锅炉分类

锅炉有多种分类方式。按用途可分为电站锅炉、工业锅炉、机车锅炉、船舶锅炉、生活锅炉;按压力可分为低压锅炉、中压锅炉、高压锅炉、亚临界压力锅炉、超临界压力锅炉;按装置方式可分为固定式锅炉和移动式锅炉;按锅炉结构可分为火管锅炉、水管锅炉和水火管组合锅炉。

3. 锅炉参数系列

工业蒸汽锅炉参数系列列于表5-4中,表中的压力和温度都是出口蒸汽的额定值。

表 5-4　蒸汽锅炉参数系列

压力/MPa		0.39	0.69	0.98	1.28		1.57		2.45	
温度/℃		饱和	饱和	饱和	饱和	350	饱和	350	饱和	400
蒸发量/t·h^{-1}	0.1	△								
	0.2	△								
	0.5	△	△							
	1	△	△	△						
	2	△	△	△	△		△			
	4	△	△	△	△		△		△	
	6	△	△	△	△	△	△	△	△	△
	10		△	△	△	△	△	△	△	△
	15			△	△	△	△	△	△	△
	20			△	△	△	△	△	△	△
	35				△	△	△	△	△	△
	65					△		△		

二、锅炉运行安全

运用锅炉的单位,应建立以岗位责任制为主的各项规章制度。锅炉上水、点火、升压、运行和停炉要严格按照有关操作规程进行。

1. 点火和升压

锅炉点火前必须进行汽水系统、燃烧系统、风烟系统、锅炉本体和辅机系统的全面检查,确定完好。每个阀门处在点火前正确位置,风机和水泵冷却水畅流、润滑正常,安全附件灵敏、可靠,才可以进行点火准备工作。

锅炉点火是在做好点火前的一切准备工作后进行的。锅炉点火所需的时间应根据炉型、燃烧方式、水循环等情况确定。由于锅炉燃用燃料和燃烧方式不同,点火时的注意事项各异。燃用不同燃料锅炉的点火安全要求列于表5-5中。

表 5-5　燃用不同燃料锅炉的点火安全要求

燃料种类	点火安全要求
燃油锅炉	① 点火前必须对烟道和炉膛系统采用强制通风的方式进行置换,务必将可能积存的油气或可燃气彻底排净; ② 点火时应保持炉膛负压 30~50 Pa 或所需数值; ③ 点火时人不能正对点火孔,应从侧面引燃; ④ 严禁先喷油,后插入火把,用蒸汽雾化燃烧器,还应先排除冷凝水; ⑤ 若一次点火不着或运行中突然灭火,必须先关闭油阀,按①中方法通风换气后,重新点火

续表

燃料种类	点火安全要求
燃气锅炉	① 点火前必须强制通风置换,保持炉膛负压 50~100 Pa 不少于 5 min; ② 通风置换前,严禁明火带入炉膛和烟道中,点火时炉膛负压维持在 30~50 Pa; ③ 若一次点火不着必须立即关闭燃气阀,停止进气,待通风换气后重新点火,严禁用炉膛余火二次点火
燃煤锅炉	① 点火前一般采用自然通风,彻底通风 10~15 min; ② 点火时如自然通风不足,可启动引风机; ③ 点火有困难时,可在靠近烟囱底部堆烧木柴,保持通风
燃煤粉锅炉	① 点火前应对一次风管逐根吹扫,每根吹扫二、三分钟,以清除管内可能积存的煤粉; ② 点火前必须强制通风置换,保持炉膛负压 50~100 Pa 不少于 5 min; ③ 若一次点火不着或发生熄火,应立即停止送粉,并对炉进行充分通风换气后,再次点火;

锅炉点火后,受热面被加热,水冷壁和对流管束中不断产生蒸汽,由于主蒸汽阀门关闭,压力不断升高,此即为升压过程。为使锅炉各部件冷热均匀,胀缩一致,进水、点火、升压都要缓慢进行。新装或检修后的锅炉,点火升压后汽压为 0.1~0.2 MPa,允许对拆动过的螺栓紧一次。紧固螺栓时应保持汽压稳定,要用力均匀、逐只对称上紧;站位得当,防止蒸汽外泄烫伤。在升压过程中,应注意炉墙及各部件的热膨胀情况,不得有异常变形和裂纹。

2. 并炉和送汽

当两台或两台以上锅炉共用一条蒸汽母管或接入同一分汽缸时,点火升压锅炉与母管或分汽缸联通称为并炉。并炉前要进行暖管,即用蒸汽将冷的蒸汽管道、阀门等均匀加热,并把蒸汽凝成的水排掉。并炉应在锅炉汽压与蒸汽母管汽压相差 0.05~0.10 MPa 时进行。并炉时应注意水位、汽压变动,若管道内有水击现象应疏水后再并炉。

送汽时应该先缓开主汽门(有旁路的应先开旁通门),等汽管中听不到汽流声时,才能大开主汽门。主汽门全开后回旋一圈,再关旁通门。

3. 正常运行维护

锅炉正常运行时,主要是对锅炉的水位、汽压、汽水质量和燃烧情况进行监视和控制。锅炉水位波动应在正常水位范围内。水位过高,蒸汽带水,蒸汽品质恶化,易造成过热器结垢,影响汽机的安全;水位过低,下降管易产生汽柱或汽塞,恶化自然循环,易造成水冷壁管过热变形或爆破。

在锅炉运行中要保持汽压的稳定。对蒸汽加热设备,汽压过低,汽温也低,影响传热效果;汽压过高,轻者使安全阀动作,浪费能源,并带来噪声,重者则易超压爆炸。此外,汽压变化应力求平缓,汽压陡升、陡降都会恶化自然循环,造成水冷壁管损坏。

为了保证锅炉传热面的传热效能,锅炉在运行时必须对易积灰面进行吹灰。吹灰时应增大燃烧室的负压,以免炉内火焰喷出烧伤人。为了保持良好的蒸汽品质和受热面内部的清洁,防止发生汽水共腾和减少水垢的产生,保证锅炉安全运行,必须排污,给水也应预先处理。

4. 停炉保养

锅炉停炉有正常停炉和事故停炉两种情况。正常停炉,应按锅炉安全操作规程的规定进行。首先停止供给燃料、停止送风、减低引风;随负荷逐渐降低减少上水;停止供汽后开启过热器出口联箱疏水门和排汽门,冷却过热器以避免锅内压力继续升高;锅筒内水温降至70 ℃以下时,方可放水;随着炉温的降低,应及时除灰和清理受热面上的积灰。

事故停炉也称作紧急停炉。停炉步骤:首先停止供给燃料、停止送风、减低引风;接着熄灭和清除炉膛内的燃料;然后打开炉门、灰门、烟风道闸门等以冷却锅炉;最后切断锅炉同蒸汽总管的联系。为了加速锅炉冷却,除严重缺水事故外,可向锅炉进水、放水。

锅炉停炉后,为防止腐蚀必须进行保养。常用的保养方法有干法、湿法和热法3种:

(1) 干法保养。

干法保养只用于长期停用的锅炉。正常停炉后,水放净,清除锅炉受热面及锅筒内外的水垢、铁锈和烟灰,用微火将锅炉烘干,放入干燥剂。而后关闭所有的门、孔,保持严密。1个月之后打开人孔、手孔检查,若干燥剂成粉状、失去吸潮能力,则更换新干燥剂。视检查情况决定缩短或延长下次检查时间。若停用时间超过3个月,则在内外部清扫后,应在受热面内部涂以防锈漆,锅炉附件也应维修检查,涂油保护,再按上述方法保养。

(2) 湿法保养。

湿法保养也适用于长期停用的锅炉。停用后清扫内外表面,然后进水(最好是软水),将适量氢氧化钠或磷酸钠溶于水后加入锅炉,生小火加热使锅炉外壁面干燥,内部由于对流使各部位碱浓度均匀,锅内水温达80 ℃~100 ℃时即可熄火。每隔5天对锅内水化验一次,控制其碱度为$5 \sim 12 \text{ mg} \cdot \text{L}^{-1}$。

(3) 热法保养。

停用时间在10天左右宜用热法保养。停炉后关闭所有风、烟道闸门,使炉温缓慢下降,保持锅炉汽压在大气压以上(即水温在100 ℃以上)即可。若汽压无法保持,可生小火或用运行锅炉的蒸汽加热。

三、锅炉给水安全

水是锅炉的主要工质之一,水质优劣直接影响着锅炉设备的安全经济运行。根据锅炉事故分析,水质不良造成的锅炉事故约占锅炉事故总数的40%以上。因此,在锅炉运行管理中,必须做好水处理及水垢的清除工作。

1. 水中杂质危害及水处理

天然水中含有大量杂质,未经处理的水应用于锅炉,就容易形成水垢、腐蚀锅炉、恶化蒸汽质量等。各种杂质的危害主要表现在以下一些方面:

(1) 氧。

存在于水中的氧对金属具有腐蚀作用,水温在60 ℃~80 ℃之间,还不足以把氧从水中驱除,而氧腐蚀速率却大大增加。水的pH对氧腐蚀有很大影响,pH<7,促进溶解氧的腐蚀;pH>10,氧腐蚀基本停止。水中溶解氧是锅炉腐蚀的主要原因。

(2) 二氧化碳。

水中二氧化碳含量较高时则呈酸性反应,对金属有强烈的腐蚀作用。水中的二氧化碳还是使氧腐蚀加剧的催化剂。

(3) 硫化氢。

水中的硫化氢会引起锅炉的严重腐蚀。

(4) 钙、镁。

水中的钙、镁一般以碳酸氢盐、盐酸盐、硫酸盐的形式存在,是造成锅炉受热面结垢的主要原因。

(5) 氯离子。

炉水中氯离子超过 $800\sim1\,200\ mg\cdot L^{-1}$ 时,可造成锅炉腐蚀。

(6) 二氧化硅。

二氧化硅能和钙、镁离子形成非常坚硬、不易清除的水垢。

(7) 硫酸根。

给水中的硫酸根进入锅炉后与钙、镁结合,在受热面上生成石膏质水垢。

(8) 其他杂质。

碳酸钠、重碳酸钠进入锅炉后,受热分解,产生氢氧化钠使炉水碱度增加,分解产物中的二氧化碳又是一种腐蚀性气体。炉水碱度过高会引起汽水共腾,也可能在高应力部位发生苛性脆化。有机介质进入锅炉,受热分解会造成汽水共腾,并产生腐蚀。

水处理包括锅炉外水处理和锅炉内水处理2个步骤:

(1) 锅炉外水处理。

天然水中的悬浮物质、胶体物质以及溶解的高分子物质,可通过凝聚、沉淀、过滤处理;水中溶解的气体可通过脱气的方法去除;水中溶解的盐类常用离子交换法和加药法等进行处理。

(2) 锅炉内水处理。

向锅炉用水中投入软水剂,把水中杂质变成可以在排污时排掉的泥垢,防止水中杂质引起结垢。此法对低压锅炉防垢效率可达80%以上,但对压力稍高的锅炉效果不大,仅可作为辅助处理方法。

2. 水垢的危害及清除

锅炉水垢按其主要组分可分为碳酸盐水垢、硫酸盐水垢、硅酸盐水垢和混合水垢。碳酸盐水垢主要沉积在温度和蒸发率不高的部位及省煤器、给水加热器、给水管道中;硫酸盐水垢(又称石膏质水垢)主要积结在温度和蒸发率最高的受热面上;硅酸盐水垢主要沉积在受热强度较大的受热面上。硅酸盐水垢十分坚硬,难清除,导热系数很小,对锅炉危害最大。由硫酸钙、碳酸钙、硅酸钙、碳酸镁、硅酸镁、铁的氧化物等组成的水垢称为混合水垢,根据其组分不同,性质差异很大。

水垢不仅浪费能源,而且严重威胁锅炉安全。水垢的导热系数比钢材小得多,所以水垢能使传热效率明显下降,排烟温度上升,锅炉热效率降低。由于结垢,需要定期铲除或化学除垢,而除垢会引起机械损伤或化学腐蚀,缩短锅炉寿命。而且,结垢也是锅炉受热面过热变形或爆裂的主要原因。

无论采用哪种水处理方法,都不能绝对清除水中的杂质,在运行锅炉中不可避免地有一个水垢生成过程。因此,除采用合理的水处理方法外,还要及时清除锅炉内产生的水垢。目前,清除水垢有手工除垢、机械除垢、化学除垢3种方法:

(1) 手工除垢。

采用特制的刮刀、铲刀及钢丝刷等专用工具清除水垢。这种方法只适用于清除面积小、结构不紧凑的锅炉结垢,对于水管锅炉和结构紧凑的火管锅炉管束上的结垢,则不易清除。

(2)机械除垢。

主要采用电动洗管器和风动除垢器。电动洗管器主要用于清除管内水垢,风动除垢器常用的是空气锤和压缩空气枪。

(3)化学除垢。

化学除垢常称为水垢的"化学清洗",是目前比较经济、有效、迅速的除垢方法。化学清洗是利用化学反应将水垢溶解除去的方法。清洗过程是水垢与化学清洗剂反应,不断溶解,不断用水带走的过程。由于所加的化学清洗剂及其反应性质不同,故有不同的化学清洗方法,主要有盐法、酸法、碱法、螯合剂法、氧化法、还原法、转化法等。目前用得较多的是酸法和碱法。

第三节 气瓶的安全技术

一般情况下,气瓶是指正常环境温度(-40 ℃ ~60 ℃)下使用的、公称工作压力为1.0 ~ 30 MPa(表压,下同)、公称容积为0.4~3 000 L、盛装永久气体、液化气体或混合气体的无缝、焊接和特种气瓶(特种气瓶指车用气瓶、低温绝热气瓶、纤维缠绕气瓶和非重复充装气瓶等,其中低温绝热气瓶的公称工作压力的下限为0.2 MPa)。

气瓶主体必须采用镇静钢,高压气瓶必须采用合金钢或优质碳素钢制造。其主要结构包括:瓶体、护罩、底座、瓶嘴、角阀、易熔塞、防震圈及填料等。

气瓶的特点是内装压缩气体或液化气体,部分内容物为易燃、易爆性介质,可重复充气、移动式工作。因此,如果产品质量不合格或保管、使用不当,则易发生爆炸性事故,危及人员、设备和财产的安全。钢瓶已实施进口商品安全质量许可制度,未取得进口安全质量许可证书的商品不准进口。

一、气瓶的分类

1. 按充装介质的性质分类

(1)压缩气体气瓶。

压缩气体因其临界温度小于-10 ℃,常温下呈气态,所以也称为永久气体,如氢、氧、氮、空气、煤气及氩、氦、氖、氪等。这类气瓶一般都以较高的压力充装气体,目的是增加气瓶的单位容积充气量,提高气瓶利用率和运输效率。常见的充装压力为15 MPa,也有为20 ~ 30 MPa的。

(2)液化气体气瓶。

液化气体气瓶充装时都以低温液态灌装。有些液化气体的临界温度较低,装入瓶内后受环境温度的影响而全部汽化。有些液化气体的临界温度较高,装瓶后在瓶内始终保持气液平衡状态。因此,可将液化气体可分为高压液化气体和低压液化气体。

① 高压液化气体:临界温度大于或等于-10 ℃,且小于或等于70 ℃。常见的有乙烯、

乙烷、二氧化碳、氧化亚氮、六氟化硫、氯化氢、三氟甲烷(F-13)、三氟甲烷(F-23)、六氟乙烷(F-116)、氟己烯等。常见的充装压力有 15 MPa 和 12.5 MPa 等。

② 低压液化气体：临界温度大于 70 ℃。如溴化氢、硫化氢、氨、丙烷、丙烯、异丁烯、1,3-丁二烯、1-丁烯、环氧乙烷、液化石油气等。《气瓶安全监察规程》规定，液化气体气瓶的最高工作温度为 60 ℃。低压液化气体在 60 ℃ 时的饱和蒸气压都在 10 MPa 以下，所以这类气体的充装压力都不高于 10 MPa。

(3) 溶解气体气瓶。

溶解气体气瓶是专门用于盛装乙炔的气瓶。由于乙炔气体极不稳定，故必须把它溶解在溶剂(常见的为丙酮)中。气瓶内装满多孔性材料，以吸收溶剂。气瓶充装乙炔气，一般要求分 2 次进行，第一次充气后静置 8 h 以上，再第二次充气。

2. 按制造方法分类

(1) 钢制无缝气瓶。

钢制无缝气瓶是以钢坯为原料，经冲压拉伸制造或以无缝钢管为材料，经热旋压收口收底制造的钢瓶。瓶体材料为采用碱性平炉、电炉或吹氧碱性转炉冶炼的镇静钢，如优质碳钢、锰钢、铬钼钢或其他合金钢。用于盛装永久气体(压缩气体)和高压液化气体。

(2) 钢制焊接气瓶。

钢制焊接气瓶是以钢板为原料，冲压卷焊制造的钢瓶。瓶体及受压元件材料为采用平炉、电炉或氧化转炉冶炼的镇静钢，材料要求有良好的冲压和焊接性能。这类气瓶用于盛装低压液化气体。

(3) 缠绕纤维气瓶。

缠绕纤维气瓶是以玻璃纤维加粘结剂缠绕或碳纤维制造的气瓶。一般有一个铝制内筒，其作用是保证气瓶的气密性，承压强度则依靠纤维缠绕的外筒。这类气瓶由于绝热性能好、重量轻，多用于盛装呼吸用压缩空气，供消防、毒区或缺氧区域作业人员随身背挎并配以面罩使用。一般容积较小(1~10 L)，充气压力多为 15~30 MPa。

3. 按公称工作压力分类

气瓶按公称工作压力分为高压气瓶和低压气瓶。

(1) 高压气瓶，公称工作压力有：30 MPa、20 MPa、15 MPa、12.5 MPa、8 MPa。

(2) 低压气瓶，公称工作压力有：5 MPa、3 MPa、2 MPa、1.6 MPa、1 MPa。

二、气瓶的安全附件

1. 安全泄压装置

气瓶的安全泄压装置，是为了防止气瓶在遇到火灾等高温时，瓶内气体受热膨胀而发生破裂爆炸。气瓶常见的泄压装置有爆破片和易熔塞。

(1) 爆破片装在瓶阀上，其爆破压力略高于瓶内气体的最高温升压力。爆破片多用于高压气瓶上，有的气瓶不装爆破片。《气瓶安全监察规程》对是否必须装设爆破片，未作明确规定。气瓶装设爆破片有利有弊，一些国家的气瓶不采用爆破片这种安全泄压装置。

(2) 易熔塞一般装在低压气瓶的瓶肩上，当周围环境温度超过气瓶的最高使用温度时，易熔塞的易熔合金熔化，瓶内气体排出，避免气瓶爆炸。

2. 其他附件

其他附件有：防震圈、瓶帽、瓶阀。

（1）防震圈。

一般气瓶装有 2 个防震圈，是气瓶瓶体的保护装置。气瓶在充装、使用、搬运过程中，常常会因滚动、震动、碰撞而损伤瓶壁，以致发生脆性破坏。这是气瓶发生爆炸事故常见的一种直接原因，而防震圈可有效地避免这种损坏。

（2）瓶帽。

瓶帽是瓶阀的防护装置，它可避免气瓶在搬运过程中因碰撞而损坏瓶阀，保护出气口螺纹不被损坏，防止灰尘、水分或油脂等杂物落入阀内。

（3）瓶阀。

瓶阀是控制气体出入的装置，一般是用黄铜或钢制造。充装可燃气体的钢瓶的瓶阀，其出气口螺纹为左旋；盛装助燃气体的钢瓶的瓶阀，其出气口螺纹为右旋。瓶阀的这种结构可有效地防止可燃气体与非可燃气体的错装。

三、气瓶的颜色和标记

1. 颜色

国家标准《气瓶颜色标记》对气瓶的颜色、字样和色环作了严格的规定。常见气瓶的颜色见表 5-6。

表 5-6　气瓶漆色标准

序号	气瓶名称	化学式	外表面颜色	字样	字样颜色	色环
1	氢	H_2	深绿	氢	红	$p=14.7$ MPa，不加色环 $p=19.6$ MPa，黄色环一道 $p=29.4$ MPa，黄色环二道
2	氧	O_2	天蓝	氧	黑	$p=14.7$ MPa，不加色环 $p=19.6$ MPa，白色环一道 $p=29.4$ MPa，白色环二道
3	氨	NH_3	黄	液氨	黑	
4	氯	Cl_2	草绿	液氯	白	
5	空气		黑	空气	白	$p=14.7$ MPa，不加色环 $p=19.6$ MPa，白色环一道 $p=29.4$ MPa，白色环二道
6	氮	N_2	黑	氮	黄	$p=14.7$ MPa，不加色环 $p=19.6$ MPa，白色环一道 $p=29.4$ MPa，白色环二道
7	二氧化碳	CO_2	铝白	液化二氧化碳	黑	$p=14.7$ MPa，不加色环 $p=19.6$ MPa，黑色环一道
8	乙烯	C_2H_4				$p=12.2$ MPa，不加色环 $p=14.7$ MPa，白色环一道 $p=19.6$ MPa，白色环二道

2. 钢印标记

气瓶的钢印标记包括制造钢印标记和检验钢印标记。气瓶的钢印标记应符合下列规定：

(1) 钢印标记打在瓶肩上时，其位置如图 5-1(a) 所示，打在护罩上时，如图 5-1(b) 所示。

(2) 钢印标记的项目和排列如图 5-2(a) 和图 5-2(b) 所示。

(3) 制造钢印标记也可在瓶肩部沿一条圆周线排列。各项目的排列应以图 5-2(a) 中的指引号为顺序。

图 5-1 气瓶的钢印标记

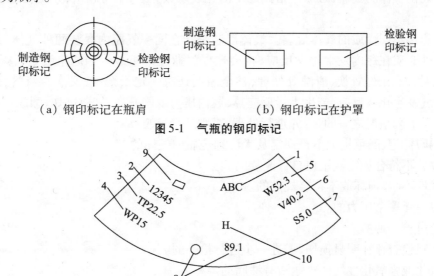

1：气瓶制造单位代号；2：气瓶编号；3：水压试验压力(MPa)；4：公称工作压力(MPa)；5：实际重量(kg)；6：实际容积(L)；7：瓶体设计壁厚(mm)；8：制造单位检验标记和制造年月；9：监督检验标记；10：寒冷地区用气瓶标记

(a) 制造钢印标记

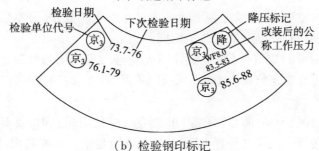

(b) 检验钢印标记

图 5-2 钢印标记的项目和排列

四、气瓶的充装量

为了保证气瓶在使用或充装过程中不因环境温度升高而处于超压状态，必须对气瓶的充装量严格控制。确定永久气体及高压液化气体气瓶的充装量时，要求瓶内气体在最高使用温度(60 ℃)下的压力，不超过气瓶的最高许用压力。对低压液化气体气瓶，则要求瓶内液体在最高使用温度下,不会膨胀至瓶内满液,即要求瓶内始终保留有一定气相空间。

五、气瓶的管理

1. 充装安全

(1) 气瓶充装过量,是气瓶破裂爆炸的常见原因之一。因此必须加强管理,严格执行《气瓶安全监察规程》的安全要求,防止充装过量。充装永久气体的气瓶,要按不同温度下的最高允许充装压力进行充装,防止气瓶在最高使用温度下的压力超过气瓶的最高许用压力。充装液化气体的气瓶,必须严格按规定的充装系数充装,不得超量,如发现超装,应设法将超装量卸出。

(2) 防止不同性质的气体混装。气体混装是指在同一气瓶内灌装两种气体(或液体)。如果这两种介质在瓶内发生化学反应,将会造成气瓶爆炸事故。如原来装过可燃气体(如氢气等)的气瓶,未经置换、清洗等处理,甚至瓶内还有一定量余气,又灌装氧气,结果瓶内氢气与氧气发生化学反应,产生大量反应热,瓶内压力急剧升高,气瓶爆炸,酿成严重事故。

(3) 属下列情况之一的,应先进行处理,否则严禁充装:

① 钢印标记、颜色标记不符规定及无法判定瓶内气体的。

② 改装不符合规定或用户自行改装的。

③ 附件不全、损坏或不符合规定的。

④ 瓶内无剩余压力的。

⑤ 超过检验期的。

⑥ 外观检查存在明显损伤,需进一步进行检查的。

⑦ 氧化或强氧化性气体气瓶沾有油脂的。

⑧ 易燃气体气瓶的首次充装,事先未经置换和抽空的。

2. 贮存安全

(1) 气瓶的贮存应有专人负责管理。管理人员、操作人员、消防人员应经安全技术培训,了解气瓶、气体的安全知识。

(2) 气瓶贮存时空瓶、实瓶及充装不同性质气体的瓶应分开(分室贮存)。如氧气瓶与液化石油气瓶,乙炔瓶与氧气瓶、氯气瓶不能同贮一室。

(3) 气瓶库(贮存间)应符合《建筑设计防火规范》,应采用二级以上防火建筑,与明火或其他建筑物应有符合规定的安全距离。易燃、易爆、有毒、腐蚀性气体气瓶库的安全距离不得小于15 m。

(4) 气瓶库应通风、干燥,防止雨(雪)淋、水浸,避免阳光直射,要有便于装卸、运输的设施。库内不得有暖气、水、煤气等管道通过,也不准有地下管道或暗沟,照明灯具及电器设备应是防爆的。

(5) 地下室或半地下室不能贮存气瓶。

(6) 瓶库应有明显的"禁止烟火"、"当心爆炸"等各类必要的安全标志。

(7) 瓶库应有运输和消防通道,设置消防栓和消防水池。在固定地点备有专用灭火器、灭火工具和防毒用具。

(8) 贮气的气瓶应戴好瓶帽,最好戴固定瓶帽。

（9）实瓶一般应立放贮存。卧放时，应防止滚动，瓶头（有阀端）应朝向一方。垛放不得超过5层，妥善固定。气瓶排放应整齐，固定牢靠。数量、号位的标志要明显，要留有通道。

（10）实瓶的贮存数量应有限制，在满足当天使用量和周转量的情况下，应尽量减少贮存量。

（11）容易起聚合反应气体的气瓶，必须规定贮存期限。

（12）瓶库账目清楚，数量准确，按时盘点，账物相符。

（13）建立并执行气瓶进出库制度。

3. 使用安全

（1）使用气瓶者应学习气体与气瓶的安全技术知识，在技术熟练人员的指导监督下进行操作练习，合格后才能独立使用。

（2）使用前应对气瓶进行检查，确认气瓶和瓶内气体质量完好，方可使用。如发现气瓶颜色、钢印等辨别不清，检验超期，气瓶损伤（变形、划伤、腐蚀），气体质量与标准规定不符等现象，应拒绝使用并作妥善处理。

（3）按照规定，正确、可靠地连接调压器、回火防止器、输气橡胶软管、缓冲器、汽化器、焊割炬等，检查确认没有漏气现象。连接上述器具前，应微开瓶阀吹除瓶阀出口的灰尘、杂物。

（4）气瓶使用时，一般应立放（乙炔瓶严禁卧放使用），不得靠近热源，气瓶与明火距离、可燃与助燃气体气瓶之间距离不得小于10 m。

（5）使用易起聚合反应气体气瓶，应远离射线、电磁波、振动源。

（6）防止日光暴晒、雨淋、水浸。

（7）移动气瓶应手搬瓶肩转动瓶底，移动距离较远时可用轻便小车运送，严禁抛、滚、滑、翻和肩扛、脚踹。

（8）禁止敲击、碰撞气瓶。绝对禁止在气瓶上焊接、引弧。不准用气瓶作支架和铁砧。

（9）注意操作顺序。开启瓶阀应轻缓，操作者应站在阀出口的侧后；关闭瓶阀应轻而严，不能用力过大，避免关得太紧、太死。

（10）瓶阀冻结时，不准用火烤。可把瓶移入室内或温度较高的地方，或用40 ℃以下的温水浇淋解冻。

（11）注意保持气瓶及附件清洁、干燥，禁止沾染油脂、腐蚀性介质、灰尘等。

（12）瓶内气体不得用光用尽，应留有剩余压力（余压）。余压应不低于0.05 MPa。

（13）要保护瓶外油漆防护层，因为其既可防止瓶体腐蚀，也是识别标记，可以防止误用和混装。瓶帽、防震圈、瓶阀等附件都要妥善维护、合理使用。

（14）气瓶使用完毕，要送回瓶库或妥善保管。

六、气瓶的检验

气瓶的定期检验，应由取得检验资格的专门单位负责进行，未取得资格的单位和个人，不得从事气瓶的定期检验。

各类气瓶的检验周期为：

（1）盛装腐蚀性气体的气瓶，每2年检验一次。

（2）盛装一般气体的气瓶，每3年检验一次。

（3）液化石油气气瓶，使用未超过20年的，每5年检验一次；超过20年的，每两年检验一次。

（4）盛装惰性气体的气瓶，每5年检验一次。

气瓶在使用过程中，发现有严重腐蚀、损伤或对其安装可靠性有怀疑时，应提前进行检验。库存和使用时间超过一个检验周期的气瓶，启用前应进行检验。

气瓶检验单位，对要检验的气瓶要逐只进行检验，并按规定出具检验报告。未经检验和检验不合格的气瓶不得使用。

自　　测

一、选择题

1. 《气瓶安全监察规程》规定，盛装一般气体的气瓶，每（　　）年检验一次。
   A. 2　　　　　　　　B. 3　　　　　　　　C. 5

2. 气瓶的瓶体有肉眼可见的凸起（鼓包）缺陷的，应如何处理？（　　）
   A. 作报废处理　　　　B. 维修处理　　　　C. 改造使用

3. 充装气瓶时，以下哪项是不正确的？（　　）
   A. 检查瓶内气体是否有余压
   B. 注意气瓶的漆色和字样
   C. 两种气体混装一瓶

4. 锅炉的三大安全附件分别是安全阀、水位表和（　　）。
   A. 电表　　　　　　　B. 温度计　　　　　　C. 压力表

5. 压力表在刻度盘上刻有的红线是表示（　　）。
   A. 最低工作压力　　　B. 最高工作压力　　　C. 中间工作压力

6. 处理液化气瓶时，应佩戴何种保护用具。
   A. 面罩　　　　　　　B. 口罩　　　　　　　C. 眼罩

7. 在对锅炉、压力容器维修的过程中，应使用（　　）伏的安全灯照明。
   A. 36　　　　　　　　B. 24　　　　　　　　C. 12

8. 在锅炉房中长时间工作要留意（　　）。
   A. 高噪声　　　　　　B. 高温中暑　　　　　C. 饮食问题

9. 可能导致锅炉爆炸的主要原因是（　　）。
   A. 24小时不停地使用锅炉
   B. 炉水长期处理不当
   C. 炉渣过多

10. 气瓶在使用过程中，下列哪项操作是不正确的？（　　）

A. 禁止敲击碰撞　　　　B. 当瓶阀冻结时用火烤　　C. 要慢慢开启瓶阀

11. 下列哪种措施是处理气瓶受热或着火时应首先采用的？（　　）

A. 设法把气瓶拉出扔掉

B. 用水喷洒该气瓶

C. 接近气瓶，试图把瓶上气门关掉

12. 焊接及切割用的气瓶应附什么安全设备？（　　）

A. 防止回火器　　　　　B. 防漏电装置　　　　　C. 漏电断路器

13. 在气瓶运输过程中，下列哪项操作是不正确的？（　　）

A. 装运气瓶中，横向放置时，头部朝向一方

B. 车上备有灭火器材

C. 同一辆车尽量多地装载不同种性质的气瓶

14. 焊接作业所使用的气瓶应存放在下列哪种地方？（　　）

A. 阴凉而空气流通的地方　B. 隔烟房内　　　　　　C. 密闭地方

15. 气瓶在使用过程中，下列哪项操作是不正确的？（　　）

A. 当瓶阀冻结时，用敲击的方法将冻阀敲开

B. 当瓶阀冻结时，不能用火烤

C. 要慢慢开启瓶阀

16. 为使压力容器能正常安全地运行，下列对其安全阀的要求，哪项是不正确的？（　　）

A. 结构紧凑，调节方便

B. 动作灵敏可靠，当压力达到一定程度时，能自动跳开，排出气体

C. 排气后能及时关闭，但不保持密封

二、简答题

1. 锅炉给水为什么十分重要？
2. 气瓶为什么要漆色？有何作用？
3. 压力容器有哪些安全附件？分别有什么作用？

第六章

机械与电气安全技术

学习要求
- 了解机械伤害事故的原因
- 了解泵和压缩机操作的安全要点
- 认识到电气安全的重要性和防范技术
- 了解防雷技术和常见的防雷装置
- 了解静电的影响及防护
- 熟悉触电的要点

第一节 动机械安全技术

在化学工业中,由于加工过程的复杂多样化,各类机械有着广泛应用。化学加工过程中用的传送机、粉碎机、研磨机、压滤机、离心机、压缩机、泵,以及化工机械设备及其零部件加工维修用的各种机床,都是化工行业中的常见机械。这些机械的共同特点是都具有运动或运转机构,把它们统称为动机械。化工行业中的机械伤害主要是由这些动机械造成的。如果能够消除动机械的事故源,化工行业的安全生产就会得到很大改善。本节首先对动机械的操作安全作共性介绍,然后对用得较多的压缩机和泵分别作专门介绍。

从人机工程学的角度看,工作过程中人和机械是一个统一的整体,人和机械间要有合理的匹配。动机械的伤害事故是由人的不安全行为和动机械本身的不安全状态造成的。

一、人的不安全行为

人的不安全行为表现是多方面的,大致可以分为操作失误和误入危区 2 种情况。

1. 操作失误

机械具有复杂性和自动化程度较高的特点,要求操作者具有良好的素质。但人的素质是有差异的,不同的人在体力、智力、分析判断能力及灵活性、熟练性等方面有很大不同。特别是人的情绪易受环境因素、社会因素和家庭因素的影响,易导致操作失误。

(1) 动机械产生的噪声危害比较严重,操作者的知觉和听觉会发生麻痹,当动机械发出异声时,操作者不易发现或出现判断错误。

(2) 动机械的控制或操纵系统的排列和布置与操作者习惯不一致,动机械的显示器或指示信号标准化不良或识别性差,易使操作者操作失误。

(3) 操作规程不完善、作业程序不当、监督检查不力都易造成操作者操作失误,导致事故。

(4) 操作者本身的因素,如技术不熟练、准备不充分、情绪不良等,也易导致失误。

(5) 动机械突然发生异常,时间紧迫,造成操作者过度紧张而导致失误。

(6) 操作者缺乏对动机械危险性的认识,不知道动机械的危险部位和范围,进行不安全作业而产生失误。

(7) 取下安全罩、切断联锁装置等人为地使动机械处于不安全状态,从而导致事故。

2. 误入危区

(1) 动机械危区。

所谓危区是指动机械在一定的条件下,有可能发生能量逆流或傍流造成人员伤害的部位或区域。如压缩机主轴连接部位、副轴、活塞杆、十字头、填料函、油泵皮带轮或传动轮、风机叶轮、电机转子等;机床的变速箱、轴、轴孔、卡盘、进刀架、固定支架、工件等;冲压机械的模具、传动系统、锤头等;剪切机械的刀口、传动系统等;传送机械的皮带、链条、滚筒、电机等均属危区。危区一般都有一定的范围,如果人的某个部位进入动机械范围,就有可能发生人身伤害事故。

(2) 误入危区的原因。

在人机系统中,人的自由度比动机械大得多,而每个人的素质和心理状态千差万别,所以误入危区的可能性是存在的。

① 机械操作状况的变化使工人改变已熟练掌握的原来的操作方法,会产生较大的心理负担,如不及时加强培训和教育,就很可能产生误入危区的不安全行为。

② "图省事、走捷径"是人们的共同心理。对于已经熟悉了的机械,人们往往会下意识地进行操作,而无需有意思维,也不必选择更安全的操作方法,因而会有意省掉某些操作环节,而且一次成功就会重复照干,这也是误入危区的常见原因。

③ 条件反射是人和动物的本能,但由于一时条件反射往往会忘记置身于危区。如某工人在机床上全神贯注地工作,这时后面有人与之打招呼,条件反射使其下意识地转身,忘记了身处危区,把手无意中伸入卡盘,发生伤害事故。

④ 疲劳使操作者体力下降、大脑产生麻木感,有可能出现某些不安全行为而误入危区。

⑤ 由于操作者身体状况不佳或操作条件影响,造成没看到或看错、没听到或听错信号,产生不安全行为而误入危区。

⑥ 人们有时会忘记某件事而出现思维错误,而错误的思维和记忆会使人做出不安全的行为,有可能使人体某个部位误入危区。

⑦ 不熟悉业务的指挥者指挥不当,多人多机系统的联络失误,紧急状态下人的紧张慌乱,都有可能产生不安全行为,导致误入危区。

二、动机械的不安全状态

人的失误是伤害事故的主要因素,但动机械的安全状态不良和防护设施不完善,也会导致事故。

1. 动机械危险源

动机械是运动的机械,当机械能逸散施于人体时,就会发生伤害事故。机械能逸散施于人体的主要原因是由于机械设计不合理、强度计算误差、安装调试存在问题、安全装置缺陷以及人的不安全行为。动机械伤害事故的危险源常存在于下列部位:

(1) 旋转的机件有将人体或物体从外部卷入的危险;旋转轴的突出部分有钩挂衣袖、裤腿、长发等而将人卷入的危险;机床的卡盘、钻头、铣刀等也存在着与旋转轴同样的危险。

(2) 传动部件如传动齿轮、传动皮带、传动对轮、传动链条等有钩挂衣袖、裤腿、长发等将人卷入的危险;风翅、叶轮等有绞伤或咬伤人的危险。

(3) 相互接触而旋转的滚筒,如轧机、压辊、卷板机、干燥滚筒等有把人卷入的危险。

(4) 做直线往复运动的部位,如往复泵和压缩机的十字头、活塞及龙门刨床、牛头刨床、平面铣床、平面磨床的运动机构等,都存在着撞伤和挤伤人的危险。

(5) 冲压、剪切、锻压等机械的模具、锤头、刀口等部位存在着撞压、剪切伤人的危险。动机械的摇摆部位存在着撞击人的危险。

(6) 动机械的操纵点、控制点、检查点、取样点及送料过程,存在不同的潜在危险因素。

2. 动机械产生不安全状态的原因

动机械的设计、制造、安装、调试、使用、维修直至报废,都有可能产生不安全状态。

(1) 设计阶段的原因。

动机械的型式、结构和材质是在设计阶段决定的,所以设计阶段的有些不安全状态是先天的,将始终伴随动机械,终生难以消除。因此,控制设计时的不安全状态是极为重要的。

动机械设计时产生不安全状态的原因有:设计时对安全装置和设施考虑不周;对使用条件的预想与实际差距太大;选用材质不符合工艺要求;强度或工艺计算有误;结构设计不合理;设计审核失误等。这些大都是设计者缺乏经验或疏忽所致。

(2) 制造、安装阶段的原因。

制造、安装阶段是动机械的成型阶段,在这个阶段产生不安全状态的原因有:没按设计要求装设安全装置或设施;没按设计要求选材;所用的材料没有按要求严格检查,材料存在的原始缺陷没有发现;制造工艺、安装工艺不合理;制造、安装技术不熟练,质量不合标准;随意更改图纸,不按设计要求施工等。

(3) 使用、维修阶段的原因。

使用、维修阶段是动机械成熟并工作的阶段,这个阶段产生不安全状态的原因有:使用方法不当;使用条件恶劣;冷却与润滑不良,造成机械磨损和腐蚀;超负荷运行;维护保养差;操作技术不熟练;人为造成机械不安全状态,如取下防护罩、切断联锁、摘除信号指示等;超期不检修;检修质量差等。

三、动机械安全防护

动机械安全防护的重要环节是防止出现人的不安全行为和动机械的不安全状态。在动机械运行系统中,要有预防人身伤害的防护装置。

1. 防止人的不安全行为

人在操作动机械的整个过程中,从信息输入、储存、分析、判断、处理到操作动作的完成,每个环节都有可能产生不安全行为而造成伤害事故。因此,必须采取各种措施避免人的不安全行为,提高人操作的安全可靠性。

动机械操作规程应针对不同类型的动机械的特点,详细准确地编制。安全操作规程一经确立,就是动机械的操作法规,不得随意违反。

应进行经常性的安全教育和安全技术培训,不断提高操作者的安全意识和安全防护技能,教育操作者熟练掌握并严格遵守安全操作规程。应结合同类型动机械事故案例进行教育,使操作者对操作过程中可能发生的事故进行预测和预防。

应不断改善操作环境,如室温、尘毒、振动、噪声等的处理和控制;加强劳动纪律,防止操作者过度疲劳;优化人机匹配,防止或减少失误。

2. 提高动机械的安全可靠性

(1) 零部件安全。

动机械的各种受力零部件及其连接,必须合理选择结构、材料、工艺和安全系数,在规定的使用寿命期内,不得产生断裂和破碎。动机械零部件应选用耐老化或抗疲劳的材料制造,并应规定更换期限,其安全使用期限应小于材料老化或疲劳期限。易被腐蚀的零部件,应选用耐腐蚀材料制造或采取防腐措施。

(2) 控制系统安全。

动机械应配有符合安全要求的控制系统,控制装置必须保证当能源发生异常变化时,也不会造成危险。控制装置应安装在使操作者能看到整个机械动作的位置上,否则应配置开车报警声光信号装置。动机械的调节部分应采用自动联锁装置,以防止误操作和自动调节、自动操纵等失误。

(3) 操纵器安全。

操纵器应有电气或机械方面的联锁装置,易出现误动作的操纵器应采取保护措施,操纵器应明晰可辨,必要时可辅以易理解的形象化符号或文字说明。

(4) 操作人员安全防护。

动机械需要操作人员经常变换工作位置的,应配置安全走板,走板宽度应不小于 0.5 m;操作位置高于 2 m 以上者,应配置供站立的平台和防护栏杆。走板、梯子、平台均应采取良好的防滑功能。

3. 预防人身伤害的防护装置或设施

人员易触及的可动零部件应尽可能密封,以免在运转时与其接触。动机械运行时,操作者需要接近的可动零部件,必须有安全防护装置。为防止动机械运行中运动的零部件超过极限位置,应配置可靠的限位装置。若可动零部件所具有的动能或势能会引起危险,则应配置限速、防坠落或防逆转装置。动机械运行过程中,为避免工具、工件、连接件、紧固件等甩出伤人,应采取防松脱措施和配置防护罩或防护网等措施。

四、压缩机的操作安全

压缩机可分为往复式压缩机、离心式压缩机和轴流式压缩机3种基本类型。往复式压缩机依靠活塞的往复运动达到对气体压缩的目的。离心式压缩机由蜗壳、叶轮、机座等组成,依靠离心力的作用压缩气体,达到输送气体的目的。轴流式压缩机也称作轴流风机,是通过旋转的叶片对气体产生推升力,使气体沿着轴向流动,产生压力,达到输送气体的目的。

1. 压缩机操作中的危险因素

(1) 机械伤害。

压缩机的轴、联轴器、飞轮、活塞杆、皮带轮等裸露运动部件可造成对人的伤害。零部件的磨蚀、腐蚀或冷却、润滑不良及操作失误,超温、超压、超负荷运转,均有可能引起断轴、烧瓦、烧缸、烧填料、零部件损害等重大机械事故。这不仅造成机械设备损坏,对操作者和附近的人也会构成威胁。

(2) 爆炸和着火。

输送易燃、易爆介质的压缩机,在运转或开停车的过程中极易发生爆炸和着火事故。这是因为气体在压缩过程中温度和压力升高,使其爆炸下限降低,爆炸危险性增大;同时,温度和压力的变化,易发生泄漏,处于高温、高压的可燃介质一旦泄漏,体积会迅速膨胀并与空气形成爆炸性混合物,加上泄漏点漏出的气体流速很高,极易在喷射口产生静电火花而导致着火爆炸。

(3) 中毒。

输送有毒介质的压缩机,由于泄漏、操作失误、防护不当等原因,易发生中毒事故。另外,在生产过程中对废气、废液的排放管理不善或违反操作规程进行不合理排放,操作现场通风、排气不好等,也易发生中毒。

(4) 噪声危害。

压缩机在运转时会产生很强的噪声。如空气鼓风机、煤气鼓风机、空气涡轮机等的工业噪声级常可达到92~110 dB,大大超过国家规定的噪声级标准,对操作者有很大危害。

(5) 高温与中暑。

压缩机操作岗位环境温度一般比较高,特别是夏季,受太阳辐射热的影响,常产生高温、高湿度、强热辐射的特殊气候条件,影响人体的正常散热功能,引起体温调节障碍而导致中暑。

2. 压缩机操作安全

压缩机操作应遵守下列原则:

(1) 时刻注意压缩机的压力、温度等各项工艺指标是否符合要求。如有超标现象,应及时查找原因,及时处理。

(2) 经常检查润滑系统,使之通畅、良好。所用润滑油的牌号必须符合设计要求。润滑油必须严格实行三级过滤制度,充分保证润滑油的质量。属于循环使用的润滑油,必须定期分析化验,并定期补加新油或全部更换再生,使润滑油的闪点、黏度、水分、杂质、灰分等各项指标保持在设计要求范围之内。采用循环油泵供油的,应注意油箱的油压和油位;采用注油泵自动注油的,则应注意各注油点的注油量。

(3) 气体在压缩过程中会产生热量,这些热量是靠冷却器和气缸夹套中的冷却水带走的。必须保证冷却器和水夹套中的水畅通,不得有堵塞现象。冷却器和水夹套必须定期清洗,冷却水温度应不超过 40 ℃。如果压缩机运转时,冷却水突然中断,应立即关闭冷却水入口阀,而后停机令其自然冷却,以防设备很热时,放进冷却水使设备骤冷发生炸裂。

(4) 应随时注意压缩机各级出入口的温度。如果压缩机某段温度升高,则有可能是压缩比过大、活门坏、活塞环坏、活塞托瓦磨损、冷却或润滑不良等原因造成的。应立即查明原因,作相应的处理。如不能立即确定原因,则应停机全面检查。

(5) 应定时(每 30 min)把分离器、冷却器、缓冲器分离下来的油水排掉。如果油水积蓄太多,就会带入下一级气缸。少量带入会污染气缸,破坏润滑,加速活塞托瓦、活塞环、气缸的磨损;大量带入则会造成液击,毁坏设备。

(6) 应经常注意压缩机的各运动部件的工作状况。如有不正常的声音、局部过热、异常气味等,应立即查明原因,作相应的处理。如不能准确判断原因,应紧急停车处理。待查明原因,处理好后方可开车。

(7) 压缩机运转时,如果气缸盖、活门盖、管道连接法兰、阀门法兰等部位漏气,需停机卸掉压力后再行处理。严禁带压松紧螺栓,以防受力不均、负荷较大导致螺栓断裂。

(8) 在寒冷季节,压缩机停车后,必须把气缸水夹套和冷却器中的水排净或使水在系统中强制循环,以防气缸、设备和管线冻裂。

(9) 压缩机开车前必须盘车。压缩可燃气体的压缩机开车前必须进行置换,分析合格后方可开车。

五、泵的操作安全

泵是输送液体的动机械,其种类虽然多种多样,但基本上可以分为容积泵、叶片泵、喷射泵三大类型。容积泵、叶片泵和喷射泵分别依靠工作室容积的间歇改变、工作叶轮的旋转运动和工作液体的能量,达到输送液体的目的。容积泵又称作往复泵,叶片泵则包括离心泵和轴流泵。我们只介绍用得较多、易发生故障的往复泵和离心泵。

1. 往复泵操作安全

(1)安全操作。

① 泵在启动前必须进行全面检查,检查的重点:盘根箱的密封性、润滑和冷却系统状况、各阀门的开关情况、泵和管线的各连接部位的密封情况等。

② 盘车数周,检查是否有异常声响或阻滞现象。

③ 具有空气室的往复泵,应保证空气室内有一定体积的气体,应及时补充损失的气体。

④ 检查各安全防护装置是否完好、齐全,各种仪表是否灵敏。

⑤ 为了保证额定的工作状态,对蒸汽泵通过调节进汽管路阀门改变双冲程数;对动力泵则通过调节原动机转数或其他装置。

⑥ 泵启动后,应检查各传动部件是否有异声,泵负荷是否过大,一切正常后方可投入使用。

⑦ 泵运转时突然出现不正常,应停泵检查。

⑧ 结构复杂的往复泵必须按制造厂家的操作规程进行启动、停泵和维护。

（2）故障处理。

往复泵的故障原因及处理方法列于表 6-1 中。

表 6-1　往复泵的故障原因及处理方法

故障	原因	处理方法
不吸水	① 吸入高度过大； ② 底阀的过滤器被堵或底阀本身有毛病； ③ 吸入阀或排出阀泄漏太厉害； ④ 吸入管路阻力太大； ⑤ 吸入管路漏气严重	① 降低吸入高度； ② 清理过滤器或更换底阀； ③ 修研或更换吸入阀或排出阀； ④ 清理吸入管，吸入管减少弯头或加大弯头曲率半径，更换成较粗的管线； ⑤ 处理好漏处
流量低	① 泵缸活塞磨损； ② 吸入或排出阀漏； ③ 吸入管路漏气严重	① 更换活塞或活塞环； ② 更换吸入或排出阀； ③ 处理漏处
压头不足	① 泵缸活塞环及阀漏； ② 动力不足、转动部分有故障（动力泵）； ③ 蒸汽不足、蒸汽部分漏气（蒸汽泵）	① 更换活塞环，修研或更换阀； ② 处理转动部分故障，加大电机； ③ 提高蒸汽压力，处理蒸汽漏处
蒸汽耗量大	① 蒸汽缸活塞环漏气； ② 盘根箱漏气	① 更换蒸汽缸活塞环； ② 更换盘根
有异常响声	① 冲程数超过规定值； ② 阀的举高过大； ③ 固定螺母松动； ④ 泵内掉入杂物； ⑤ 吸入空气室空气过多排出，空气室空气太少	① 调整冲程数； ② 修理阀； ③ 紧固螺母； ④ 停泵检查，取出杂物； ⑤ 调整空气室的空气量
零件发热	① 润滑油不足； ② 摩擦面不干净	① 检查润滑油油质和油量，更换新油； ② 修研或清洗摩擦面

2. 离心泵操作安全

（1）安全操作。

① 开泵前，检查泵的进、排出阀门的开关情况，泵的冷却和润滑情况，压力表、温度计、流量表等是否灵敏，安全防护装置是否齐全。

② 盘车数周，检查是否有异常声响或阻滞现象。

③ 按要求进行排气和灌注。如果是输送易燃、易爆、易中毒介质的泵，在灌注、排气时，应特别注意勿使介质从排气阀内喷出。如果是易腐蚀介质，勿使介质喷到电机或其他设备上。

④ 应检查泵及管路的密封情况。

⑤ 启动泵后，检查泵的转动方向是否正确。当泵达到额定转数时，检查空负荷电流是否超高。当泵内压力达到工艺要求后，立即缓慢打开出口阀。泵开启后，关闭出口阀的时间不能超过 3 min。因为泵在关闭排出阀的情况下运转时，叶轮所产生的全部能量都变成热能使泵变热，时间一长有可能把泵的摩擦部位烧毁。

⑥ 停泵时，应先关闭出口阀，使泵进入空转，然后停下原动机，关闭泵入口阀。

⑦ 泵运转时,应经常检查泵的压力、流量、电流、温度等情况,应保持良好的润滑和冷却,应经常保持各连接部位、密封部位的密封性。

⑧ 如果泵突然发出异声、振动、压力下降、流量减小、电流增大等不正常情况,应停泵检查,找出原因后再重新开泵。

⑨ 结构复杂的离心泵必须按制造厂家的要求进行启动、停泵和维护。

（2）故障处理。

离心泵的故障原因及处理方法列于表6-2中。

表6-2　离心泵的故障原因及处理方法

故障	原因	处理方法
泵启动后不供液体	① 气未排净,液体未灌满泵; ② 吸入阀门不严密; ③ 吸入管或盘根箱不严密; ④ 转动方向错误或转速过低; ⑤ 吸入高度大; ⑥ 盘根箱密封液管闭塞; ⑦ 过滤网堵塞	① 重新排气、灌泵; ② 修研或更换吸入阀; ③ 更换填料,处理吸入管漏处; ④ 改变电机接线,检查处理原动机; ⑤ 检查吸入管,降低吸入高度; ⑥ 检查清洗密封管; ⑦ 检查清理过滤网
启动时泵的负荷过大	① 排出阀未关死或内漏; ② 从平衡装置引出液体的管道堵塞; ③ 叶轮平衡盘装得不正确; ④ 电动机短相	① 开泵前关闭排出阀,修研或更换排出阀; ② 检查和清洗平衡管; ③ 检查和清除不正确的装配; ④ 检查电机接线和保险丝
在运转过程中流量减小	① 转速降低; ② 有气体进入吸入管或进入泵内; ③ 压力管路中阻力增加; ④ 叶轮堵塞; ⑤ 密封环、叶轮磨损	① 检查原动机; ② 检查入口管,消除漏处; ③ 检查所有阀门、管路、过滤器等可能堵塞之处,并加以清理; ④ 检查和清洗叶轮; ⑤ 更换磨损的零部件
在运转过程中压头降低	① 转速降低; ② 液体中含有气体; ③ 压力管破裂; ④ 密封环磨损或损坏,叶轮损坏	① 检查原动机,消除故障; ② 检查和处理吸入管漏处,压紧或更换盘根,将气排出; ③ 关小排出阀,处理排气管漏处; ④ 更换密封环或叶轮
原动机过热	① 转数超过额定值; ② 泵的流量大于许可流量而压头低于额定值; ③ 原动机或泵发生机械损坏	① 检查原动机,消除故障; ② 关小排出阀门; ③ 检查、修理或更换损坏的零部件
发生振动或异声	① 机组装配不当; ② 叶轮局部堵塞; ③ 机械损坏,泵轴弯曲,转动部分咬住,轴承损坏; ④ 排出管和吸入管紧固装置松动; ⑤ 吸入高度太大,发生汽蚀现象	① 重新装配、调整各部间隙; ② 检查、清洗叶轮; ③ 检查或更换损坏的零部件; ④ 加固紧固装置; ⑤ 停泵,采取措施降低吸入管高度

第二节　电气安全基础知识

随着社会的不断进步，电能已经成为人们生产生活中最基本和不可代替的能源。"电"日益影响着工业的自动化和社会的现代化。然而，当电能失去控制时，就会引发各类电气事故，其中对人体的伤害即触电事故是各类事故中最常见的事故。本节主要介绍电流对人体的危害、触电急救等基本内容。

一、电流对人体的危害

触电事故是指人体触及带电体，导致电流通过人体的电气事故。由于触电的种类、方式及条件不同，人体受伤害的程度也不一样。

1. 人体触电的种类

当人体接触带电物体时，电流会对人体造成程度不同的伤害，即发生触电事故。人体触电时电流对人体的伤害有2种类型：一是电击，二是电伤。

（1）电击是指电流通过人体内部时对人体所造成的伤害。电击致伤的主要部位在人体内部，它可使肌肉抽搐或内部组织损伤，造成发热、发麻、神经麻痹等，严重时会引起昏迷、窒息，甚至心脏停止跳动、血液循环中止等而导致死亡。绝大部分触电事故都是电击造成的，通常所说的触电，基本上就是指电击。

（2）电伤是电流的热效应、化学效应或机械效应对人体造成的伤害。电伤多见于肌体外部，往往会在人体皮肤表面留下明显的伤痕。常见的电伤有灼伤、电烙印和皮肤金属化等。灼伤由电流的热效应引起，主要是电弧灼伤，造成皮肤红肿、烧焦或皮下组织损伤；电烙印是在人体与带电部分紧密接触时，由于电流的化学效应和机械效应，使接触部位的皮肤变硬，形成肿块，使皮肤变色等；皮肤金属化是在人体与带电部分接触时，被电流熔化和蒸发的金属微粒渗入皮肤表层，使受伤部位皮肤带金属颜色且留下硬块。

2. 人体触电的方式

（1）单相触电。

人体的一部分在接触一根带电相线的同时，另一部分又与大地（或零线）接触，电流从相线流经人体到地（或零线）形成回路，称为单相触电，如图6-1所示。在触电事故中，大部分属于单相触电事故。

（2）两相触电。

人体的不同部位同时接触电气设备的两相带电体而引起的触电事故，称为两相触电，如图6-1所示。这种情况下，不管电网中性点是否接地，人体都将受到线电压的作用，触电的危险性比单相触电时要大。

图6-1　单相触电和两相触电

(3) 跨步电压触电。

雷电流入地、载流电力线(特别是高压线)断落到地以及电器故障接地时,会在接地点周围形成强电场,其电位分布以接地点为中心向周围扩散,电位值逐步降低,在不同位置间形成电位差(电压)。当人、畜跨进这个区域时,分开的两脚间所承受的电压,称为跨步电压。在跨步电压作用下,电流从人、畜的一只脚流进,从另一只脚流出,造成触电,这就是跨步电压触电。

3. 影响触电伤害程度的因素

不同的人于不同的时间、不同的地点与同一根导线接触,后果将是千差万别的。这是因为电流对人体的作用受很多因素的影响。

(1) 电流大小的影响。

通过人体的电流越大,人的生理反应和病理反应越明显,引起心室颤动所用的时间越短,致命的危险性越大。按照人体呈现的状态,可将预期通过人体的电流分为3个级别:

① 感知电流。在一定概率下,通过人体引起人有任何感觉的最小电流(有效值,下同)称为该概率下的感知电流。概率为50%时,成年男子平均感知电流约为 1.1 mA,成年女子约为 0.7 mA。感知电流一般不会对人体构成伤害,但当电流增大时,感觉增强,反应加剧,可能导致坠落等二次事故。

② 摆脱电流。当通过人体的电流超过感知电流时,肌肉收缩增加,刺痛感觉增强,感觉部位扩展。当电流增大到一定程度时,由于中枢神经反射和肌肉收缩、痉挛,触电人将不能自行摆脱带电体。在一定概率下,人触电后能自行摆脱带电体的最大电流称为该概率下的摆脱电流。摆脱电流是人体可以忍受,一般尚不致造成不良后果的电流。电流超过摆脱电流以后,人会感到异常痛苦、恐慌和难以忍受,如时间过长,则可能导致昏迷、窒息,甚至死亡。因此,可以认为摆脱电流是有较大危险的界限。

③ 室颤电流。通过人体引起心室发生纤维性颤动的最小电流称为室颤电流。电击致死的原因是比较复杂的。例如,高压触电事故中,可能因为强电弧或很大的电流导致的烧伤使人致命;低压触电事故中,可能因为心室颤动,也可能因为窒息时间过长使人致命。一旦发生心室颤动,数分钟内即可导致死亡。因此,在小电流(不超过数百毫安)的作用下,电击致命的主要原因是电流引起心室颤动。因此,可以认为室颤电流是短时间作用的最小致命电流。

(2) 电流持续时间的影响。

电击持续时间越长,则电击危险性越大。其原因有以下4点:

① 电流持续时间越长,则体内积累局外电能越多,伤害越严重,表现为室颤电流减小。

② 心电图上心脏收缩与舒张之间约 0.2 s 的 T 波(特别是 T 波的前半部),是对电流最为敏感的心脏易损期(易激期)。电击持续时间延长,必然会与心脏易损期重合,电击危险性增大。

③ 随着电击持续时间的延长,人体电阻由于出汗、击穿、电解而下降,如接触电压不变,流经人体的电流必然增加,电击危险性随之增大。

④ 电击持续时间越长,中枢神经反射越强烈,电击危险性越大。

(3) 电流途径的影响。

人体在电流的作用下,没有绝对安全的途径。电流通过心脏会引起心室颤动乃至心脏停止跳动而导致死亡;电流通过中枢神经及有关部位,会引起中枢神经强烈失调而导致死亡;电流通过头部,严重损伤大脑,也可能使人昏迷不醒而死亡;电流通过脊髓会使人截瘫;电流通过人的局部肢体亦可能引起中枢神经强烈反射而导致严重后果。

流过心脏的电流越多、电流路线越短的途径是电击危险性越大的途径。可用心脏电流因数粗略衡量不同电流途径的危险程度。心脏电流因数越大,则危险性越大。流经不同途径的心脏电流因数见表6-3。

表6-3　心脏电流因数

电流途径	心脏电流因数
左手—左脚、右脚或双脚	1.0
双手—双脚	1.0
右手—左脚、右脚或双脚	0.8
左手—右手	0.4
背—左手	0.7
背—右手	0.3
胸—左手	1.5
胸—右手	1.3
臀部—左手、右手或双手	0.7

(4) 电流种类的影响。

不同种类电流对人体伤害的构成不同,危险程度也不同,但各种电流对人体都有致命危险。

① 直流电流的作用。在接通和断开瞬间,直流平均感知电流约为 2 mA。300 mA 以下的直流电流没有确定的摆脱电流值;300 mA 以上的直流电流将导致不能摆脱或数秒至数分钟以后才能摆脱带电体。电流持续时间超过心脏搏动周期时,直流室颤电流为交流室颤电流的数倍;电流持续时间 200 ms 以下时,直流室颤电流与交流室颤电流大致相同。

② 100 Hz 以上电流的作用。通常引进频率因数评价高频电流电击的危险性。频率因数是通过人体的某种频率电流与有相应生理效应的工频电流之比。100 Hz 以上电流的频率因数都大于1。当频率超过 50 Hz 时,频率因数由慢至快,逐渐增大。感知电流、摆脱电流与频率的关系可按图6-2确定。图中,1、2、3 为感知电流曲线,1 线感知概率为 0.5%、2 线感知概率为 50%、3 线感知概率为 99.5%;4、5、6 为摆脱电流曲线,摆脱概率分别为 99.5%、50% 和 99.5%。

③ 冲击电流的作用。冲击电流指作用时间不超过 0.1~10 ms 的电流,包括方脉冲波电流、正弦脉冲波电流和电容放电脉冲波电流。冲击电流对人体的作用有感知界限、疼痛界限和室颤界限,没有摆脱界限。冲击电流的疼痛界限常用比能量 I^2t 表示。在电流流经四肢、接触面积较大的情况下,疼痛界限为 $50 \times 10^{-6} \sim 10 \times 10^{-6}$ $A^2 \cdot s$。

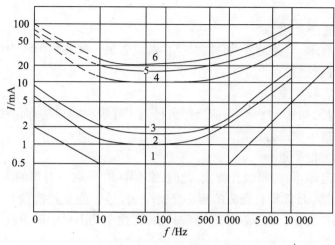

图 6-2　感知电流、摆脱电流-频率曲线

二、触电急救

1. 急救原则

（1）坚定急救意识。

人体触电后，通常会出现神经麻痹，严重者会出现呼吸中断、心脏停止跳动等症状。从外表看，触电者似乎已经死亡，实际上是处于假死的昏迷状态。所以，在发现触电者后，决不可以认为已经死亡而放弃急救，要有坚定的急救意识。应立即采取有效的急救措施，进行耐心、持久的抢救。资料记载有触电者经过 4 h 乃至更长时间抢救复苏的病例。

（2）抓紧抢救时机。

统计资料表明，从触电后 1 min 开始救治者，有 90% 效果良好；从触电后 6 min 开始救治者，有 10% 效果良好；从触电后 12 min 开始救治者，救活的可能性很小。因此，抓紧抢救时机，争分夺秒地急救，是触电急救成功的关键。

2. 迅速脱离电源

人体触电后，如果通过人体的电流超过了摆脱电流，人就会产生痉挛或失去知觉，这样，触电者就不能自行摆脱电源。所以发现有人触电后，应迅速使触电者脱离电源，这是触电急救的首要措施。只有在触电者脱离了电源后，才能对触电者施救。触电急救中，使触电者脱离电源的方法有以下几种：

（1）触电地点附近有电源开关或插头，可立即拉开开关或拔掉插头，使电源断开。

（2）如果远离电源开关，可用有绝缘的电工钳剪断电线，或者用带绝缘木把的斧头、刀具砍断电源线。

（3）如果是带电线路断落造成的触电，可利用手边干燥的木棒、竹竿等绝缘物，把电线拨开，或用衣物、绳索、皮带等将触电者拉开，使其脱离电源。

（4）如果是高压触电，必须通知电气人员，切断电源后方可进行抢救。

3. 现场急救措施

（1）触电者伤害不严重。

如果只是四肢麻木，全身无力，而神志还清醒，或者虽一度昏迷但没失去知觉者，可使其就地休息 1～2 h，并严密观察。

（2）触电者伤害较严重。

心脏虽跳动，但无知觉无呼吸者，应立即进行人工呼吸；如有呼吸而心脏停止跳动者，应立即采用人工体外挤压法进行救治。

（3）触电者伤害很严重。

心脏和呼吸都已停止，两眼瞳孔放大，此时，必须同时采取口对口的人工呼吸和人工体外挤压两种方法救治，而且要有充分的耐心坚持下去，尽可能坚持抢救 6 h 以上，直到把人救活或确诊已经死亡为止。如果决定送医院救治，在途中切不可中断急救措施。

（4）触电者有外伤。

可采用食盐水或温开水冲洗伤口并用酒精消毒后包扎，防止创伤表面受细菌感染。如伤口出血，要设法止血。

在抢救触电者时，严禁注射强心针。人体触电时心脏在电流作用下出现颤动和收缩，脉搏跳动微弱，血液传输混乱。这时注射强心针只会加剧对心脏的刺激，尽管精神上可能呈现瞬间好转，但很快就会转向恶化，造成心力衰竭死亡。

第三节　电气安全防范技术

为搞好安全用电，必须采取先进的防护措施和管理措施，防止人体直接或间接地接触带电体发生触电事故。本节着重介绍主要的直接接触电击防护、间接接触电击防护、通用触电防护措施和电气安全用具与测量。

一、直接接触电击防护

绝缘、屏护、间距等都是防止直接接触电击的防护措施。

1. 绝缘

所谓绝缘，是指用绝缘材料把带电体封闭起来，实现带电体相互之间、带电体与其他物体之间的电气隔离，使电流按指定路径通过，确保电气设备和线路正常工作，防止人身触电。

常用的绝缘材料有玻璃、云母、木材、塑料、橡胶、胶木、布、纸、漆、六氟化硫等。绝缘保护性能的优劣决定于材料的绝缘性能。绝缘性能主要用绝缘电阻、耐压强度、泄漏电流和介质损耗等指标来衡量。绝缘电阻大小用兆欧表测量；耐压强度由耐压试验确定；泄漏电流和介质损耗分别由泄漏试验和能耗试验确定。

对绝缘材料施加的直流电压与泄漏电流之比称为绝缘电阻。绝缘电阻是最基本的绝缘性能指标。应当注意，绝缘材料在腐蚀性气体、蒸汽、潮气、粉尘、机械损伤的作用下都会使绝缘性能降低或丧失。很多良好的绝缘材料受潮后会丧失绝缘性能。

电气设备和线路的绝缘保护必须与电压等级相符,各种指标应与使用环境和工作条件相适应。此外,为了防止电气设备的绝缘损坏而带来的电气事故,还应加强对电气设备的绝缘检查,及时消除缺陷。

(1) 绝缘材料。

绝缘材料按其正常运行条件下容许的最高工作温度分为若干级,称为耐热等级。绝缘材料的耐热等级见表6-4。

表6-4 绝缘材料的耐热等级

级别	绝缘材料	极限工作温度/℃
Y	木材、棉花、纸、纤维等天然的纺织品,以醋酸纤维和聚酰胺为基础的纺织品,以及易于热分解和熔化点较低的塑料	90
A	工作于矿物油中的和用油或油树脂复合胶浸过的Y级材料,漆包线、漆布、漆丝的绝缘及油性漆、沥青等	105
E	聚脂薄膜和A级材料复合,玻璃布、油性树脂漆、聚乙烯醇缩醛高强度漆包线、聚乙酸乙烯酯耐热漆包线	120
B	聚脂薄膜,经合适树脂浸渍涂覆的云母、玻璃纤维、石棉等制品,聚酯漆、聚酯漆包线	130
F	以有机纤维材料补强和石棉带补强的云母片制品、玻璃丝和石棉、玻璃漆布、以玻璃丝布和石棉纤维为基础的层压制品、以无机材料作补强和石棉带补强的云母粉制品、化学热稳定性较好的酯和醇类材料、复合硅有机聚酯漆	155
H	无补强或以无机材料为补强的云母制品、加厚的F级材料、复合云母、有机硅云母制品、硅有机漆、硅有机橡胶聚酰亚胺复合玻璃布、复合薄膜、聚酰亚胺漆等	180
C	不采用任何有机粘合剂和浸渍剂的无机物,如石英、石棉、云母、玻璃和电瓷材料等	180以上

(2) 绝缘破坏。

绝缘物在强电场的作用下被破坏,丧失绝缘性能,这就是击穿现象。这种击穿叫做电击穿,击穿时的电压叫做击穿电压,击穿时的电场强度叫做材料的击穿电场强度或击穿强度。

气体绝缘击穿后都能自行恢复绝缘性能,固体绝缘击穿后不能恢复绝缘性能。

固体绝缘击穿还有热击穿和电化学击穿。热击穿是绝缘物在外加电压作用下,由于流过泄漏电流引起温度过分升高所导致的击穿。电化学击穿是由于游离、化学反应等因素的综合作用所导致的击穿。热击穿和电化学击穿电压都比较低,但电压作用时间都比较长。

绝缘物除因击穿而破坏外,腐蚀性气体、蒸气、潮气、粉尘、机械损伤等也都会降低其绝缘性能或导致破坏。

在正常工作的情况下,绝缘物也会逐渐老化而失去绝缘性能。

(3) 绝缘电阻。

绝缘电阻是最基本的绝缘性能指标。足够的绝缘电阻能把电气设备的泄漏电流限制在很小的范围内,防止由漏电引起的触电事故。

不同的线路或设备对绝缘电阻有不同的要求。一般来说,高压较低压要求高,新设备较老设备要求高,移动的较固定的要求高等。下面列出几种主要线路和设备应当达到的绝缘电阻值:

新装和大修后的低压线路和设备,要求绝缘电阻不低于 0.5 MΩ。实际上设备的绝缘电阻值应随温升的变化而变化,运行中的线路和设备,要求可降低为每伏工作电压 1 000 Ω,在潮湿的环境中,要求可降低为每伏工作电压 500 Ω。携带式电气设备的绝缘电阻要求不低于 2 MΩ。配电盘二次线路的绝缘电阻应不低于 1 MΩ,在潮湿环境中可降低为 0.5 MΩ。高压线路和设备的绝缘电阻一般应不低于 1 000 MΩ。架空线路每个悬式绝缘子的绝缘电阻应不低于 300 MΩ。

运行中电缆线路的绝缘电阻可参考表 6-5 的要求。干燥季节应取较大数值,潮湿季节可取较小的数值。

表 6-5　电缆线路的绝缘电阻

额定电压/kV	3	6~10	20~35
绝缘电阻/MΩ	300~750	400~1 000	600~1 500

电力变压器投入运行前,绝缘电阻应不低于出厂时的 70%,运行中可适当降低。

对于电力变压器、电力电容器、交流电动机等高压设备,除要求测量其绝缘电阻外,为了判断绝缘的受潮情况,还要求测量吸收比 R_{60}/R_{15}。吸收比是从开始测量起 60 s 的绝缘电阻 R_{60} 对 15 s 的绝缘电阻 R_{15} 的比值。绝缘受潮以后,绝缘电阻降低,而且极化过程加快,由极化过程决定的吸收电流衰减变快,测量得到的绝缘电阻上升变快。因此,绝缘受潮以后,R_{15} 比较接近 R_{60}。而对于干燥的材料,R_{60} 比 R_{15} 大得多。一般没有受潮的绝缘,吸收比应大于 1.3;受潮或有局部缺陷的绝缘,吸收比接近于 1。

2. 屏护

屏护是采用屏护装置控制不安全因素,即采用遮栏、护罩、护盖、箱闸等把带电体同外界隔绝开来。

采用阻挡物进行保护时,对于设置的障碍必须防止两种情况的发生:一是身体无意识地接近带电部分;二是在正常工作中无意识地触及运行中的带电设备。

遮栏和外护物在技术上必须遵照有关规定进行设置。

开关电器的可动部分一般不能包以绝缘,而需要屏护。其中,防护式开关电器本身带有屏护装置,如胶盖闸刀的胶盖、铁壳开关的铁壳等。开启式石板闸刀开关,要另加屏护装置。开启裸露的保护装置或其他电气设备也需要加设屏护装置。某些裸露的线路,如人体可能触及或接近的天车滑线或母线也需要加设屏护装置。对于高压设备,如果人接近至一定程度时,即会发生严重的触电事故,而全部绝缘往往有困难,因此,不论高压设备是否绝缘,均应采取屏护或其他防止接近的措施。

开关电器的屏护装置除作为防止触电的措施外,还是防止电弧伤人、防止电弧短路的重要措施。

屏护装置有永久性屏护装置,如配电装置的遮栏、开关的罩盖等,也有临时性屏护装置,如检修工作中使用的临时屏护装置和临时设备的屏护装置;有固定屏护装置,如母线的护网,也有移动屏护装置,如跟随天车移动的天车滑线的屏护装置。

屏护装置不直接与带电体接触,对所用材料的电气性能没有严格要求。屏护装置所用材料应有足够的机械强度和良好的耐火性能。

在实际工作中,可根据具体情况,采用板状屏护装置或网眼屏护装置,网眼屏护装置的网眼应不大于 20 mm×20 mm~40 mm×40 mm。

变配电设备应有完善的屏护装置。安装在室外地上的变压器及车间或公共场所的变配电装置,均需装设遮栏或栅栏作为屏护。遮栏高度应不低于 1.7 m,下部边缘离地应不超过 0.1 m。对于低压设备,网眼遮栏与裸导体间的距离应不小于 0.15 m;10 kV 设备应不小于 0.35 m;20~35 kV 设备应不小于 0.6 m。室内临时栅栏高度应不低于 1.2 m,户外不低于 1.5 m。对于低压设备,栅栏与裸导体间的距离应不小于 0.8 m,栏条间距离应不超过 0.2 m。户外变电装置围墙高度一般应不低于 2.5 m。

凡用金属材料制成的屏护装置,为了防止屏护装置意外带电造成触电事故,必须将屏护装置接地或接零。

3. 间距

为了防止人体触及或接近带电体造成触电事故,避免车辆或其他器具碰撞或过分接近带电体造成事故,防止火灾、过电压放电和各种短路事故,且为了操作方便,在带电体与地面之间、带电体与其他设施和设备之间、带电体与带电体之间均需保持一定的安全距离。安全距离的大小决定于电压的高低、设备的类型、安装的方式等因素。

(1)线路间距。

架空线路导线与地面或水面的距离应不低于表 6-6 所列的数值。

表 6-6 导线与地面或水面的最小距离(m)

线路经过地区	1 kV 以下	10 kV	35 kV
居民区	6	6.5	7
非居民区	5	5.5	6
交通困难地区	4	4.5	5
不能通航或浮运的河、湖冬季水面(或冰面)	5	5	5.5
不能通航或浮运的河、湖最高水面(50 年一遇的洪水水面)	3	3	3

架空线路应避免跨越建筑物。架空线路不应跨越可燃烧材料作屋顶的建筑物。架空线路必须跨越建筑物时,应与有关部门协商并取得有关部门的同意。架空线路与建筑物的距离应不低于表 6-7 的数值。

表 6-7 导线与建筑物的最小距离

线路电压/kV	1 以下	10	35
垂直距离/m	2.5	3.0	4.0
水平距离/m	1.0	1.5	3.0

架空线路导线与街道或厂区树木的距离应不低于表 6-8 所列的数值。

表 6-8 导线与树木的最小距离

线路电压/kV	1 以下	10	35
垂直距离/m	1.0	1.5	3.0
水平距离/m	1.0	2.0	—

架空线路应与有爆炸危险的厂房和有火灾危险的厂房保持必要的防火间距,与铁道、道路、管道、索道及其他架空线路之间的距离也应符合有关规程的规定。同时还要考虑到当地温度、覆冰、风力等气象条件的影响。

几种线路同杆架设时应取得有关部门同意,而且必须保证:

① 电力线路在通讯线路上方,高压线路在低压线路上方。

② 通讯线路与低压线路之间的距离不得小于 1.5 m;低压线路之间的距离不得小于 0.6 m;低压线路与 10 kV 高压线路之间的距离不得小于 1.2 m;10 kV 高压线路之间的距离不得小于 0.8 m。

10 kV 接户线对地距离应不小于 4.0 m;低压接户线对地距离应不小于 2.5 m;低压接户线跨越通车街道时,对地距离应不小于 6 m;低压接户线跨越通车困难的街道或人行道时,对地距离不小于 3.5 m。直接埋地电缆埋设深度应不小于 0.7 m。

(2) 设备间距。

变配电设备各项安全距离一般应不小于表 6-9 所列的数值。

表 6-9 变配电设备的最小允许距离(mm)

额定电压/kV		1 以下	1~3	6	10	20	35	60
不同相带电部分之间及带电部分与接地部分之间	户外	75	200	200	200	300	400	500
	户内	20	75	100	125	180	300	550
带电部分至板状遮栏	户外							
	户内	50	105	130	155	210	330	580
带电部分至网状遮栏	户外	175	300	300	300	400	500	700
	户内	100	175	200	225	280	400	650
带电部分至栅栏	户外	825	950	950	950	1 050	1 150	1 350
	户内	800	825	850	875	930	1 050	1 300
无遮栏裸导体至地面	户外	2 500	2 700	2 700	2 700	2 800	2 900	3 100
	户内	2 500	2 500	2 500	2 500	2 500	2 600	2 850
需要不同时停电检修的无遮栏裸导体之间	户外	2 000	2 200	2 200	2 200	2 300	2 400	2 600
	户内	1 875	1 875	19 200	1 925	1 980	2 100	2 350

表中需要不同时停电检修的无遮栏裸导体之间一般指水平距离,如指垂直距离,35 kV 以下者可减为 1 000 mm。

室内安装的变压器,其外廓与变压器室四壁应留有适当距离。变压器外廓至后壁及侧壁的距离,容量1 000 kVA及以下者应不小于0.6 m,容量1 250 kVA及以上者应不小于0.8 m;变压器外廓至门的距离,分别应不小于0.8 m和1.0 m。

配电装置的布置,应考虑设备搬运、检修、操作和试验方便。为了工作人员的安全,配电装置需保持必要的安全通道。

低压配电装置正面通道的宽度,单列布置时应不小于1.5 m,双列布置时应不小于2 m。

低压配电装置背面通道应符合以下要求:

① 宽度一般应不小于1 m,有困难时可减为0.8 m。

② 通道内高度低于2.3 m无遮栏的裸导电部分与对面墙或设备的距离应不小于1 m;与对面其他裸导电部分的距离应不小于1.5 m。

③ 通道上方裸导电部分的高度低于2.3 m时,应加遮护,遮护后的通道高度应不低于1.9 m。

配电装置长度超过6 m时,屏后应有2个通向本室或其他房间的出口,且其间距离应不超过15 m。

室内吊灯灯具高度一般应大于2.5 m,受条件限制时可减为2.2 m;如果还要降低,应采取适当安全措施。当灯具在桌面上方或其他人碰不到的地方时,高度可减为1.5 m。户外照明灯具一般应不低于3 m,墙上灯具高度允许减为2.5 m。

(3) 检修间距。

在检修中为了防止人体及其所携带的工具触及或接近带电体,而必须保持的最小距离,称为安全间距。间距的大小决定于电压的高低、设备的类型以及安装的方式等因素。

在低压工作中,人体或其所携带的工具与带电体的距离应不小于0.1 m。在架空线路附近进行起重工作时,起重机具(包括被吊物)与低压线路导线的最小距离为1.5 m。

二、间接接触电击防护

保护接地与保护接零是防止间接接触电击最基本的措施。在当前我国电气标准化从传统标准向国际标准过渡的情况下,掌握保护接地和保护接零的方法及其应用,对安全用电是十分重要的。

保护接地和保护接零是在低压配电系统中为了防止间接接触触电而经常采用的两种保护方式。随着各种低压电器及各种家用电器的日益增多和普及,为了达到安全用电的目的,保护接地和保护接零的正确使用尤为重要。

保护接地就是把电气设备的金属外壳用导线和埋在地中的接地装置连接起来。为保证接地效果,接地电阻应小于4 Ω。采取保护措施后,即使外壳因绝缘不好而带电,工作人员碰到外壳就相当于人体与接地电阻并联,而人体的电阻远比接地电阻大,因此,流过人体的电流极为微小,保证了人身安全。此种安全措施适用于系统中性点不接地的低压电网。

保护接零就是在电源中性点接地的三相四线制中,把电气设备的金属外壳与中线连接起来。此时,如果电气设备的绝缘损坏而碰壳,由于中线的电阻小,所以短路电流很大,立即使电路中的熔丝烧断,切断电源,从而消除触电危险。此种安全措施适用于系统中性点直接接地的低压电网。

三、通用触电防护措施

1. 安全电压

据欧姆定律,电压越高,电流也就越大。因此,可以把可能加在人身上的电压限制在某一范围之内,使得在这种电压下,通过人体的电流不超过允许的范围。这一电压就叫做安全电压,也叫做安全特低电压。应当指出,任何情况下都不要把安全电压理解为绝对没有危险的电压。具有安全电压的设备属于Ⅲ类设备。

(1) 安全电压限值。

安全电压限值为任何运行情况下,任何两导体间不可能出现的最高电压值。我国标准规定工频电压有效值的限值为 50 V,直流电压的限值为 120 V。

一般情况下,人体允许电流可按摆脱电流考虑;在装有防止电击的速断保护装置的场合,人体允许电流可按 30 mA 考虑。我国规定工频电压 50 V 的限值是根据人体允许电流 30 mA 和人体电阻 1 700 Ω 的条件确定的。

我国标准还推荐:当接触面积大于 1 cm^2、接触时间超过 1 s 时,干燥环境中工频电压有效值的限值为 33 V,直流电压限值为 70 V;潮湿环境中工频电压有效值的限值为 16 V,直流电压限值为 35 V。

(2) 安全电压额定值。

我国规定工频电压有效值的额定值有 42 V、36 V、24 V、12 V 和 6 V。特别危险环境中使用的手持电动工具应采用 42 V 安全电压;有电击危险环境中使用的手持照明灯和局部照明灯应采用 36 V 或 24 V 安全电压;金属容器内、特别潮湿处等特别危险环境中使用的手持照明灯应采用 12 V 安全电压;水下作业等场所应采用 6 V 安全电压。当电气设备采用 24 V 以上安全电压时,必须采取直接接触电击的防护措施。

2. 安全隔离变压器

通常采用安全隔离变压器作为安全电压的电源,其接线如图 6-3 所示。除隔离变压器外,具有同等隔离能力的发电机、蓄电池、电子装置等均可做成安全电压电源。但不论采用什么电源,安全电压边均应与高压边保持加强绝缘的水平。

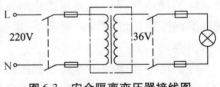

图 6-3 安全隔离变压器接线图

采用安全隔离变压器作安全电压的电源时,这种变压器的一次与二次之间有良好的绝缘,其间还可用接地的屏蔽隔离开来。安全隔离变压器各部分绝缘电阻不得低于下列数值:

带电部分与壳体之间的工作绝缘……………2 MΩ
带电部分与壳体之间的加强绝缘……………7 MΩ
输入回路与输出回路之间……………………5 MΩ
输入回路与输入回路之间……………………2 MΩ
输出回路与输出回路之间……………………2 MΩ
Ⅱ类变压器的带电部分与金属物体之间………2 MΩ
Ⅱ类变压器的金属物件与壳体之间……………5 MΩ

绝缘壳体上内、外金属物件之间……………………2 MΩ

3. 电气隔离

电气隔离是采用电压比为1∶1,即一次边、二次边电压相等的隔离变压器实现工作回路与其他电气回路电器上的隔离。

应用电气隔离须满足以下安全条件:

(1) 隔离变压器必须具有加强绝缘的结构,其温升和绝缘电阻要求与安全隔离变压器相同,这种隔离变压器还应符合下列要求:

① 最大容量单相变压器不得超过 25 kVA、三相变压器不得超过 40 kVA。

② 空载输出电压交流不应超过 1 000 V、脉动直流不应超过 $1\,000\sqrt{2}$ V,负载时电压降低一般不得超过额定电压的 5% ~ 15%。

③ 隔离变压器具有耐热、防潮、防水及抗振结构;不得用赛璐珞等易燃材料作结构材料;手柄、操作杆、按钮等不应带电;外壳应有足够的机械强度,一般不能被打开,并应能防止偶然触及带电部分;盖板至少应由两种方式固定,其中至少有一种方式必须使用工具实现。

④ 除另有规定外,输出绕组不应与壳体相连,输入绕组不应与输出绕组相连,绕组结构应能防止出现上述连接的可能性。

⑤ 电源开关应采用全极开关,触头开距应大于 3 mm;输出插座应能防止不同电压的插销插入;固定式变压器输入回路不得采用插接件;移动式变压器可带有 2 ~ 4 m 电源线。

⑥ 当输入端子与输出端子之间的距离小于 25 mm 时,则其间须用与变压器连成一体的绝缘隔板隔开。

⑦ Ⅰ 类变压器应有保护端子,其电源线中应有一条专用保护线;Ⅱ 类变压器没有保护端子。

(2) 二次边保持独立,即不接大地,不接保护导体,不接其他电气回路。如图 6-4 所示,如果变压器的二次边接地,则当有人在二次边被单相电击时,电流很容易流经人体和二次边接地点构成回路。因此,凡采用电气隔离作为安全措施的,还必须采取防止二次回路故障接地及窜连其他回路的措施。因为一旦二次边发生接地故障,这种措施将完全失去安全作用。对于二次边回路线路较长的,还应装设绝缘监视装置。

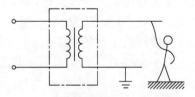

图 6-4 变压器二次边接地的危险

(3) 二次边线路电压过高或副边线路过长,都会降低回路对地绝缘水平,增大故障接地的危险,并增大故障接地电流。因此,必须限制电源电压和二次边线路的长度。按照规定,应保证电源电压 $U \leq 500$ V、线路长度 $L \leq 200$ m、电压与长度的乘积 $UL \leq 100\,000$ V·m。

(4) 等电位连接。图 6-5 中的虚线是等电位连接线。如果没有等电位连接线,当隔离回路中

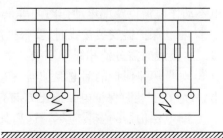

图 6-5 电气隔离的等电位连接

两台相距较近的设备发生不同相线的碰壳故障时,这两台设备的外壳将带有不同的对地电压。如果有人同时触及这两台设备,则接触电压为线电压,电击危险性极大。因此,如隔离回路带有多台用电设备(或器具),则各台设备(或器具)的金属外壳应采取等电位连接措施。这时,所用插座应带有等电位连接的专用插孔。

4. 漏电保护器

电气线路或电气设备发生单相接地短路故障时会产生剩余电流,利用这种剩余电流来切断故障线路或设备电源的保护电器称为剩余电流动作保护器,即通常所称的漏电保护器。由于漏电保护器动作灵敏、切断电源时间短,因此正确选用、安装与使用漏电保护器具有重要作用。

(1) 漏电保护装置的选用。

① 漏电保护器设置的场所:手握式及移动式用电设备;建筑施工工地的用电设备;环境特别恶劣或潮湿场所(如锅炉房、食堂、地下室及浴室)的电气设备;住宅建筑每户的进线开关或插座专用回路;由 TT 系统供电的用电设备;与人体直接接触的医用电气设备(急救和手术用电设备等除外)。

② 漏电保护装置的动作电流数值选择:手握式用电设备为 15 mA;环境恶劣或潮湿场所用电设备为 6~10 mA;医疗电气设备为 6 mA;建筑施工工地的用电设备为 15~30 mA;家用电器回路为 30 mA;成套开关柜、分配电盘等为 100 mA 以上;防止电气火灾为 300 mA。

③ 根据安装地点的实际情况,可选用的型式:漏电继电器,可与交流接触器、断路器构成漏电保护装置,主要用作总保护;漏电开关,将零序电流互感器、漏电脱扣器和低压断路器组装在一个绝缘外壳中,发生故障时可直接切断供电电源,因此末级保护方式中多采用漏电开关;漏电插座,把漏电开关和插座组合在一起的漏电保护装置,特别适用于移动设备和家用电器。

④ 根据使用目的由被保护回路的泄漏电流等因素确定。一般漏电保护器的功能是提供间接接触保护。若作直接接触保护,则要求 $I_{\Delta N} \leq 30$ mA,且其动作时间 $t \leq 0.1$ s。因此根据使用目的的不同,在选择漏电保护器动作特性时要有所区别。此外,在选用时,还必须考虑到被保护回路正常的泄漏电流,如果漏电保护器的 $I_{\Delta N}$ 小于正常的泄漏电流,或者正常泄漏电流大于 50% $I_{\Delta N}$,则供电回路将无法正常运行,即使能投入运行也会因误动作而破坏供电的可靠性。

(2) 漏电保护装置的安装使用。

① 安装前必须检查漏电保护器的额定电压、额定电流、短路通断能力、漏电动作电流、漏电不动作电流以及漏电动作时间等是否符合要求。

② 漏电保护器安装接线时,要根据配电系统保护接地型式,按表 6-10 所示的接线图进行接线。接线时需分清相线和零线。

③ 对带短路保护的漏电保护器,在分断短路电流时,位于电源侧的排气孔往往有电弧喷出,故应在安装时保证电弧喷出方向有足够的飞弧距离。

④ 漏电保护器的安装应尽量远离其他铁磁体和电流很大的载流导体。

⑤ 对施工现场开关箱里使用的漏电保护器须采用防溅型。

表 6-10 漏电保护的接线方式

相数	接线方式	二级	三级	四级
单相 220 V		RCD接线图		
三相 380/220 V 接地保护	TT 系统	接线图	接线图	接线图
三相 380/220 V 接零保护	TN-S 系统	接线图	接线图	接线图
	TN-C-S 系统	接线图	接线图	接线图

⑥ 漏电保护器后面的工作零线不能重复接地。

⑦ 采用分级漏电保护系统和分支线漏电保护的线路,每一分支线路必须有自己的工作零线;上下级漏电保护器的额定漏电动作电流与漏电时间均应做到相互配合,额定漏电动作电流级差通常为 1.2~2.5 倍,时间级差为 0.1~0.2 s。

⑧ 工作零线不能就近接线,单相负荷不能在漏电保护器两端跨接。

⑨ 照明以及其他单相用电负荷要均匀分布到三相电源线上,偏差大时要及时调整,力

求使各相漏电电流大致相等。

⑩ 漏电保护器安装后应进行试验,试验包括:用试验按钮试验 3 次,均应正确动作;带负荷分合交流接触器或开关 3 次,不应误动作;每相分别用 7 kΩ 试验电阻接地试跳,应可靠动作。

(3) 漏电保护装置的运行维护。

由于漏电保护器是涉及人身安全的重要电气产品,因此在日常工作中要按照国家有关漏电保护器运行的规定,做好运行维护工作,发现问题要及时处理。

① 漏电保护器投入运行后,应每年对保护系统进行一次普查,普查重点项目有:测试漏电动作电流值是否符合规定;测量电网和设备的绝缘电阻;测量中性点漏电流,消除电网中的各种漏电隐患;检查变压器和电机接地装置有无松动和接触不良。

② 电工每月至少对保护器用试跳器试验一次,每当雷击或其他原因使保护器动作后,应做一次试验。雷雨季节需增加试验次数。停用的保护器使用前应试验一次。

③ 保护器动作后,若经检查未发现事故点,允许试送电一次。如果再次动作,应查明原因,找出故障,不得连续强送电。

④ 严禁私自撤除保护器或强迫送电。

⑤ 漏电保护器出现故障后要及时更换,并由专业人员修理。

⑥ 在保护范围内发生人身触电伤亡事故,应检查保护器动作情况,分析未能起到保护作用的原因,在未调查前要保护好现场,不得改动保护器。

四、电气安全用具与测量

电气安全用具是指用以保护电气作业人员,以避免触电事故、弧光灼伤事故或高空坠落等伤害事故所必备的工器具和用具。电气安全测量是指将被测的电量或磁量与同类标准量比较的过程,包括使用仪器和测量方法。

1. 电气安全用具

电气安全用具按功能可分为操作用具和防护用具 2 类。

(1) 操作用具。

高压设备的操作用具有绝缘棒、绝缘夹钳和高压验电器等。

低压设备的操作用具有装有绝缘手柄的工具、低压验电笔等。

① 验电笔:是测试电气设备是否带电的一种安全用具。使用时应注意:

a. 验电时必须选用电压等级合适而且合格的验电笔,并在电源和设备进出线两侧各相分别验电。

b. 验电前应在有电设备上进行试验,确证验电笔良好。

c. 验电笔要保持清洁干燥,按规定进行电气试验,试验内容见表6-11。

d. 高压验电要戴绝缘手套。

② 绝缘棒:主要用于断开和闭合高压刀闸、跌落式熔断器、安装或拆除临时接地线、进行正常的带电测量和试验等。使用中应注意:

a. 下雨、雾或潮湿天气,在室外使用绝缘杆,应装有防雨的伞形罩,下部保持干燥。

b. 绝缘棒要有足够的强度,使用中要穿戴好绝缘手套和绝缘靴。

c. 使用中要防止碰撞,以避免损坏表面的绝缘层。

d. 绝缘棒要定期进行电气试验,试验项目见表6-11。平日要妥善保管并应防潮。

③ 绝缘夹钳:主要用于拆卸35 kV以下的电力系统中的高压熔断器等。绝缘夹钳应保存好,必须按规定进行电气试验,试验内容见表6-11。使用时不允许装接地线。

表6-11 常用电气绝缘工具试验一览表

序号	名称	电压等级/kV	周期	交流耐压/kV	时间/min	泄漏电流/mA	附注
1	绝缘棒	6～10	每年一次	44	5		
		35～154		四倍相电压			
		220		三倍相电压			
2	绝缘夹钳	35及以下	每年一次	三倍相电压	5		
		110		260			
		220		400			
3	验电笔	6～10	每六个月一次	40	5	发光电压不高于额定电压的25%	
		20～35		105			
4	绝缘手套	高压	每六个月一次	8	1	≤9	
		低压		2.5		≤2.5	
5	绝缘靴	高压	每六个月一次	15	1	≤7.5	
6	核相器电阻管	6	每六个月一次	6	1	1.7～2.4	
		10		10			
7	绝缘绳	高压	每六个月一次	105/0.5 mm	5	1.4～1.7	

(2) 防护用具。

① 绝缘手套:在低压操作中是基本安全用具,但在高压操作中只能作为辅助安全用具使用。使用前要进行外观检查。戴绝缘手套的长度至少应超过手腕10 cm,要戴到外衣衣袖的外面。严禁用医疗或化学用的手套代替绝缘手套使用,并要按规定做电气试验,试验项目见表6-11。

② 绝缘靴:作为辅助安全用具使用,为防跨步电压触电可作为基本安全用具。不能用普通防雨胶靴代替绝缘靴,并应将绝缘靴放在专用的柜子里,温度一般在5 ℃～20 ℃,湿度在50%～70%较合适。使用前要进行外观检查,并要定期进行电气试验,试验要求见表6-11。

③ 绝缘垫:是一种辅助安全用具,铺在配电装置的地面上,以便在进行操作时增强人员的对地绝缘,防止接触电压与跨步电压对人体的伤害。绝缘垫厚度应不小于5 mm,若有破损应禁止使用。

④ 绝缘台：用干燥坚固的方木条制作，四角用瓷瓶作为支撑物，从地面到方木条底面的距离应不小于 10 cm。绝缘台要放在干燥的地方，经常保持清洁，一旦发现木条松脱或瓷瓶破裂，应立即停止使用。

⑤ 遮栏：分为固定遮栏和临时遮栏 2 种，其作用是把带电体同外界隔离开来。装设遮栏应牢固，并悬挂各种不同的警告标示牌，遮栏高度应不低于 1.7 m。

⑥ 登高作业安全用具：包括梯子、高凳、安全腰带、安全绳、脚扣、登高板等。梯子和高凳可用木材制作。梯子有靠梯和人字梯。使用靠梯时，梯脚与墙之间的距离不得小于梯长的 1/4。为限制人字梯和高凳的开脚度，两侧之间应加拉绳，梯脚要加胶套。在梯子上工作时，梯顶一般应不低于工作人员的腰部。脚扣和登高板是登杆用具，应有良好的防滑性能。安全腰带（绳）是防止坠落的安全用具，一般用皮革、帆布或化学纤维材料制成，不允许使用一般绳带代替。登高安全用具试验标准见表 6-12。

表 6-12 登高安全用具试验标准

名 称		试验静拉力/N	试验周期	外表检查周期	试验时间/min
安全带	大皮带	2 205	半年一次	每月一次	5
	小皮带	1 470	半年一次	每月一次	5
安全绳		2 205	半年一次	每月一次	5
升降板		2 205	半年一次	每月一次	5
脚扣		980	半年一次	每月一次	5
竹（木）梯		试验荷重 1 765 N(180 kg)	半年一次	每月一次	5

2. 电气安全测量

进行电气测量时，除应正确选择仪表外，还要正确地进行使用。常用的电工仪表大体上可分为指示仪表和比较仪表 2 类。指示仪表如电流表、电压表、钳形电流表、绝缘电阻表、万用表、电能表、功率表、接地电阻表等。比较仪表如单臂电桥、双臂电桥、电位差计等。本部分主要介绍常用仪表的使用及注意事项。

(1) 主要电工仪表的使用。

① 万用表。

a. 测量前应检查表笔位置，红表棒接"＋"端，黑表棒接"－"端。测量电压时应并联接入被测电路；测量电流时应串联接入被测电路。在测量直流电流、电压时，红表笔接正极，黑表笔接负极。

b. 根据测量对象，将转换开关拨到相应挡位。有的万用表有两个转换开关，一个选择测量种类，另一个改变量程，在使用时应先选择测量种类，然后选择量程。测量种类一定要选择准确，如果误用电流或电阻挡去测电压，就有可能损坏表头，甚至造成测量线路短路。选择量程时，应尽可能使被测量值达到表头量程的 1/2 或 2/3 以上，以减小测量误差，若事先不知道被测量的大小，应先选用最大量程试测，再逐步换用适当的量程。

c. 读数时，要根据测量的对象在相应的标尺读取数据。标尺端标有"DC"或"－"标记为测量直流电流和直流电压时用；标尺端标有"AC"或"～"标记是测量交流电压时用；标有

"Ω"的标尺是测量电阻专用的。

d. 测量电阻时应注意选择适当的倍率挡,使指针尽量接近标度尺的中心部分,以确保读数比较准确。在测量时,指针在标度尺上的指示值乘以倍率,即为被测电阻的阻值。测量电阻之前或调换不同倍率挡后,都应将两表笔短接,用调零旋钮调零,调不到零位时应更换电池。测量完毕,应将转换开关拨到交流电压最高挡上或空挡上,以防止表笔短接,造成电池短路放电,同时也防止下次测量时忘记拨挡,去测量电压,烧坏表头。不能带电测量电阻,否则不仅得不到正确的读数,还有可能损坏表头。用万用表测量半导体元件的正、反向电阻时,应用 $R \times 100$ 挡,不能用高阻挡,以免损坏半导体元件。严禁用万用表的电阻挡直接测量微安表、检流计、标准电池等类仪器仪表的内阻。

e. 测量电压、电流时应注意要有人监护,如测量人不懂测量技术,监护人有权制止测量工作。测量时人身不得触及表笔的金属部分,以保证测量的准确性和安全。测量高电压或大电流时,在测量中不得拨动转换开关,若不知被测量有多大时,应将量限置于最高挡,然后逐步向低量限挡转换。注意被测量的极性,以免损坏。

② 兆欧表(即绝缘电阻表)。

a. 兆欧表应按被测电气设备的电压等级选用。一般额定电压在 500 V 以下的设备,选用 500 V 或 1 000 V 的兆欧表(兆欧表的电压过高,可能在测试中损坏设备的绝缘);额定电压在 500 V 以上的设备,可选用 1 000 V 或 2 500 V 兆欧表;特殊要求的选用 5 000 V 兆欧表。

b. 兆欧表的引线必须使用绝缘较好的单根多股软线,两根引线不能缠在一起使用,引线也不能与电气设备或地面接触。兆欧表的"线路"L 引线端和"接地"E 引线端可采用不同颜色以便于识别和使用。

c. 测量前,应对兆欧表作一次检查。检查时将仪表放平,在接线前,摇动手柄,表针应指到"∞"处,再把接线端瞬时短接,缓慢摇动手柄,指针应指在"0"处。否则为兆欧表有故障,必须检修。

d. 严禁带电测量设备的绝缘,测量前应将被测设备电源断开,将设备引出线对地短路放电(对于变压器、电机、电缆、电容器等容性设备应充分放电),并将被测设备表面擦拭干净,以保证安全和测量结果准确。测量完毕后,也应将设备充分放电,放电前,切勿用手触及测量部分和兆欧表的接线柱,以免触电。

e. 接线时,"接地"E 端钮应接在电气设备外壳或地线上,"线路"L 端钮与被测导体连接。测量电缆的绝缘电阻时,应将电缆的绝缘层接到"屏蔽端子"G 上。如果在潮湿的天气里测量设备的绝缘电阻,也应接到 G 端子上,把它连在绝缘支持物上,以消除绝缘物表面的泄漏电流对所测绝缘电阻值的影响。

f. 测量时,将兆欧表放置平稳,避免表身晃动,摇动手柄,使发电机转速逐渐加快,一般应保持在 120 r/min,匀速不变。如果所测设备短路,应立即停止摇动手柄。测量时,绝缘电阻随着时间长短而不同,一般以 1 min 读数为准。在测量容性设备时,要有一定的充电时间,测量结束后,先取下测量用引线,再停止摇动摇把手。对于数字式绝缘电阻表,不必摇动,只注意放电即可。

③ 钳形电流表。

a. 使用前注意是交流还是交直流两用钳形电流表。

b. 被测电路电压不能超过钳形表上所标明的数值。

c. 每次只能测量一相导线的电流,被测导线应置于钳形窗口中央,不可以将多相导线都夹入窗口测量。

d. 钳形表都有量程转换开关,测量前应先估计被测电流的大小,再决定用哪一量程。若无法估计,可先用最大量程挡,然后适当换小些,以使读数准确。不能使用小电流挡去测量大电流,以防损坏仪表。

e. 钳口在测量时闭合要紧密,闭合后如有杂音,可打开钳口重合一次,若杂音仍不能消除,应检查磁路上各接合面是否光洁,有尘污时要擦拭干净。

f. 由于钳形电流表本身精度较低,通常为2.5级或5.0级,在测量小电流时可采用下述方法:先将被测电路的导线绕几圈,再放进钳形表的钳口内进行测量。此时钳形表所指示的电流值并非被测量的实际值,实际电流值应为钳形表的读数除以导线缠绕的圈数。

g. 维修时不要带电操作。因钳形电流表原理同电流互感器,一次线圈匝数少,二次线圈匝数多。一次侧只要有一定大小的电流,二次侧开路时,就会有高电压出现,所以维修钳形电流表时均不能带电操作,以防触电。

④ 直流电桥。

电桥是比较精密的测量仪器,如果使用不当,不但不能得到准确的测量结果,而且还很容易损坏仪器。因此,在使用前,首先应仔细阅读使用说明书,熟悉一下电桥的结构,各端钮和开关的功能,然后才能测量。

(2) 线路与设备的测量。

① 绝缘电阻的测量。测量高压设备绝缘电阻,应由两人担任。测量用的导线,应使用绝缘导线,其端部应有绝缘套。测量绝缘电阻时,必须将被测设备从各方面断开,验明无电压,确实证明设备无人工作后,方可进行。在测量中禁止他人接近设备。测量线路绝缘电阻时,应取得对方允许后方可进行。在测量绝缘电阻前后,必须将被测设备对地放电。在有感应电压的线路上(同杆架设的双回线路或单回路与另一线路有平行段)测量绝缘时,必须将另一回线路同时停电,方可行进。雷电时,严禁测量线路绝缘。在带电设备附近测量绝缘电阻时,测量人员和电阻表安放位置,必须选择适当,保持安全距离,以免表引线或引线支持物触碰带电部分。移动引线时,必须注意监护,防止工作人员触电。

② 使用钳形电流表的测量工作。在高压回路上使用钳形电流表的测量工作,应由两人进行。严禁用导线从钳形电流表另接表计测量。使用钳形表时,应戴绝缘手套,站在绝缘垫上,不得触及其他设备,以防短路或接地。观测表计时,要注意保持头部与带电部分的安全距离。测量高压电缆各相电流时,电缆头线间距离应在300 mm以上,且绝缘良好,测量方便时方可进行,当有一相接地时严禁测量。

③ 使用电流表测量电流。测量直流时,可选用磁电式、电磁式或电动式仪表。要注意接线时表的极性和量程。测量交流时,可使用电磁式、电动式或感应式仪表,将电流表串联在被测电路。需要扩大测量仪表的量限,就将电流表串联在电流互感器的二次侧,电流表可选5 A或1 A的量程,但测出的数值要乘互感器倍率(变流比)。正常运行中,电流互感器二次侧不能开路。

④ 电压测量。测量电路的电压时,将电压表并联在被测电路的两端。测量直流电压

时,要注意仪表接线柱上的"＋"和"－"极性标记。测量高压,可通过电压互感器将 100 V 电压表并接在二次侧,得出的数值要乘电压互感器的变压比。正常运行中,电压互感器二次侧不能短路,否则互感器会因过热而烧坏。

⑤ 电能的测量。测量线路或设备的电能,选用电气机械式仪表或电子数字式仪表皆可。根据配电制式的不同,可选一只单相电能表或二元件、三元件电能表进行测量。若是高电压大电流,测量电能需用电压互感器和电流互感器,表的读数需乘倍率才是所测之值。

⑥ 功率测量。用功率表测量功率,应正确选择功率表中的电流量限和电压量限,务必使电流量限能容许通过负载电流,电压量限能承受负载电压。接线按"发电机端规则"进行。完全对称三相四线制电路的功率,可用一只功率表测量。不对称电路,可用三只单相功率表测量,也可用"三元三相"功率表直接读出数值。三相三线制电路的功率,可用两只功率表测量,也可用"二元三相"功率表测量。

第四节　防雷技术

雷电是一种自然现象,雷击是一种自然灾害。雷击房屋、电力线路、电力设备等设施时,会产生极高的过电压和极大的过电流,在所波及的范围内,可能造成设施或设备的毁坏,可能造成大规模停电,可能造成火灾或爆炸,还可能直接伤及人畜。

一、雷电的种类

带电积云是构成雷电的基本条件。当带不同电荷的积云互相接近到一定程度,或带电积云与大地凸出物接近到一定程度时,发生强烈的放电,发出耀眼的闪光。由于放电时温度高达 20 000 ℃,空气受热急剧膨胀,发出爆炸的轰鸣声。这就是闪电和雷鸣。雷电实质上就是大气中的放电现象。雷电主要可分为直击雷、感应雷和球形雷。

1. 直击雷

带电积云与地面目标之间的强烈放电称为直击雷。带电积云接近地面时,在地面凸出物顶部感应出异种电荷,当积云与地面凸出物之间的电场强度达到 25～30 kV/cm 时,即发生由带电积云向大地发展的跳跃式先导放电,持续时间约 5～10 ms,平均速度为 100～1 000 km/s,每次跳跃前进约 50 m,并停顿 30～50 μs。当先导放电达到地面凸出物时,即发生从地面凸出物向积云发展的极明亮的主放电,其放电时间仅 50～100 μs,放电速度约为光速的 1/5～1/3,即约为 60 000～100 000 km/s。主放电向上发展,至云端即告结束。主放电结束后继续有微弱的余光,持续时间约为 30～150 ms。

大约 50%的直击雷有重复放电的性质。平均每次雷击有三四个冲击,最多能出现几十个冲击。第一个冲击的先导放电是跳跃式先导放电,第二个以后的先导放电是箭形先导放电,其放电时间仅为 10 ms。一次雷击的全部放电时间一般不超过 500 ms。

2. 感应雷

感应雷也称为雷电感应或感应过电压。它分为静电感应雷和电磁感应雷。

静电感应雷是由于带电积云接近地面,在架空线路导线或其他导电凸出物顶部感应出大量电荷引起的。在带电积云与其他客体放电后,架空线路导线或导电凸出物顶部的电荷失去束缚,以大电流、高电压冲击波的形式,沿线路导线或导电凸出物极快地传播。近20年来人们的研究表明,放电流柱也会产生强烈的静电感应。

电磁感应雷是由于雷电放电时,巨大的冲击雷电流在周围空间产生迅速变化的强磁场引起的。这种迅速变化的磁场能在邻近的导体上感应出很高的电动势。如是开口环状导体,开口处可能由此引起火花放电;如是闭合导体环路,环路内将产生很大的冲击电流。

3. 球形雷

球形雷是雷电放电时形成的发红光、橙光、白光或其他颜色光的火球。球形雷出现的概率约为雷电放电次数的2%,其直径多为20 cm左右,运动速度约为2 m/s或更高一些,存在时间为数秒钟到数分钟。球形雷是一团处在特殊状态下的带电气体。有人认为,球形雷是包有异物的水滴在极高的电场强度作用下形成的。在雷雨季节,球形雷可能从门、窗、烟囱等通道侵入室内。

此外,直击雷和感应雷都能在架空线路或空中金属管道上产生沿线路或管道的两个方向迅速传播的雷电侵入波。雷电侵入波的传播速度在架空线路中约为300 m/μs,在电缆中约为150 m/μs。

二、雷暴日

为了统计雷电活动的频繁程度,经常采用年雷暴日数来衡量。只要一天之内能听到雷声的就算一个雷暴日。通常说的雷暴日都是指一年内的平均雷暴日数,即年平均雷暴日,单位 d/a。雷暴日数愈大,说明雷电活动愈频繁。山地雷电活动较平原频繁,山地雷暴日约为平原的3倍。我国广东省的雷州半岛(琼州半岛)和海南岛一带雷暴日在80 d/a以上,长江流域以南地区雷暴日约为40~80 d/a,长江以北大部分地区雷暴日约为20~40 d/a,西北地区雷暴日多在20 d/a以下。西藏地区因印度洋暖流沿雅鲁藏布江上溯,很多地方雷暴日高达50~80 d/a。就几个大城市来说,雷暴日广州、昆明、南宁约为70~80 d/a,重庆、长沙、贵阳、福州约为50 d/a,北京、上海、武汉、南京、成都、呼和浩特约为40 d/a,天津、郑州、沈阳、太原、济南约为30 d/a。

我国把年平均雷暴日不超过15 d/a的地区划为少雷区,超过40 d/a的划为多雷区。在防雷设计时,应考虑当地雷暴日条件。

我国各地雷雨季节相差也很大,南方一般从二月开始,长江流域一般从三月开始,华北和东北延迟至四月开始,西北延迟至五月开始。防雷准备工作均应在雷雨季节前做好。

三、雷电的危害

由于雷电具有电流很大、电压很高、冲击性很强等特点,会产生多方面的破坏作用,且破坏力很大。雷电可造成设备和设施的损坏、大规模停电及人员生命财产的损失。就其破坏因素来看,雷电具有电性质、热性质和机械性质等三方面的破坏作用。

1. 电性质的破坏作用

电性质的破坏作用表现为数百万伏乃至更高的冲击电压,可能毁坏发电机、电力变压器、断路器、绝缘子等电气设备的绝缘,烧断电线或劈裂电杆,造成大规模停电。绝缘损坏可引起短路,导致火灾或爆炸事故。二次放电的电火花也可能引起火灾或爆炸,二次放电也能造成电击。绝缘损坏后,可能导致高压窜入低压,在大范围内带来触电的危险。数十至百千安的雷电流流入地下,会在雷击点及其连接的金属部分产生极高的对地电压,可能直接导致接触电压电击和跨步电压的触电事故。

2. 热性质的破坏作用

热性质的破坏作用表现在直击雷放电的高温电弧能直接引燃邻近的可燃物,从而造成火灾。巨大的雷电流通过导体,在极短的时间内转换出大量的热能,可能烧毁导体,并导致物品的燃烧和金属熔化、飞溅,从而引起火灾或爆炸。球形雷侵入可引起火灾。

3. 机械性质的破坏作用

机械性质的破坏作用表现为被击物遭到破坏,甚至爆裂成碎片。这是由于巨大的雷电通过被击物时,在被击物缝隙中的气体剧烈膨胀,缝隙中的水分也急剧蒸发为大量气体,致使被击物破坏和爆炸。此外,同性电荷之间的静电斥力、同方向电流或电流转弯处的电磁作用力也有很强的破坏力,雷电时的气浪也有一定的破坏作用。

四、防雷装置

避雷针、避雷线、避雷网、避雷带、避雷器都是经常采用的防雷装置。一套完整的防雷装置包括接闪器、引下线和接地装置。上述的避雷针、避雷线、避雷网、避雷带都只是接闪器,而避雷器是一种专门的防雷装置。

1. 接闪器

避雷针、避雷线、避雷网和避雷带都可作为接闪器,建筑物的金属屋面可作为第一类工业建筑物以外其他各类建筑物的接闪器。这些接闪器都是利用其高出被保护物的突出地位,把雷电引向自身,然后通过引下线和接地装置,把雷电流泄入大地,以此保护被保护物免受雷击。

(1) 接闪器保护范围。

接闪器的保护范围可根据模拟实验及运行经验确定。由于雷电放电途径受很多因素的影响,要想保证被保护物绝对不遭受雷击是很困难的,一般只要求在保护范围内被击中的概率在 0.1% 以下即可。

(2) 接闪器材料。

接闪器所用材料应能满足机械强度和耐腐蚀的要求,还应有足够的热稳定性,以能承受雷电流的热破坏作用。避雷针一般用镀锌圆钢或钢管制成。避雷网和避雷带用镀锌圆钢或扁钢制成。避雷线一般采用截面积不小于 35 mm^2 的镀锌钢绞线。

接闪器使整个地面电场发生畸变,但其顶端附近电场局部的不均匀,由于范围很小,而对于从带电积云向地面发展的先导放电没有影响。因此,作为接闪器的避雷针端部尖不尖、分叉不分叉,对其保护效能基本上没有影响。接闪器涂漆可以防止生锈,对其保护作用也没有影响。

2. 避雷器

避雷器并联在被保护设备或设施上,正常时处在不通的状态。出现雷击过电压时,击穿放电,切断过电压,发挥保护作用。过电压终止后,避雷器迅速恢复不通状态,恢复正常工作。避雷器主要用来保护电力设备和电力线路,也用作防止高电压侵入室内的安全措施。避雷器有保护间隙、管型避雷器和阀型避雷器之分,应用最多的是阀型避雷器。

(1) 截波和残压及其危害。

用避雷器保护变压器时,由于雷电冲击波具有高频特性,连接线感抗增加,不可忽略不计;同时,变压器容抗变小,并起主要作用。当冲击波传来,避雷器内电压上升到避雷器放电电压时,避雷器击穿放电,导致电容器上充电,从而形成电压叠加。这相当于在变压器上突然加上了2倍电压的冲击波,这个冲击波就叫做截波。截波会损害变压器的绝缘。

(2) 避雷器结构。

阀型避雷器主要由瓷套、火花间隙和非线性电阻组成。瓷套是绝缘的,起支撑和密封作用。火花间隙是由多个间隙串联而成的。每个火花间隙由两个黄铜电极和一个云母垫圈组成。云母垫圈的厚度为 0.5~1 mm。由于电极间距离很小,其间电场比较均匀,间隙伏-秒特性较平,保护性能较好。非线性电阻又称电阻阀片。电阻阀片是直径为 55~100 mm 的饼形元件,由金刚砂(SiC)颗粒烧结而成。非线性电阻的电阻值不是一个常数,而是随电流的变化而变化的,电流大时阻值很小,电流小时阻值很大。

在避雷器火花间隙上串联了非线性电阻之后,能遏止振荡,避免截波,又能限制残压不致过高。还有一点必须注意到,虽然雷电流通过非线性电阻只遇到很小的电阻,而尾随而来的工频续流比雷电流小得多,会遇到很大的电阻,这为火花间隙切断续流创造了良好的条件。这就是说,非线性电阻和间隙的作用类似一个阀门的作用。对于雷电流,阀门打开,使泄入地下;对于工频电流,阀门关闭,迅速切断之。其"阀型"之名就是由此而来的。

火花间隙相当于多个串联的大小相等的电容。由于各电极对地电容和高压部分电容不同,而且还受外界条件的影响,使得电压在各间隙上的分布是不均匀的,使避雷器的性能受到影响。为此,可将火花间隙分成若干组,每组火花间隙上并联适当的均压电阻。如果均压电阻值比间隙电容的容抗值小得多,则间隙上电压的分配决定于均压电阻的大小,可做到大体上是均匀的。电站用的 FZ10 型阀型避雷器就是这种避雷器。

压敏阀型避雷器是一种新型的阀型避雷器,这种避雷器没有火花间隙,只有压敏电阻阀片。压敏电阻阀片是由氧化锌、氧化铋等金属氧化物烧结制成的多晶半导体陶瓷元件,具有极好的非线性伏安特性,其非线性系数 $\alpha = 0.05$,已接近理想的阀体。在工频电压的作用下,电阻阀片呈现极大的电阻,使工频电流极小,以致无须火花间隙即可恢复正常状态。压敏电阻的通流能力很强,因此,压敏阀型避雷器体积很小。压敏阀型避雷器适用于高、低压电气设备的防雷保护。

3. 引下线

防雷装置的引下线应满足机械强度高、耐腐蚀和热稳定的要求。引下线一般采用圆钢或扁钢制成,其尺寸和防腐蚀要求与避雷网、避雷带相同。用钢绞线作引下线,其截面积不得小于 25 mm^2。用有色金属导线作引下线时,应采用截面积不小于 16 mm^2 的铜导线。

引下线应沿建筑物外墙敷设,并应避免弯曲,经最短途径接地。建筑艺术要求高的可以暗敷设,但截面积应加大一级。建筑物的金属构件(如消防梯等)可用作引下线,但所有金属构件之间均应连成电气通路,并且连接可靠。

采用多条引下线时,为了便于测量接地电阻和检查引下线、接地线的连接情况,宜在各引下线距地面高约 1.8 m 处设断接卡。

采用多条引下线时,第一类和第二类防雷建筑物至少应有 2 条引下线,其间距离分别不得大于 12 m 和 18 m;第三类防雷建筑物周长超过 25 m 或高度超过 40 m 时,也应有 2 条引下线,其间距离不得大于 25 m。

在易受机械损伤的地方,地面以下 0.3 m 至地面以上 1.7 m 的一段引下线应加竹管、角钢或钢管保护。采用角钢或钢管保护时,应与引下线连接起来,以减小通过雷电流时的电抗。引下线截面锈蚀 30% 以上的应予以更换。

4. 防雷接地装置

接地装置是防雷装置的重要组成部分。接地装置向大地泄放雷电流,限制防雷装置对地电压不致过高。除独立避雷针外,在接地电阻满足要求的前提下,防雷接地装置可以和其他接地装置共用。

(1) 防雷接地装置材料。

防雷接地装置所用材料的强度应大于一般接地装置的材料的强度。防雷接地装置应作热稳定校验。

(2) 接地电阻值。

防雷接地电阻一般指冲击接地电阻,接地电阻值视防雷种类和建筑物类别而定。独立避雷针的冲击接地电阻一般应不大于 100 Ω;附设接闪器每一引下线的冲击接地电阻一般也应不大于 10 Ω;但对于不太重要的第三类建筑物可放宽至 30 Ω。防感应雷装置的工频接地电阻应不大于 10 Ω。防雷电侵入波的接地电阻,视其类别和防雷级别,冲击接地电阻应不大于 5~30 Ω,其中阀型避雷器的接地电阻应不大于 5~10 Ω。

冲击接地电阻一般不等于工频接地电阻。这是因为极大的雷电流自接地体流入土壤时,接地体附近形成很强的电场,击穿土壤并产生火花,相当于增大了接地体的泄放电流面积,减小了接地电阻。同时,在强电场的作用下,土壤电阻率有所降低,也使接地电阻有减小的趋势。另一方面,由于雷电流陡度很大,有高频特征,使引下线和接地体本身的电抗增大;如接地体较长,其后部泄放电流还将受到影响,使接地电阻有增大的趋势。一般情况下,前一方面影响较大,后一方面影响较小,即冲击接地电阻一般都小于工频接地电阻。土壤电阻率越高,雷电流越大,接地体和接地线越短,则冲击接地电阻减小越多。

(3) 跨步电压的抑制。

为了防止跨步电压伤人,防直击雷接地装置距建筑物和构筑物出入口和人行横道的距离应不小于 3 m。当小于 3 m 时,应采取下列措施之一:

① 水平接地体局部深埋 1 m 以上。
② 水平接地体局部包以绝缘物(如包以厚 50~80 cm 的沥青层)。
③ 铺设宽度超出接地体 2 m、厚 50~80 cm 的沥青路面。
④ 埋设帽檐式或其他型式的均压条。

5. 消雷装置

消雷装置由顶部的电离装置、地下的电荷收集装置和中间的连接线组成。

消雷装置与传统避雷针的防雷原理完全不同。后者是利用其突出的位置,把雷电吸向自身,将雷电流泄入大地,以保护其保护范围内的设施免遭雷击。而消雷装置是设法在高空产生大量的正离子和负离子,与带电积云之间形成离子流,缓慢地中和积云电荷,并使带电积云受到屏蔽,消除落雷条件。

除常见的感应式消雷装置外,还有利用半导体材料或利用放射性元素的消雷装置。

地电荷收集装置(接地装置)宜采用水平延伸式接地装置,以利于收集电荷。

五、防雷技术

应当根据建筑物和构筑物,电力设备以及其他保护对象的类别和特征,分别对直击雷、雷电感应、雷电侵入波等采取适当的防雷措施。

1. 直击雷防护

(1) 应用范围和基本措施。

第一类防雷建筑物、第二类防雷建筑物和第三类防雷建筑物的易受雷击部位应采取防直击雷的防护措施;可能遭受雷击,且一旦遭受雷击后果比较严重的设施或堆料(如装卸油台、露天油罐、露天储气罐等)也应采取防直击雷的措施;高压架空电力线路、发电厂和变电站等也应采取防直击雷的措施。

装设避雷针、避雷线、避雷网、避雷带是直击雷防护的主要措施。避雷针分独立避雷针和附设避雷针。独立避雷针是离开建筑物单独装设的。一般情况下,其接地装置应当单设,接地电阻一般应不超过 10 Ω,严禁在装有避雷针的构筑物上架设通信线、广播线或低压线。利用照明灯塔作独立避雷针支柱时,为了防止将雷电冲击电压引进室内,照明电源线必须采用铅皮电缆或穿入铁管,并将铅皮电缆或铁管埋入地下(埋深 0.5~0.8 m),经 10 m 以上水平距离才能引进室内。独立避雷针不应设在人经常通行的地方。附设避雷针是装设在建筑物或构筑物屋面上的避雷针。如有多支附设避雷针,相互之间应连接起来,有其他接闪器的(包括屋面钢筋和金属屋面)也应相互连接起来,并与建筑物或构筑物的金属结构连接起来。其接地装置可以与其他接地装置共用,宜沿建筑物或构筑物四周敷设,其接地电阻不宜超过 1~2 Ω。如利用自然接地体,为了可靠起见,还应装设人工接地体。人工接地体的接地电阻不宜超过 5 Ω。建筑物混凝土内用于连接的单一钢筋的直径不得小于 10 mm。

露天装设的有爆炸危险的金属储罐和工艺装置,当其壁厚不小于 4 mm 时,一般不再装设接闪器,但必须接地。接地点应不少于 2 处,其间距离应不大于 30 m,冲击接地电阻应不大于 30 Ω。如金属储罐和工艺装置击穿后不对周围环境构成危险,则允许其壁厚降低为 2.5 mm。35 kV 以下的线路,一般不沿全线架设避雷线;35 kV 以上的线路,一般沿全线架设避雷线。在多雷地区,110 kV 以上的线路,宜架设双避雷线;220 kV 以上的线路,应架设双避雷线。

35 kV 及以下的高压变配电装置宜采用独立避雷针或避雷线。变压器的门形构架上不得装设避雷针或避雷线。如变配电装置设在钢结构或钢筋混凝土结构的建筑物内,可在屋顶上装设附设避雷针。利用山势装设的远离被保护物的避雷针或避雷线,不得作为被保护物的主要直击雷防护措施。

(2) 二次放电防护。

防雷装置承受雷击时,其接闪器、引下线和接地装置呈现很高的冲击电压,可能击穿与邻近的导体之间的绝缘,造成二次放电。二次放电可能引起爆炸和火灾,也可能造成电击。为了防止二次放电,不论是空气中或地下,都必须保证接闪器、引下线、接地装置与邻近导体之间有足够的安全距离。冲击接地电阻越大、被保护点越高、避雷线支柱越高及避雷线挡距越大,则要求防止二次放电的间距越大。在任何情况下,第一类防雷建筑物防止二次放电的最小间距不得小于3 m,第二类防雷建筑物防止二次放电的最小间距不得小于2 m。不能满足间距要求时,应予跨接。

为了防止防雷装置对带电体的反击事故,在可能发生反击的地方应加装避雷器或保护间隙,以限制带电体上可能产生的冲击电压。降低防雷装置的接地电阻,也有利于防止二次放电事故。

2. 感应雷防护

雷电感应也能产生很高的冲击电压,在电力系统中应与其他过电压同样考虑;在建筑物和构筑物中,应主要考虑由二次放电引起爆炸和火灾的危险。无火灾和爆炸危险的建筑物及构筑物一般不考虑雷电感应的防护。

(1) 静电感应防护。

为了防止静电感应产生的高电压,应将建筑物内的金属设备、金属管道、金属构架、钢屋架、钢窗、电缆金属外皮以及突出层面的放散管、风管等金属物件与防雷电感应的接地装置相连,屋面结构钢筋宜绑扎或焊接成闭合回路。

根据建筑物的不同屋顶,应采取相应的防止静电感应的措施。对于金属屋顶,应将屋顶妥善接地;对于钢筋混凝土屋顶,应将屋面钢筋焊成边长 5~12 m 的网格,连成通路并予以接地;对于非金属屋顶,宜在屋顶上加装边长 5~12 m 的金属网格,并予以接地。

屋顶或其上金属网格的接地可以与其他接地装置共用。防雷电感应接地干线与接地装置的连接不得少于 2 处,其间距离不得超过 16~24 m。

(2) 电磁感应防护。

为了防止电磁感应,平行敷设的管道、构架、电缆相距不到 100 mm 时,须用金属线跨接,跨接点之间的距离应不超过 30 m;交叉相距不到 100 mm 时,交叉处也应用金属线跨接。

此外,管道接头、弯头、阀门等连接处的过渡电阻大于 $0.03\ \Omega$ 时,连接处也应用金属线跨接。在非腐蚀环境,对于 5 根及 5 根以上螺栓连接的法兰盘以及对于第二类防雷建筑物可不跨接。防电磁感应的接地装置也可与其他接地装置共用。

3. 雷电侵入波防护

属于雷电冲击波造成的雷害事故很多。在低压系统中,这种事故占总雷害事故的 70% 以上。

(1) 变配电装置的防护。

可以在进线上装设阀型避雷器或管型避雷器。

(2) 建筑物的防护。

雷击低压线路时,雷电侵入波将沿低压线传入用户,进入户内。特别是采用木杆或木横担的低压线路,由于其对地冲击绝缘水平很高,会使很高的电压进入户内,酿成大面积雷害事故。除电气线路外,架空金属管道也有引入雷电侵入波的危险。对于建筑物,雷电侵入波可能引起火灾或爆炸,也可能伤及人身,因此,必须采取防护措施。条件许可时,第一类防雷建筑物全长宜采用直接埋地电缆供电;爆炸危险较大或年平均雷暴日 30 d/a 以上的地区,第二类防雷建筑物应采用长度不小于 50 m 的金属铠装直接埋地电缆供电。除年平均雷暴日不超过 30 d/a、低压线不高于周围建筑物、线路接地点距入户处不超过 50 m、土壤电阻率低于 200 Ω·m 且采用钢筋混凝土杆及铁横担几种情况外,0.23/0.4 kV 低压架空线路接户线的绝缘子铁脚均应接地,冲击接地电阻不宜超过 30 Ω。户外天线的馈线临近避雷针或避雷针引下线时,馈线应穿金属管线或采用屏蔽线,并将金属管或屏蔽接地。如果馈线未穿金属管,又不是屏蔽线,则应在馈线上装设避雷器或放电间隙。

4. 人身防雷

雷暴时,由于带电积云直接对人体放电,雷电流入地产生对地电压以及二次放电等都可能对人造成致命的电击。因此,应注意必要的人身防雷安全要求。

雷暴时,非工作必须,应尽量减少在户外或野外逗留;在户外或野外最好穿塑料等不浸水的雨衣。如有条件,可进入有宽大金属构架或有防雷设施的建筑物、汽车或船只;如进入依靠建筑屏蔽的街道或高大树木屏蔽的街道躲避,要注意离开墙壁或树干 8 m 以外。

雷暴时,应尽量离开小山、小丘、隆起的小道,离开海滨、湖滨、河边、池塘旁,避开铁丝网、金属晒衣绳以及旗杆、烟囱、宝塔、孤独的树木附近,还应尽量离开没有防雷保护的小建筑物或其他设施。

雷暴时,在户内应注意防止雷电侵入波的危险,应离开照明线、动力线、电话线、广播线、收音机和电视机电源线、收音机和电视机天线以及与其相连的各种金属设备,以防止这些线路或设备对人体二次放电。调查资料表明,户内 70% 以上对人体的二次放电事故发生在与线路或设备相距 1 m 以内的场合,相距 1.5 m 以上的尚未发生死亡事故。由此可见,雷暴时人体最好离开可能传来雷电侵入波的线路和设备 1.5 m 以上。应当注意,仅仅拉开开关对于防止雷击是起不了多大作用的。

雷雨天气,还应注意关闭门窗,以防止球形雷进入户内造成危害。

第五节　静电防护技术

雷电和静电有许多相似之处。例如,雷电和静电都是相对于观察者静止的电荷聚积的结果;雷电放电与静电放电有一些相同之处;雷电和静电的主要危害都是引起火灾和爆炸等。但雷电与静电电荷产生和聚积的方式不同,存在的空间不同,放电能量相差甚远,其防护措施也有很多不同之处。所谓静电,并非绝对静止的电,而是在宏观范围内暂时失去平衡的相对静止的正电荷和负电荷。静电现象是十分普遍的电现象。人们活动中,特别是生产工艺过程中产生的静电可能引起爆炸及其他危险和危害。

一、静电的产生

大家对中学物理课上用一支塑料笔在头发上摩擦后就能吸附细小纸屑的实验一定记忆犹新,这个简单实验让我们看到了静电的存在。我们周围环境中处处存在着静电,如果说我们生活在一个静电的世界里,一点也不夸张。

物质由原子组成,原子中有不带电的中子、带正电的质子和带负电的电子。正常状况下,一个原子的质子数与电子数量相同,正、负电平衡,所以对外表现出不带电的特征。但是,当两个物体相互摩擦时,产生的热量提升了电子能级,使不活泼的电子变成很容易逃逸的活泼电子,这样的电子很快就会从一个物体转移到另一个物体中去,使两个本来处于中性的物体变成为带电的物体,这就是我们耳熟能详的"摩擦生电"现象。摩擦生电的过程中,电子转移的数量和转移的速度,不仅与材料的性能差异有关,也与现场温度和湿度有关。秋冬季节,由于空气湿度降低,分子间的黏滞力减小,运动速度加快,就很容易产生静电。我们在地板上走动、旋转转椅、开关抽屉、拿取纸笔、移动鼠标等动作都会产生静电。

上面谈到的都是摩擦生电,除此之外,用电设备中还存在"感应生电"和"容性生电"等,都是静电的成因。设备、电路、金属与非金属结构之间即使不发生接触,也会通过上述方式产生静电。

二、静电的消失

静电的消失有2种主要方式,即中和和泄漏。前者主要是通过空气发生的,后者主要是通过带电体本身及与其相连接的其他物体发生的。

1. 静电中和

由于宇宙射线、紫外线和地球上放射性元素的作用,每立方厘米空气中每秒钟约有10个分子发生电离,而且在常温下每立方厘米空气中约有100~1 000个带电粒子(电子和离子)。由于这些带电粒子的存在,带电体在同空气的接触中,其所带电荷逐渐得到中和。但是,空气中自然存在的带电粒子极为有限,以致这些中和是极为缓慢的,一般不会被觉察到。带电体上的静电通过空气迅速地中和发生在放电时。

例 从身上急速脱下的化纤衣裳带静电后,其纤维是立起的,若拿一只大头针接近,可发现纤维下垂。这就是静电中和现象。还有,武当山天柱峰的金顶是一个全金属的古建筑物,数百年来,周围的人们在雷雨天能看到金顶尖端部位冒"火",但金顶却安然无恙。这种现象的实质是金顶在带电积云感应下发生的电晕放电中和现象。

2. 静电泄漏

绝缘体上较大的静电泄漏有2条途径:一条是绝缘体表面泄漏;另一条是绝缘体内部泄漏。前者遇到的是表面电阻;后者遇到的是体积电阻。因为绝缘体静电泄漏很慢,所以同一绝缘体各部分可能在较长时间内保持不同的电压,或者说,同一绝缘体某些部位的电压可能不高,而另一些部位可能带有危险电压。

湿度对静电泄漏的影响很大。随着湿度增加,绝缘体表面凝成薄薄的水膜,并溶解空气中的二氧化碳气体和绝缘体析出的电解质,使绝缘体表面电阻大为降低,从而加速静电泄漏。空气湿度降低,很多绝缘体表面电阻率升高,静电泄漏变慢,静电的危险性增大。因此,静电事故多发生在干燥的季节。吸湿性越大的绝缘体,其静电受湿度的影响也越大。

三、静电的影响因素

了解和掌握静电产生和积累的诸因素,对于控制静电的危害是十分必要的。静电的产生和积累受材质、工艺设备和参数、环境条件等因素的影响。

1. 材质和杂质的影响

材料的电阻率,包括固体材料的表面电阻率对于静电泄漏有很大影响。对于固体材料,

电阻率为 1×10^7 Ω·m 以下者,由于泄漏较强而不容易积累静电;电阻率为 1×10^9 Ω·m 以上者,容易积累静电,造成危害。对于液体,在一定范围内,静电随着电阻率的增加而增加;超过某一范围以后,随着电阻率的增加,液体静电反而下降。实验证明,电阻率为 1×10^{10} Ω·m 左右的液体最容易产生静电;电阻率为 1×10^8 Ω·m 以下的液体,由于泄漏较强而不容易积累静电;电阻率为 1×10^{13} Ω·m 以上的液体,由于其分子极性很弱而不容易产生静电。石油、重油的电阻率在 1×10^{10} Ω·m 以下,静电危险性较小。石油制品和苯的电阻率多在 1×10^{10} ~ 1×10^{11} Ω·m 之间,静电危险性较大。对于粉体,当管道、搅拌器或料槽材料与粉体材料相同时,不容易产生静电,而且粉体带电情况也不规则,有的带正电,有的带负电,也有的不带电,其带正电的颗粒数与带负电的颗粒数大致相等。当管道、搅拌器或料槽材料用金属材料制成,粉体用绝缘材料制成时,产生静电的多少与管道、搅拌器或料槽的种类没有多大关系,而主要决定于粉体的性质。当管道、搅拌器或料槽以及粉体均由绝缘材料制成时,材料性质对静电的影响很大,并可能因材料改变而改变静电的极性。悬浮粉体因处在绝缘状态,受材料的影响不大。

由以上分析可以知道,只有容易得失电子,而且电阻率很高的材料才容易产生和积累静电。生产中常见的乙烯、丙烷、丁烷、原油、汽油、轻油、苯、甲苯、二甲苯、硫酸、橡胶、赛璐珞和塑料等都比较容易产生和积累静电。

杂质对静电有很大的影响,静电在很大程度上决定于所含杂质的成分。一般情况下,杂质有增加静电的趋势;但如杂质能降低原有材料的电阻率,则加入杂质有利于静电的泄漏。

液体内含有高分子材料(如橡胶、沥青)杂质时,会增加静电的产生。液体内含有水分时,在液体流动、搅拌或喷射过程中会产生附加静电;液体宏观运动停止后,液体内水珠的沉降过程要持续相当长一段时间,沉降过程中也会产生静电。如果油管或油槽底部积水,经搅动后容易引起静电事故。

2. 工艺设备和工艺参数的影响

接触面积越大,双电层正、负电荷越多,产生静电越多。管道内壁越粗糙,接触面积越大,冲击和分离的机会也越多,流动电流就越大。对于粉体,颗粒越小者,一定量粉体的表面积越大,产生静电越多。接触压力越大或摩擦越强烈,会增加电荷的分离,以致产生较多的静电。接触-分离速度越高,产生静电越多。液体的流速和管径对液体静电影响很大。

设备的几何形状也对静电有影响。例如,平皮带与皮带轮之间的滑动位移比三角皮带大,产生的静电也比较强烈。过滤器会大大增加接触和分离程度,可能使液体静电电压增加十几倍到 100 倍以上。下列工艺过程比较容易产生和积累静电:

(1) 固体物质大面积的摩擦,如纸张与银轴摩擦,橡胶或塑料碾制,传动皮带与皮带轮或辊轴摩擦等;固体物质在压力下接触而后分离,如塑料压制、上光等;固体物质在挤出、过滤时与管道、过滤器等发生摩擦,如塑料的挤出、赛璐珞的过滤等。

(2) 固体物质的粉碎、研磨过程,粉体物料的筛分、过滤、输送、干燥过程,悬浮粉尘的高速运动等。

(3) 在混合器中搅拌各种高电阻率物质,如纺织品的涂胶过程等。

(4) 高电阻率液体在管道中流动且流速超过 1 m/s 时,液体喷出管口时,液体注入容器发生冲击、冲刷和飞溅时等。

(5) 液化气体、压缩气体或高压蒸汽在管道中流动和由管口喷出时,如从气瓶放出压缩气体、喷漆等。

(6) 穿化纤布料衣服,穿高绝缘(底)鞋的人员在操作、行走、起立时等。

3. 环境条件和时间的影响

材料表面电阻率随空气湿度增加而降低,相对湿度越高,材料表面电荷密度越低。但当相对湿度在40%以下时,材料表面静电电荷密度几乎不受相对湿度的影响而保持为某一最大值。由于空气湿度受环境温度的影响,以致环境温度的变化可能加剧静电的产生。

导电性地面在很多情况下能加强静电的泄漏,减少静电的积累。周围导体布置对静电电压有很大的影响。由 $Q = CU$ 可知,静电电量 Q 不变时,静电电压 U 与电容 C 成反比。带静电体周围导体的面积、距离、方位都影响其间电容,从而影响其间静电电压。例如,传动皮带刚离开皮带轮时电压并不高,但转到两皮带轮中间位置时,由于距离拉大,电容大大减小,电压则大大升高。又如,油料在管道内流动时电压也不很高,但当注入油罐,特别是注入大容积油罐时,油面中部因电容较小而电压较高。又如,粉体经管道输送时,在管道中间胀大处和出口处,由于电容减小,静电电压升高,容易由较大火花引起爆炸事故。

带电历程会改变物体的表面特性,从而改变带电特征。一般情况下,初次或初期带电较强,而重复性或持续性作用带电较弱。

四、静电的危害

工艺过程中产生的静电可能引起爆炸和火灾,也可能给人以电击,还可能妨碍生产。其中,爆炸或火灾是最大的危害和危险。

1. 爆炸和火灾

静电能量虽然不大,但因其电压很高而容易发生放电。如果所在场所有易燃物质,又有由易燃物质形成的爆炸性混合物(包括爆炸性气体和蒸气)以及爆炸性粉尘等,即可能由静电火花引起爆炸或火灾。

一些轻质油料及化学溶剂,如汽油、煤油、酒精、苯等容易挥发,可与空气形成爆炸性混合物。在这些液体的载运、搅拌、过滤、注入、喷出和流出等工艺过程中,容易由静电火花引起爆炸和火灾。与轻质油料相比,重油和渣泊的危险性较小,但其静电的危险依然存在,而且也有发生爆炸和火灾的事例。

金属粉末、药品粉末、合成树脂和天然树脂粉末、燃料粉末和农作物粉末等都能与空气形成爆炸性混合物。在这些粉末的磨制、干燥、筛分、收集、输送、倒装及其他有摩擦、撞击、喷射、振动的工艺过程中,都比较容易由静电火花引起爆炸和火灾。

塑料、橡胶、造纸等行业经常用到一些化学溶剂,也能形成爆炸性混合物。在其原料搅拌、制品挤压和分离、摩擦等工艺过程中,容易由静电火花引起火灾,甚至引起爆炸。

氢气、乙炔等气体易形成爆炸性混合物。易燃液体的蒸气或气体高速喷射时容易由静电引起爆炸。水蒸气高速喷射时也能引起乙炔爆炸危险环境里的爆炸性混合物爆炸。

应当指出,带静电的人体接近接地导体或其他导体时,以及接地的人体接近带电的物体时,均可能发生火花放电,导致爆炸或火灾。

对于静电引起的爆炸和火灾,就行业性质而言,以炼油、化工、橡胶、造纸、印刷和粉末加工等行业发生的事故最多;就工艺种类而言,以输送、装卸、搅拌、喷射、开卷和卷绕、涂层、研磨等工艺过程发生的事故最多。

导体放电时,其上电荷全部消失,其静电场储存的能量一次集中释放,有较大的危险性。绝缘体放电时,其上电荷不能一次放电而全部消失,其静电场所储存的能量也不能一次集中释放,危险性较小。但是,当爆炸性混合物的最小引燃能量很小时,绝缘体上的静电放电火花也能引起混合物爆炸;而且,正是由于绝缘体上的电荷不能在一次放电中全部消失,而使得绝缘体具有多次放电的危险性。静电电压为 30 kV 的绝缘体在空气中放电时,放电能量可达数百微焦,足以引燃某些爆炸性混合物而发生爆炸。一般认为,对于最小引燃能量为数十微焦的,静电电压 1 kV 以上,面电荷密度 1×10^{-7} C/m² 以上是危险的;对于最小引燃能量为数百微焦的,静电电压 5 kV 以上,面电荷密度 1×10^{-6} C/m² 以上是危险的。绝缘体带电足以使接近的工作人员感到电击时,也应该认为是危险的。当直径为 3 mm 的接地金属球接近带电绝缘体会发生伴有声光的放电时,也应该认为是危险的。绝缘体表面电荷密度超过 1×10^{-4} C/m² 时,会发生放电能量为数百微焦的沿面放电,也是危险的。

2. 静电电击

静电电击不是电流持续通过人体的电击,而是静电放电造成的瞬间冲击性的电击。冲击电流引起心室颤动使人致命的界限为 0.054 A²·s。

对于静电,人体相当于导体,放电时其有关部分的电荷一次性消失,即能量集中释放,危险性较大。但这种危险性主要是就引起爆炸和火灾而言的,对于电击来说,由于生产工艺过程中积累的静电能量总是有限的,一般不能达到使人致命的界限。

生产和工艺过程中产生的静电所引起的电击不致直接使人致命,但是,不能排除由静电电击导致严重后果的可能性。例如,人体可能因静电电击而坠落或摔倒,造成二次事故。静电电击还可能引起工作人员紧张而妨碍工作等。

3. 妨碍生产

在某些生产过程中,如不消除静电,将会妨碍生产或降低产品质量。纺织行业及有纤维加工的行业,特别是随着涤纶、丙纶、锦纶等合成纤维材料的应用,静电问题变得十分突出。例如,在抽丝过程中,静电会使丝飘动、粘合、纠结等而妨碍工作。在纺纱、织布过程中,由于橡胶辊轴与丝、纱摩擦及其他原因产生静电,可能导致乱纱、挂条、缠花、断头等而妨碍工作。在织、印染过程中,由于静电电场力的作用,可能吸附灰尘等而降低产品质量,甚至影响缠卷,使卷绕不紧。

在粉体加工行业,生产过程中产生的静电除带来火灾和爆炸危险外,还会降低生产效率,影响产品质量。例如,粉体筛分时,由于静电电场力的作用吸附细微的粉末,使筛目变小而降低生产效率;计量时,由于计量器具吸附粉体,还会造成误差;粉体装袋时,由于静电斥力的作用,粉体四散飞扬,既损失粉体,又污染环境等。

在塑料和橡胶行业,由于制品与辊轴的摩擦,制品的挤压和拉伸会产生较多静电。除火灾和爆炸危险外,由于静电不能迅速消散,会吸附大量灰尘,为了清扫灰尘要花费很多时间。在印花或绘画的情况下,静电力使油墨移动,会大大降低产品质量;塑料薄膜也会因静电而缠卷不紧等。

在印刷行业,纸张上的静电可能导致纸张不能分开,粘在传动带上,使套印不准,折收不齐；油墨受力移动会降低印刷质量等。

在感光胶片行业，由于胶片与银轴的高速摩擦，胶片静电电压高达数千至数万伏。如在暗室中发生放电，即使是极微弱的放电，胶片将因感光而报废。同时，胶卷基片因静电吸附灰尘或纤维，会降低胶片质量，还会造成涂膜不匀等。

在电子技术行业，生产过程中产生的静电可能引起计算机、继电器、开关等设备中电子元件误动作，可能对无线电设备、磁带录音机产生干扰，还可能击穿集成电路的绝缘等。

五、静电防护措施

静电最为严重的危险是引起爆炸和火灾。因此，静电安全防护主要是对爆炸和火灾的防护。当然，一些防护措施对于防护静电电击和消除影响生产的危害也是同样有效的。

1. 环境危险程度的控制

静电引起爆炸和火灾的条件之一是有爆炸性混合物存在。为了防止静电的危害，可采取以下控制所在环境爆炸和火灾危险性的措施。

（1）取代易燃介质。

在很多可能产生和积累静电的工艺过程中，要用到有机溶剂和易燃液体，并由此带来爆炸和火灾的危险。在不影响工艺过程的正常运转和产品质量且经济上合理的情况下，用不可燃介质代替易燃介质是防止静电引起爆炸和火灾的重要措施之一。采用这种措施不但对于防止静电引起的爆炸和火灾是有效的，而且对于防止其他原因引起的爆炸和火灾也是有效的。

例如，用三氯乙烯、四氯化碳、苛性钠或苛性钾代替汽油、煤油作洗涤剂有良好的防爆效果。

（2）降低爆炸性混合物的浓度。

在爆炸和火灾危险环境下，采用通风装置或抽气装置及时排出爆炸性混合物，使混合物的浓度不超过爆炸下限，可防止静电引起爆炸的危险。

（3）减少氧化剂含量。

这种方法实质上是充填氮、二氧化碳或其他不活泼的气体，减少气体、蒸气或粉尘爆炸性混合物中氧的含量，当其中氧的含量不超过8%时即不会引起燃烧。比较常见的是充填氮或二氧化碳降低混合物的含氧量。

2. 工艺控制

工艺控制是从工艺上采取适当的措施，限制和避免静电的产生和积累。工艺控制方法很多，应用很广，是消除静电危害的重要方法之一。

（1）材料的选用。

在存在摩擦而且容易产生静电的场合，生产设备宜于配备与生产物料相同的材料。在某些情况下，还可以考虑采用位于静电序列中段的金属材料制成生产设备，以减轻静电的危害。选用导电性较好的材料可限制静电的产生和积累。例如，为了减少皮带上的静电，除皮带轮采用导电材料制作外，皮带也宜采用导电性较好的材料制作，或者在皮带上涂以导电性涂料。

根据现场条件，为了有利于静电的泄漏，减轻火花放电和感应带电的危险，可采用阻值为$1\times10^7\sim1\times10^9\Omega$左右的导电性工具。

在有静电危险的场所,工作人员不应穿着丝绸、人造纤维或其他高绝缘衣料制作的衣服,以免产生危险。

(2) 限制摩擦速度或流速。

降低摩擦速度或流速等工艺参数可限制静电的产生。

(3) 增强静电消散过程。

在产生静电的工艺过程中,总是包含着静电产生和静电消散两个区域。两个区域中电荷交换的规律是不一样的。在静电产生的区域主要是分离成电量相等而电性相反的电荷,即产生静电;在静电消散的区域,带静电物体上的电荷经泄漏或松弛而消散。基于这一规律,设法增强静电的消散过程,可消除静电的危害。

随着流速的降低,静电消散过程变得比较突出。在输送工艺过程中,在管道的末端加装一个直径较大的松弛容器,可大大降低液体在管道内流动时积累的静电。

为了防止静电放电,在液体灌装、循环或搅拌过程中不得进行取样、检测或测温操作。进行上述操作前,应使液体静置一定的时间,使静电得到足够的消散或松弛。此外,为了消除感应静电的危险,料斗或其他容器内不得有不接地的孤立导体。同液体一样,取样工作应在装料停止后进行。

(4) 消除附加静电。

在工艺过程中,产生静电的区域(如输送管道)总是不可缺少的环节,要想做到不产生静电是很困难的,甚至是不可能的。但是,对于工艺过程中产生的附加静电,往往是可以设法防止的。

在储存容器内,由于注入液流的喷射和分裂,液体或粉体的混合和搅动,气泡通过液体以及粉体飞扬等均可能产生附加静电。为了避免液体在容器内喷射或溅射,应将注油管延伸至容器底部,而且其方向应有利于减轻容器底部积水或沉淀物搅动。为了防止搅动罐底积水或污物产生附加静电,装油前应将罐底的积水和污物清除掉。石油制品含有水分等杂质时,会产生较多静电;溶解在溶液里的空气或其他气体形成气泡时,也会增加静电的危险。因此,净化石油制品对于防止静电的危害是有好处的。为了降低罐内油面电位,过滤器不应离注油管口太近。

3. 接地和屏蔽

(1) 导体接地。

接地是消除静电危害最常见的方法,它主要是消除导体上的静电。金属导体应直接接地。

为了防止火花放电,应将可能发生火花放电的间隙跨接连通起来,并予以接地,使其各部位与大地等电位。不仅产生静电的金属部分因为静电泄漏电流很小,所有单纯为了消除导体上静电的接地,其防静电接地电阻原则上不得超过 1 MΩ。对于金属导体,为了检测方便,可要求接地电阻不超过 10~1 000 Ω。为了防止人体静电的危害,工作人员应穿导电性鞋。导电性鞋鞋底(包括袜子)的电阻不得超过 1×10^7 Ω。为了防止电击的危险,导电性鞋鞋底(包括袜子)的电阻不宜低于 1×10^4 Ω。穿用导电性鞋时,所处地面的电阻不得大于鞋底的电阻。人体还可以通过金属腕带和柔性金属连接线予以接地。应注意:在有静电危险的场所,工作人员不得佩戴孤立的金属物件。

(2)导电性地面。

采用导电性地面,实质上也是一种接地措施。采用导电性地面不但能泄漏设备上的静电,而且有利于泄漏聚集在人体上的静电。导电性地面是用电阻率为 $1×10^8$ $\Omega·m$ 以下的材料制成的地面,如混凝土、导电橡胶、导电合成树脂、导电木板、导电水磨石和导电瓷砖等地面。在绝缘板上喷刷导电性涂料,也能起到与导电性地面同样的作用。采用导电性地面或导电性涂料喷刷地面时,地面与大地之间的电阻不得超过 1 $M\Omega$,地面与接地导体的接触面积不宜小于 10 cm^2。

(3)绝缘体接地。

对于产生和积累静电的高绝缘材料,即对于电阻率为 $1×10^9$ $\Omega·m$ 以上的固体材料和电阻率为 $1×10^{10}$ $\Omega·m$ 以上的液体材料,即使与接地导体接触,其上静电变化也不大。这说明一般接地对于消除高绝缘体上的静电效果是不大的。而且,对于产生和积累静电的高绝缘材料,如经导体直接接地,则相当于把大地电位引向带电的绝缘体,有可能反而增加火花放电的危险性。电阻率为 $1×10^7$ $\Omega·m$ 以下的固体材料和电阻率为 $1×10^8$ $\Omega·m$ 以下的液体材料不容易积累静电。因此,为了使绝缘体上的静电较快地泄漏,绝缘体宜通过为 $1×10^6$ Ω 或稍大一些的电阻接地。

(4)屏蔽。

它是用接地导体(即屏蔽导体)靠近带静电体放置,以增大带静电体对地电容,降低带电体静电电位,从而减轻静电放电的危险。应当注意到,屏蔽不能消除静电电荷。此外,屏蔽还能减小可能的放电面积,限制放电能量,防止静电感应。

4. 增湿

前面说过,随着湿度的增加,绝缘体表面上形成薄薄的水膜。该水膜的厚度只有 $1×10^{-5}$ cm,其中含有杂质和溶解物质,有较好的导电性,因此,它能使绝缘体的表面电阻大大降低,能加速静电的泄漏。

应当指出,增湿主要是增强静电沿绝缘体表面的泄漏,而不是增加通过空气的泄漏。因此,对于表面容易形成水膜,即对于表面容易被水润湿的绝缘体,如醋酸纤维、硝酸纤维素、纸张、橡胶等,增湿对消除静电是有效的;而对于表面不能形成水膜,即表面不能被水润湿的绝缘体,如纯涤纶、聚四氟乙烯,增湿对消除静电是无效的。对于表面水分蒸发极快的绝缘体,增湿也是无效的。对于孤立的带静电绝缘体,空气增湿以后,虽然其表面能形成水膜,但没有泄漏的途径,对消除静电也是无效的。而且在这种情况下,一旦发生放电,由于能量的释放比较集中,火花还比较强烈。

是否允许增湿以及允许增加湿度的范围,需根据生产要求确定。从消除静电危害的角度考虑,保持相对湿度在 70% 以上较为适宜。当相对湿度低于 30% 时,产生的静电是比较强烈的。为防止大量带电,相对湿度应在 50% 以上。为了提高降低静电的效果,相对湿度应提高到 65%~70%。对于吸湿性很强的聚合材料,为了保证降低静电的效果,相对湿度应提高到 80%~90%。应当注意,空气的相对湿度在很大程度上受温度的影响。增湿的方法不宜用于消除高温环境里的绝缘体上的静电。

5. 抗静电添加剂

抗静电添加剂是化学药剂,具有良好的导电性或较强的吸湿性。因此,在容易产生静电的高绝缘材料中,加入抗静电添加剂之后,能降低材料的体积电阻率或表面电阻率,加速静电的泄漏,消除静电的危险。对于固体,若能将其体积电阻率降低至 $1\times10^7\ \Omega\cdot m$ 以下,或将其表面电阻率降低至 $1\times10^8\ \Omega\cdot m$ 以下,即可消除静电的危险。对于液体,若能将其体积电阻率降低至 $1\times10^8\ \Omega\cdot m$ 以下,即可消除静电的危险。

使用抗静电添加剂是从根本上消除静电危险的办法,但应注意防止某些抗静电添加剂的毒性和腐蚀性造成的危害。这就要求从工艺状况、生产成本和产品使用条件等方面考虑使用抗静电添加剂的合理性。在橡胶行业,为了提高橡胶制品的抗静电性能,可采用碳黑、金属粉等添加剂。在石油行业,可采用油酸盐、环烷酸盐、铬盐、合成脂肪酸盐等作为抗静电添加剂,以提高石油制品的导电性,消除静电危险。例如,某种汽油加入少量以油酸和油酸盐为主的抗静电添加剂以后,即可大大降低石油制品的电阻率,消除静电的危险。这种微量的抗静电添加剂并不影响石油制品的理化性能。

在有粉体作业的行业,也可以采用不同类型的抗静电添加剂。例如,某生产过程中,火药药粉的静电电压高达 24 000 V,加入 0.3% 的石墨以后,静电电压降低为 5 400 V,而加入 0.8% 的石墨以后,静电电压降低为 500 V。又如,水泥磨粉过程中,加入 2,3-乙二醇胺,可避免由静电引起的抱球现象的发生,以提高生产效率。

应当指出,对于悬浮粉体和蒸气静电,因其每一微小的颗粒(或小珠)都是互相绝缘的,所以,任何抗静电添加剂都不起作用。

6. 静电中和器

静电中和器又叫静电消除器,是能产生电子和离子的装置。由于产生了电子和离子,物料上的静电电荷得到相反极性电荷的中和,从而消除静电的危险。静电中和器主要用来中和非导体上的静电。尽管静电中和器不一定能把带电体上的静电完全中和掉,但可中和至安全范围以内。与抗静电添加剂相比,静电中和器具有不影响产品质量、使用方便等优点。静电中和器应用很广,种类很多。按照工作原理和结构的不同,大体上可以分为:

(1) 感应中和器。

感应中和器没有外加电源,一般由多组尾端接地的金属针及其支架组成。根据生产工艺过程的特点,中和器的金属针可以呈刷形布置,可以沿径向呈管形布置,也可以按其他方式布置。

(2) 外接电源中和器。

这种中和器由外加电源产生电场,当带有静电的生产物料通过该电场区域时,其上电荷发生定向移动而被中和和泄放;另外,外加电源产生的电场还可以阻止电荷的转移,减缓静电的产生;同时,外加高压电场对电介质也有电离作用,可加速静电电荷的中和和泄放。

(3) 放射线中和器。

这种中和器是利用放射性同位素的射线使空气电离,进而中和和泄放生产物料上积累的静电电荷。α射线、β射线、γ射线都可以用来消除静电。采用这种方法时,要注意防止射线对人体的伤害。

7. 人体的防静电措施

人体带电除了能使人体遭受电击和对安全生产造成威胁外,还能在精密仪器或电子元件生产过程中造成质量事故,因此必须解决人体带电对工业生产的危害。消除人体带静电的措施是：

(1) 人体接地。

在人体接地的场所，应装设金属接地棒。工作人员随时用手接触接地棒，以消除人体所带的静电。在坐着工作的场所，工作人员可佩戴接地的腕带。在防静电的场所入口处、外侧，应有裸露的金属接地物。在有静电危害的场所应注意着装，工作人员应穿戴防静电衣服、鞋和手套，不得穿化纤衣物。穿防静电鞋的目的是将人体接地。

(2) 工作地面导电化。

特殊危险场所的工作地面应是导电性的或应造成导电性条件。工作地面泄漏电阻的阻值，既要小到能防止人体静电积累，又要防止人体触电时不致受到伤害，故阻值要适当，一般为 $3 \times 10^4 \ \Omega \leq R \leq 10^6 \ \Omega$。

(3) 安全操作。

① 工作中应尽量不搞可使人带电的活动。

② 合理使用规定的劳动防护用品。

③ 工作时应有条不紊，避免急性动作。

④ 在有静电危险的场所不得携带与工作无关的金属物品。

⑤ 不准使用化纤材料制作的拖布或抹布擦洗物品及地面。

总之，化工企业的安全生产管理者应重视静电在化工生产中的危害，把静电的危害通过合理的安全措施给予消除，从而保证企业安全生产，避免事故的发生。

自　　测

一、选择题

1. 所有机器的危险部分，应(　　)来确保工作安全。
   A. 标上机器制造商名牌　　B. 涂上警示颜色　　C. 安装合适的安全防护装置
2. 机器防护罩的主要作用是(　　)。
   A. 使机器较为美观　　B. 防止发生操作事故　　C. 防止机器受到损坏
3. 金属切削过程中最有可能发生(　　)。
   A. 中毒　　B. 触电事故　　C. 眼睛受伤事故
4. 工人操作机械设备时，穿紧身适合工作服的目的是防止(　　)。
   A. 着凉　　B. 被机器转动部分缠绕　　C. 被机器弄污
5. (　　)不宜用来制作机械设备的安全防护装置。
   A. 金属板　　B. 木板　　C. 金属网
6. 在冲压机械中，人体受伤部位最多的是(　　)。
   A. 手和手指　　B. 脚　　C. 眼睛
7. 下列哪种伤害不属于机械伤害的范围？(　　)
   A. 夹具不牢固导致物件飞出伤人

B. 金属切屑飞出伤人

C. 红眼病

8. 手用工具不应放在工作台边缘是因为(　　)。

A. 取用不方便　　　　B. 会造成工作台超负荷　　C. 工具易于坠落伤人

9. 机器滚动轴卷有大量棉纱该(　　)。

A. 不需理会,待擦洗机器时再清洗

B. 关闭机器后清洗

C. 不需停机,用铁钩清理

10. 下列哪种操作是不正确的?(　　)

A. 戴褐色眼镜从事电焊

B. 操作机床时,戴防护手套

C. 借助推木操作剪切机械

11. 三线电缆中的红线代表(　　)。

A. 零线　　　　　　　B. 火线　　　　　　　C. 地线

12. 停电检修时,在一经合闸即可送电到工作地点的开关或刀闸的操作把手上,应悬挂如下哪种标示牌?(　　)

A. "在此工作"　　　　B. "止步,高压危险"　　C. "禁止合闸,有人工作"

13. 触电事故中,绝大部分是(　　)导致人身伤亡的。

A. 人体接受电流遭到电击　　B. 烧伤　　　　　　　C. 电休克

14. 如果触电者伤势严重,呼吸停止或心脏停止跳动,应竭力施行(　　)和胸外心脏挤压。

A. 按摩　　　　　　　B. 点穴　　　　　　　C. 人工呼吸

15. 电器着火时不能用下列哪种灭火方法?(　　)

A. 用四氯化碳或1211灭火器进行灭火

B. 用沙土灭火

C. 用水灭火

16. 静电电压最高可达(　　),可现场放电,产生静电火花,引起火灾。

A. 50伏　　　　　　　B. 数万伏　　　　　　C. 220伏

17. 漏电保护器的使用是防止(　　)。

A. 触电事故　　　　　B. 电压波动　　　　　C. 电荷超负荷

18. 长期在高频电磁场作用下,操作者会有什么不良反应?(　　)

A. 呼吸困难　　　　　B. 神经失常　　　　　C. 疲劳无力

19. 下列哪种灭火器适于扑灭电气火灾?(　　)

A. 二氧化碳灭火器　　B. 干粉灭火器　　　　C. 泡沫灭火器

20. 民用照明电路电压是以下哪种?(　　)

A. 直流电压220伏　　　B. 交流电压280伏　　　C. 交流电压220伏

21. 检修高压电动机时,下列哪种行为是错误的?(　　)

A. 先实施停电安全措施,再在高压电动机及其附属装置的回路上进行检修工作

B. 检修工作终结,需通电试验高压电动机及其启动装置时,先让全部工作人员撤离现场,再送电试运转

C. 在运行的高压电动机的接地线上进行检修工作

22. 下列有关使用漏电保护器的说法哪种正确?( )

A. 漏电保护器既可用来保护人身安全,还可用来对低压系统或设备的对地绝缘状况起到监督作用

B. 漏电保护器安装点以后的线路不可对地绝缘

C. 在日常使用中不可在通电状态下按动实验按钮来检验是否灵敏可靠

23. 雷电放电具有( )的特点。

 A. 电流大,电压高   B. 电流小,电压高   C. 电流大,电压低

24. 使用的电气设备按有关安全规程,其外壳应有什么防护措施?( )

 A. 无   B. 保护性接零或接地   C. 防锈漆

25. 下列电流中数值最大的是( )。

 A. 感知电流   B. 摆脱电流   C. 致命电流

26. 下面通电途径中对人体伤害最大的是( )。

 A. 从左手到右手   B. 从左脚到右脚

 C. 从左手到胸部   D. 从右手到胸部

二、简答题

1. 简述触电急救的安全要点。
2. 简述触电的防护措施。
3. 列举常见的防雷装置。
4. 日常生活中,雷雨天我们应该注意些什么?
5. 列举一些常见的静电防护措施。

第七章

劳动保护相关知识

学习要求
- 熟悉化学灼伤的急救
- 了解噪声的危害和防护措施
- 了解辐射的危害和防护措施

第一节　化学灼伤的急救

机体受热源或化学物质的作用，引起局部组织损伤，并进一步导致病理和生理改变的过程称为灼伤。按照发生原因的不同，灼伤可以分为化学灼伤、热力灼伤和复合性灼伤。这里我们着重了解一下化学灼伤的急救。

化学灼伤指强酸、强碱以及一些毒剂等接触皮肤引起人体的局部损伤。化学灼伤主要有酸、碱、溴、磷、酚等的灼伤，常见的症状是热痛，如不及时处理往往引起组织器官坏死，留下灼痕。化学灼伤比单纯的热力烧伤要复杂，由于化学物品本身的特性，造成对组织的损伤不同，所以在急救处理上各有其特点。

现就常见的几种化学灼伤分述如下：

一、强酸类

常见的强酸类如盐酸、硫酸、硝酸、王水（盐酸和硝酸）、石炭酸等，都具有强烈的刺激性和腐蚀作用，伤及皮肤时，因其浓度、液量、面积等因素不同而造成轻重不同的伤害。硫酸灼伤皮肤一般呈黑色；硝酸灼伤呈灰黄色；盐酸灼伤呈黄绿色。

酸与皮肤接触，立即引起组织蛋白的凝固使组织脱水，形成厚痂。厚痂的形成可以防止酸液继续向深层组织浸透，减少损害，对伤员健康极为有利。

皮肤被酸灼伤后，如为通过衣服浸透烧伤，应即刻脱去衣服，然后立即用大量流动清水冲洗皮肤（被浓硫酸沾污时切忌先用水冲洗，以免硫酸水合时强烈放热而加重伤势，应先用干抹布吸去浓硫酸，然后再用清水冲洗），彻底冲洗后可用2%～5%的碳酸氢钠溶液、淡石灰水或肥皂水进行中和。切忌未经大量流水彻底冲洗就用碱性药物在皮肤上直接中和,这样会加重皮肤的损伤。强酸溅入眼内,在现场立即就近用大量清水或生理盐水彻底冲洗。冲洗时应将头置于水龙头下,使冲洗后的水自伤眼的颞侧流下,这样既避免水直接冲眼球,又不至于使带酸的冲洗液进入另一眼,冲洗时应拉开上下眼睑,使酸不至于留存眼内和下穹窿中。如无冲洗设备,可将眼浸入盛清水的盆内,拉开下眼睑,摆动头部洗掉酸液,切忌因疼痛而紧闭眼睛。经上述处理后应立即送医院眼科治疗。

二、强碱类

常见的强碱类有苛性碱(氢氧化钾、氢氧化钠)、石灰等。强碱对组织的破坏力比强酸大,因其渗透性较强,深入组织使细胞脱水,溶解组织蛋白,形成强碱蛋白化合物而使伤面加深。

如果是碱性溶液浸透衣服造成的烧伤,应立即脱去受污染衣服,并用大量清水彻底冲洗伤处,至碱性物质消失为止。充分清洗后,可用1%～2%醋酸(或食醋)或3%硼酸溶液作为中和剂进行进一步冲洗。如果眼灼伤或者灼伤部位有较大的伤口,应先用大量流水冲洗,然后根据情况请医生采用其他措施处理。

三、磷

磷灼伤,在工农业生产中常能见到,在战时磷弹爆炸也常造成灼伤。磷及磷的化合物在空气中极易燃烧,氧化成五氧化二磷。伤面在白天能冒烟,夜晚可有磷光,这是磷在皮肤上继续燃烧的缘故。因此伤面多较深,而且磷是一种毒性很强的物质,被身体吸收后,能引起全身性中毒。

磷对肝脏具有很强的毒性,可引起肝细胞的坏死,肝脂肪性变;对血管损伤,可引起广泛的出血;对肾脏、心肌及神经都有毒性。

磷中毒病人一般表现为衰竭,头晕头痛,全身乏力,肝区疼痛、肿大,出现黄疸,肝功能不正常;尿少,尿检查出现红细胞、蛋白,也可以看到血尿,严重者尿闭;皮下毛细血管出血,可见到紫癜(红色的小出血点,压之不褪色)。肝脏受损严重者,可发生中毒性肝炎,急性黄色肝萎缩而致死。

急救处理的原则是灭火除磷,然后用有关液体包扎。如磷仍在皮肤上燃烧,应迅速灭火,用大量清水冲洗。冲洗后,再仔细察看局部有无残留磷质,也可在暗处观察,如有发光处,用小镊子夹剔除去,然后用浸透1%硫酸铜的纱布敷盖局部,以使残留磷生成黑色的二磷化三铜,然后再冲去。也可以用3%双氧水或5%碳酸氢钠溶液冲洗,使磷氧化为磷酐。一般烧伤多用油纱布局部包扎,但在磷灼伤时应禁用。因磷易溶于油类,会促使机体吸收而造成全身中毒。

对于全身中毒者,主要是采取保护肝脏的疗法,如静脉注射50%高渗葡萄糖液,或静脉点滴5%～10%的葡萄糖液,加入大量的维生素C,服用其他保肝药物如肝泰乐。肾脏损伤出现蛋白尿、血尿者,可应用碱性药物如碳酸氢钠注射,卧床休息。对出血者,应用维生素K。对出现休克或其他严重情况,进行对症处理。

四、溴灼伤

液溴和溴蒸气对皮肤和粘膜具有强烈的刺激性和腐蚀性。液溴与皮肤接触产生疼痛且易造成难以治愈的创伤,严重时会使皮肤溃烂。溴蒸气能引起流泪、咳嗽、头晕、头痛和鼻出血,重者死亡。

溴灼伤皮肤时,先用大量水冲洗,再用1体积氨水(25%)、1体积松节油和10体积乙醇(95%)混合液洗涤包扎。如不慎吸入溴蒸气,可吸入氨气和新鲜空气解毒。

五、酚灼伤

酚侵入人体后,分布到全身组织,透入细胞引起周身性中毒症状。酚直接损害心肌和毛细血管,使心肌变形和坏死。

皮肤被酚灼伤时应立即用30%~50%酒精揩洗数遍,再用大量清水冲洗干净,而后用硫酸钠饱和溶液湿敷4~6 h。由于酚用水冲淡1:1或2:1浓度时,在瞬间可使皮肤损伤加重而增加酚的吸收,故不可先用水冲洗污染面。

第二节 噪声的污染与治理

噪声是指人们在生产和生活中一切令人不快或不需要的声音。噪声除了令人烦躁外,还会降低工作效率,特别是需要注意力高度集中的工作,噪声的破坏作用会更大。在工业中,噪声会妨碍通讯,干扰警报讯号的接收,进而会诱发各类工业事故。人长期暴露在声频范围广泛的噪声中,会损伤听觉神经,甚至造成职业性失聪。为便于理解噪声的危害,首先介绍声音的物理量度。

一、声音的物理量度

声音是振源发生的振动在周围介质中传播,引起听觉器官或其他接受器反应而产生的。振源、介质、接受器是构成声音的3个基本要素。对声音的物理量度主要是音调的高低和声响的强弱。频率是音调高低的客观量度,而声压、声强、声功率和响度则反映出声响的强弱。

1. 频率

频率是指物体或介质每秒(单位时间)发生振动的次数,单位是Hz(赫兹)。频率越高,声音的音调也越高。正常人耳可听到的声音的频率范围为20~20 000 Hz。高于20 000 Hz的称为超声,低于20 Hz的称为次声,超声和次声人耳都听不到。一般语言频率在250~3 000 Hz。频率(f)可由波速和波长求出,即

$$f = \frac{v}{\lambda}(\text{Hz}) \tag{7-1}$$

式中 v 为波速,单位:$m \cdot s^{-1}$;λ 为波长,单位:m。

2. 声压和声压级

声压是介质因声波在其中传播而引起的压力扰动,声压的单位是 $N \cdot m^{-2}$。正常人耳

刚能听到的声音的声压为 2×10^{-5} N·m^{-2}，震耳欲聋的声音的声压为 20 N·m^{-2}，后者与前者之比为 10^6，两者相差百万倍。在这么大的声压范围内，用声压值来表示声音的强弱极不方便，于是引出了声压级的量来衡量。以听阈声压为基准声压，实测声压与基准声压之比平方的对数，称为声压级，单位是 B（贝尔），通常以其值的 1/10 即 dB（分贝）作为度量单位。声压级 L_p 的计算公式为

$$L_p = 10\lg\left(\frac{p}{p_0}\right)^2 \text{（dB）} \tag{7-2}$$

式中 p 为实测声压，单位：N·m^{-2}；$p_0 = 2\times 10^{-5}$ N·m^{-2}，为基准声压，即 1 000 Hz 纯音的听阈声压。

由式 (7-2) 可以看出，分贝值表示的是声压平方的对数值，因此，其值不能按算术加和法运算。在计算两个声音迭加的声压级时，不能声压迭加，只能是声压的平方迭加。例如，计算声压分别为 p_1 和 p_2 的两个声音迭加的声压级，可有

$$L_p = 10\lg\left(\frac{p_1^2 + p_2^2}{p_0^2}\right) \text{（dB）} \tag{7-3}$$

3. 声强和声强级

声强是指单位时间内，在垂直于声传播方向的单位面积上通过的声能量，其单位是 W·m^{-2}。以听阈声强值 10^{-12} W·m^{-2} 为基准声强，声强级 L_I 定义为

$$L_I = 10\lg\frac{I}{I_0} \text{（dB）} \tag{7-4}$$

式中 I 为实测声强，单位：W·m^{-2}；I_0 为基准声强，为 10^{-12} W·m^{-2}。

4. 声功率和声功率级

声功率是指声源在单位时间内向外辐射的声能量，单位是 W。以 10^{-12} W 为基准声功率，声功率级 L_W 可定义为

$$L_W = 10\lg\frac{W}{W_0} \text{（dB）} \tag{7-5}$$

式中 W 为实测声功率，单位：W；W_0 为基准声功率，为 10^{-12} W。

5. 响度和响度级

响度是人耳对外界声音强弱的主观感觉。响度与声压级有关，与声音频率高低也有密切关系。根据人耳对高频声敏感，对低频声不敏感的特点，仿照声压级的概念，可引出与频率有关的响度级，来描述人耳主观感觉的声音的量。响度级用 L_L 来表示，单位是 Phon（方）。选取频率为 1 000 Hz 的纯音作为基准声音，如果某声音听起来与这个纯音一样响，则该声音响度级的 Phon 值就等于这个纯音声压级的 dB 值。

由于响度级是以对数值表示的，所以在声响感觉上 80 Phon 并不比 40 Phon 响一倍。通常，声压级每增加 10 dB 感觉响一倍，这样又规定了响度，直接表示感觉的绝对量。响度的单位是 S（宋），用 S 表示。定义 40 Phon 为 1 S，每增加 10 Phon，响度值增加一倍。响度级与响度有以下关系

$$L_L = 40 + 33.3\lg S \tag{7-6}$$

利用与基准声音的比较，可以得到整个可听范围的纯音的响度级。人耳对高频声特别

是 2 000~5 000 Hz 的声音最为敏感,对低频声音则不敏感。在声学测量仪中,设置 A、B、C、D 这 4 个计权网络,对接受的声音按其频率有不同的衰减。C 网络是在整个可听频率范围内,有近乎平直的响应,对可听声的所有频率都基本不衰减,一般可代表总声压级。B 网络是模拟人耳对 70 Phon 纯音的响应,对 500 Hz 以下的低频段有一定的衰减。A 网络是模拟人耳对 40 Phon 纯音的响应,对低频段有较大的衰减,而对高频段则敏感,这正好与人耳对噪声的感觉一样。因此在噪声测量中,就用 A 网络测得的声压级表示噪声的大小,叫做 A 声级,记作 dB(A)。

二、噪声的分类与频谱分析

1. 噪声分类

噪声是由不同振幅和频率组成的不协调的嘈杂声。噪声有多种分类方法。按照频率特征和声强随时间变化的特点,噪声可分为以下几种类型:

(1) 连续宽频带噪声,如一般机械车间频率范围很宽的噪声。

(2) 连续窄频带噪声,如圆锯、刨床等声能集中在较窄频率范围内的噪声。

(3) 冲击噪声,如锻造、锤击等短促的连续冲击噪声以及铆接、清渣等的反复冲击噪声。

(4) 间歇噪声,如飞机、交通、排气等产生的噪声。

为了分析各种噪声的频率组成和相应的强度,通常用声压级随频率变化的图形来表示,称作频谱图。噪声根据其频谱特征可分为以下几种类型:

(1) 低频噪声:频谱中最高声压级分布在 350 Hz 以下。

(2) 中频噪声:频谱中最高声压级分布在 350~1 000 Hz 之间。

(3) 高频噪声:频谱中最高声压级分布在 1 000 Hz 以上。

2. 噪声频谱分析

工业上的机械噪声,由于声能连续地分布在广泛的频率范围内,形成连续频谱。在频谱分析时,通常把 20~20 000 Hz 的声频范围划分为 10 个频带,每个频带上下限之间的频率都相差约一倍,称作倍频带或倍频程。各个频带的中心频率和频带范围列于表 7-1。

表 7-1 倍频带范围表

中心频率/Hz	31.5	63	120	250	500
频带上下限/Hz	20~45	45~90	90~180	180~355	355~710
中心频率/Hz	1 000	2 000	4 000	8 000	16 000
频带上下限/Hz	710~1 400	1 400~2 800	2 800~5 600	5 600~11 200	11 200~22 100

三、噪声的危害与评价

1. 噪声的危害

产生噪声的作业,几乎遍及各个工业部门。噪声已成为污染环境的严重公害之一。化学工业的某些生产过程,如固体的输送、粉碎和研磨,气体的压缩与传送,气体的喷射及动机械的运转等都能产生相当强烈的噪声。当噪声超过一定值时,对人会造成明显的听觉损伤,并对神经、心脏、消化系统等会产生不良影响,而且噪声妨害听力、干扰语言,成为引发意外事故的隐患。

噪声会造成听力减弱或丧失。依据暴露的噪声的强度和时间,会使听力界限值发生暂时性的或永久性的改变。听力界限值暂时性改变,即听觉疲劳,可能在暴露强噪声后数分钟内发生,在脱离噪声后,经过一段时间休息即可恢复听力。长时间暴露在强噪声中,听力只能部分恢复,听力损伤部分无法恢复,会造成永久性听力障碍,即噪声性耳聋。噪声性耳聋根据听力界限值的位移范围,可有轻度(早期)噪声性耳聋,其听力损失值在 10~30 dB;中度噪声性耳聋的听力损失值在 40~60 dB;重度噪声性耳聋的听力损失值在 60~80 dB。爆炸、爆破时所产生的脉冲噪声,其声压级峰值高达 170~190 dB,并伴有强烈的冲击波。在无防护条件下,强大的声压和冲击波作用于耳鼓膜,使鼓膜内外形成很大压差,造成鼓膜破裂出血,双耳完全失去听力,此即爆震性耳聋。

噪声最广泛的反应是令人烦恼,并表现有头晕、恶心、失眠、心悸、记忆力衰退等神经衰弱症候群。噪声对心血管系统的影响,表现为血管痉挛、血压改变、心律不齐等。此外,噪声还会影响消化机能,造成消化不良、食欲不振等反应。

在强噪声下,人的注意力会分散,复杂作业或要求精神高度集中的工作会受到干扰。噪声会影响大脑思维、语言传达以及对必要声音的听力。

我国卫生部、国家劳动总局颁布的自 1981 年 1 月 1 日起试行的《工业企业卫生标准》规定,工业企业的生产车间和作业场所的工作地点的噪声标准为 85 dB(A)。这个标准是判断工矿企业噪声状况是否合格的主要依据。

四、噪声的预防与治理

噪声是由噪声源产生的,并通过一定的传播途径,被接受者接受,才能形成危害或干扰。因此,控制噪声的基本措施是消除或降低声源噪声、隔离噪声及接受者的个人防护。

1. 消除或降低声源噪声

工业噪声一般是由机械振动或空气扰动产生的。应该采用新工艺、新设备、新技术、新材料及密闭化措施,从声源上根治噪声,使噪声降低到对人无害的水平。

(1)选用低噪声设备和改进生产工艺。如用压力机代替锻造机,用焊接代替铆接,用电弧气刨代替风铲等。

(2)提高机械设备的加工精度和装配技术,校准中心,维持好动态平衡,注意维护保养,并采取阻尼减振措施等。

(3)对于高压、高速管道辐射的噪声,应降低压差和流速,改进气流喷嘴形式,降低噪声。

(4)控制声源的指向性。对环境污染面大的强噪声源,要合理地选择和布置传播方向。对车间内小口径高速排气管道,应引至室外,让高速气流向上空排放。

2. 噪声隔离

噪声隔离是在噪声源和接受者之间进行屏蔽、吸收或疏导,阻止噪声的传播。在新建、改建或扩建企业时,应充分考虑有效地防止噪声,采取合理布局及采用屏障、吸声等措施。

（1）合理布局。

应该把强噪声车间和作业场所与职工生活区分开；把工厂内部的强噪声设备与一般生产设备分开。也可把相同类型的噪声源，如空压机、真空泵等集中在一个机房内，既可以缩小噪声污染面积，同时也便于集中密闭化处理。

（2）利用地形、地物设置天然屏障。

利用地形如山岗、土坡等，地物如树木、草丛及已有的建筑物等，可以阻断或屏蔽一部分噪声的传播。种植有一定密度和宽度的树丛和草坪，也有助于噪声的衰减。

（3）噪声吸收。

利用吸声材料将入射到物质表面上的声能转变为热能，从而产生降低噪声的效果。一般可用玻璃纤维、聚氨酯泡沫塑料、微孔吸声砖、软质纤维板、矿渣棉等作为吸声材料。可以采用内填吸声材料的穿孔板吸声结构，也可以采用由穿孔板和板后密闭空腔组成的共振吸声结构。

（4）隔声。

在噪声传播的途径中采用隔声的方法是控制噪声的有效措施。把声源封闭在有限的空间内，使其与周围环境隔绝，如采用隔声间、隔声罩等。隔声结构一般采用密实、重质的材料，如砖墙、钢板、混凝土、木板等。对隔声壁要防止共振，尤其是机罩、金属壁、玻璃窗等轻质结构，具有较高的固有振动频率，在声波作用下往往发生共振，必要时可在轻质结构上涂一层损耗系数大的阻尼材料。

3. 噪声个人防护

护耳器的使用，对于降低噪声危害有一定作用，但只能作为一种临时措施。更有效地控制噪声，还要依靠其他更适宜的减少噪声暴露的方法。耳套和耳塞是护耳器的常见形式。护耳器的选择，应该把其对防噪声区主要频率相当的声音的衰减能力作为依据，以确保能够为佩带者提供充分的防护。护耳器使用者应该在个人防护要求、防护器的挑选和使用方面接受指导。护耳器在使用和存放期间应该防止污染，并定期对其进行仔细检查。

第三节 辐射的危害与防护

随着科学技术的进步，人们在工业中越来越多地接触和应用各种电磁辐射能和原子能。由电磁波和放射性物质所产生的辐射，根据其对原子或分子是否形成电离效应而分成两大类型，即电离辐射和非电离辐射。辐射对人体的危害和防护是现代工业中的一个新课题。随着各类辐射源日益增多，危害相应增大。因此，必须正确了解各类辐射源的特性，加强防护，以免作业人员受到辐射的伤害。

一、辐射线的种类与特性

1. 概述

不能引起原子或分子电离的辐射称为非电离辐射。如紫外线、红外线、射频电磁波、微波等，都是非电离辐射。而电离辐射是指能引起原子或分子电离的辐射。如 α 粒子、β 粒子、中子、X 射线、γ 射线的辐射，都是电离辐射。

2. 紫外线

紫外线在电磁波谱中界于 X 射线和可见光之间的频带，波长约为 $7.6 \times 10^{-9} \sim 4.0 \times 10^{-7}$ m。自然界中的紫外线主要来自太阳辐射、火焰和炽热的物体。凡物体温度达到 1 200 ℃ 以上时，辐射光谱中即可出现紫外线，物体温度越高，紫外线波长越短，强度越大。紫外线辐射按其生物作用可分为 3 个波段：

（1）长波紫外线辐射：波长 $3.20 \times 10^{-7} \sim 4.00 \times 10^{-7}$ m，又称晒黑线，生物学作用很弱。

（2）中波紫外线辐射：波长 $2.75 \times 10^{-7} \sim 3.20 \times 10^{-7}$ m，又称红斑线，可引起皮肤强烈刺激。

（3）短波紫外线辐射：波长 $1.80 \times 10^{-7} \sim 2.75 \times 10^{-7}$ m，又称杀菌线，作用于组织蛋白及类脂质。

3. 射频电磁波

任何交流电路都能向周围空间放射电磁能，形成有一定强度的电磁场。交变电磁场以一定速度在空间传播的过程，称为电磁辐射。当交变电磁场的变化频率达到 100 kHz 以上时，称为射频电磁场。射频电磁辐射包括 $1.0 \times 10^{2} \sim 3.0 \times 10^{7}$ kHz 的宽广的频带。射频电磁波按其频率大小分为中频、高频、甚高频、特高频、超高频、极高频 6 个频段。

射频电磁场场源周围存在 2 种作用场，即以感应为主的近区场和以辐射为主的远区场。以场源为中心，在距离为波长六分之一的距离内，统称为近区场。其作用方式为电磁感应，又称为感应场。在近区场内，电场和磁场强度不成比例，分布不均匀，电磁能量随着同场源距离的增大而比较快地衰减。在距场源六分之一波长以外的区域称为远区场。远区场以辐射状态出现，所以又称作辐射场。远区场电磁辐射衰减比较缓慢。

射频电磁场的强度（简称场强）与场源的功率成正比，与距场源的距离成反比，同时也与屏蔽和接地程度以及空间内有无金属天线、构筑物或其他能反射电磁波的物体有关。金属物体在电磁场作用下，产生感生电流，致使其周围又产生新的电磁场，从而形成二次辐射。

4. 电离辐射粒子和射线

（1）粒子和射线。

α 粒子是放射性蜕变中从原子核中射出的带正电荷的质点，它实际上是氦核，有 2 个质子和 2 个中子，质量较大。α 粒子在空气中的射程为几厘米至十几厘米，穿透力较弱，但有很强的电离作用。常用的来源为钋 210 和镭 226 等。

β 粒子是由放射性物质射出的带负电荷的质点，它实际上是电子，带一个单位的负电荷，在空气中的射程可达 20 m。β 粒子的电离作用较弱，但穿透力很强，能穿透 6 mm 厚的铅板或 25 mm 厚的木板。常用的来源为碳 14、钙 45、磷 33。

中子是放射性蜕变中从原子核中射出的不带电荷的高能粒子，有很强的穿透力，与物质作用能引起散射和核反应。

X 射线和 γ 射线为波长很短的电离辐射，X 射线的波长为可见光波长的十万分之一，而 γ 射线的波长又为 X 射线的万分之一。两者都是穿透力极强的放射线。γ 射线在空气中的射程为数百米,能穿透几十厘米厚的固体物质。X射线的常用来源为X射线机,γ射线的常用来源为镭、碘31、钴60及高能量X射线机。

(2) 电离辐射剂量。

电离辐射剂量D是辐射量单位,指受辐射人体单位质量所吸收的放射能量值,可表示为

$$D = \frac{E}{M} \tag{7-7}$$

式中E为被照物吸收的总能量,单位:10^{-7} J;M为被照物的总质量,单位:g。

X射线和γ射线的辐射剂量单位是R(伦琴)。在标准状况(0 ℃,101.325 kPa)下,通过1 cm³的干燥空气形成2.082×10^9个离子对的X射线或γ射线的辐射剂量称为1伦琴。这相当于1 g空气或组织吸收的辐射能量为83×10^{-7} J。

等能伦是伦琴的物理当量,也称为物理当量伦。X射线和γ射线以外的放射线,若使1 g组织吸收的辐射能为83×10^{-7} J,则该射线的辐射剂量为1等能伦。

等效伦或称生物当量伦,又名人体伦琴单位当量。不管何种射线照射人体,所产生的效果如果和1伦琴X射线(或γ射线)相当,则称该射线的照射剂量为1个人体伦琴单位当量。

二、非电离辐射的危害与防护

1. 紫外线的危害与防护

紫外线可直接造成眼睛和皮肤的伤害。眼睛暴露于短波紫外线中,能引起结膜炎和角膜溃疡,即电光性眼炎。强紫外线短时间照射眼睛即可致病,潜伏期一般在0.5~24 h,多数在受照后4~24 h发病。首先出现两眼怕光、流泪、刺痛、异物感,并带有头痛、视觉模糊、眼睑充血、水肿。长期暴露于小剂量的紫外线中,可发生慢性结膜炎。

不同波长的紫外线,可被皮肤的不同组织层吸收。波长2.20×10^{-7} m以下的短波紫外线几乎可全部被角化层吸收。波长$2.20 \times 10^{-7} \sim 3.30 \times 10^{-7}$ m的中短波紫外线可被真皮和深层组织吸收。红斑潜伏期为数小时至数天。

空气受大剂量紫外线照射后,能产生臭氧,对人体的呼吸道和中枢神经都有一定的刺激,对人体造成间接伤害。

在紫外线发生装置或有强紫外线照射的场所,必须佩带能吸收或反射紫外线的防护面罩及眼镜。此外,在紫外线发生源附近可设立屏障,或在室内和屏障上涂以黑色,可以吸收部分紫外线,减少反射作用。

2. 射频辐射的危害与防护

射频电磁场的能量被机体吸收后,一部分转化为热能,即射频的致热效应;一部分则转化为化学能,即射频的非致热效应。射频致热效应主要是机体组织内的电解质分子在射频电场作用下,使无极性分子极化为有极性分子,有极性分子由于取向作用,则从原来无规则排列变成沿电场方向排列。由于射频电场的迅速变化,偶极分子随之变动方向,产生振荡而发热。在射频电磁场作用下,体温明显升高。对于射频的非致热效应,即使射频电磁场强度较低,接触人员也会出现神经衰弱、植物神经紊乱症状,表现为头痛、头晕、神经兴奋性增强、

失眠、嗜睡、心悸、记忆力衰退等。

在射频辐射中,微波波长很短,能量很大,对人体的危害尤为明显。微波除有明显致热作用外,对机体还有较大的穿透性。尤其是微波中波长较长的波,能在不使皮肤热化或只有微弱热化的情况下,导致组织深部发热。深部热化对肌肉组织危害较轻,因为血液作为冷媒可以把产生的一部分热量带走。但是内脏器官在过热时,由于没有足够的血液冷却,有更大的危险性。

微波引起中枢神经机能障碍的主要表现是头痛、乏力、失眠、嗜睡、记忆力衰退、视觉及嗅觉机能低下。微波对心血管系统的影响,主要表现为血管痉挛、张力障碍症候群,初期血压下降,随着病情的发展血压升高。长时间受到高强度的微波辐射,会造成眼睛晶体及视网膜的伤害。低强度微波也能导致视网膜病变。

对于射频辐射的最高允许照射强度的标准,目前我国尚未颁布。参照国外有关标准,对中、短波波段,场强的最高允许标准可定为电场强度不超过 20 $V \cdot m^{-1}$,磁场强度不超过 5 $A \cdot m^{-1}$;对于超短波段,电场强度不超过 5 $V \cdot m^{-1}$。对于微波波段的允许照射标准,可参考卫生部、原机械工业部的部颁标准确定。

防护射频辐射对人体危害的基本措施是减少辐射源本身的直接辐射、屏蔽辐射源、屏蔽工作场所、远距离操作以及采取个人防护等。在实际防护中,应根据辐射源及其功率、辐射波段以及工作特性,采用上述单一或综合的防护措施。

三、电离辐射的危害与防护

1. 电离辐射的危害

电离辐射对人体的危害是超过允许剂量的放射线作用于机体的结果。放射性危害分为体外危害和体内危害。体外危害是放射线由体外穿入人体而造成的危害,X 射线、γ 射线、β 粒子和中子都能造成体外危害。体内危害是由于吞食、吸入、接触放射性物质,或通过受伤的皮肤直接侵入体内造成的。

在放射性物质中,能量较低的 β 粒子和穿透力较弱的 α 粒子由于能被皮肤阻止,不致造成严重的体外伤害。但电离能力很强的 α 粒子,当其侵入人体后,将导致严重伤害。电离辐射对人体细胞组织的伤害作用,主要是阻碍和伤害细胞的活动机能及导致细胞死亡。

人体长期或反复受到允许放射剂量的照射会导致人体细胞改变机能,出现白血球过多、眼球晶体浑浊、皮肤干燥、毛发脱落和内分泌失调;较高剂量能造成贫血、出血、白血球减少、胃肠道溃疡、皮肤溃疡或坏死。在极高剂量放射线作用下,造成的放射性伤害有以下 3 种类型:

(1) 中枢神经和大脑伤害:主要表现为虚弱、倦怠、嗜睡、昏迷、震颤、痉挛,可在 2 周内死亡。

(2) 胃肠伤害:主要表现为恶心、呕吐、腹泻、虚弱或虚脱,症状消失后可出现急性昏迷,通常可在 2 周内死亡。

(3) 造血系统伤害:主要表现为恶心、呕吐、腹泻,但很快好转,约 2~3 周无病症之后出现脱发、经常性流鼻血、再度腹泻,造成极度憔悴,2~6 周后死亡。

2. 放射线最大允许剂量

(1) 自然本底照射。

即使不从事放射性作业,人体也不能完全避免放射性辐射。这是由于自然本底照射的结果。每人每年接受宇宙射线约 35 mR;接受大地放射性物质的射线约 100 mR;接受人体内的放射性物质的射线约 35 mR。以上 3 个方面是自然本底照射的基本组成,总剂量为每人每年约 170 mR。

(2) 最大允许剂量。

国际上规定的最大允许剂量的定义为:在人的一生中,即使长期受到这种剂量的照射,也不会发生任何可觉察的伤害。中国 1974 年颁发的《辐射防护规定》中,对内、对外照射的年最大允许剂量列于表 7-2。

表 7-2 内、外照射的年最大允许剂量[①]

分类	器官名称	职业放射性工作人员/雷姆[②]	放射性工作场所临近地区人员/雷姆
第一类	全身、性腺、红骨髓、眼晶体	5	0.5
第二类	皮肤、骨、甲状腺	30	3[③]
第三类	手、前臂、足、踝骨	75	7.5
第四类	其他器官	15	1.5

注:① 表内所列数值均指内、外照射的总剂量当量,不包括自然本底照射和医疗照射。
② 雷姆:生物伦琴当量。
③ 16 岁以下少年甲状腺的限制剂量当量为 1.5 雷姆/年。

3. 电离辐射的防护

(1) 缩短接触时间。

从事或接触放射线的工作,人体受到外照射的累计剂量与暴露时间成正比,即受到射线照射的时间越长,接受的累计剂量越大。为了减少工作人员受照射的剂量,应缩短工作时间,禁止在有射线辐射的场所作不必要的停留。在剂量较大的情况下工作,尤其是在防护较差的条件下工作,为减少受照射时间,可采取分批轮流操作的方法,以免长时间受照射而超过允许剂量。

(2) 加大操作距离或实行遥控。

放射性物质的辐射强度与距离的平方成反比,即

$$\frac{I_1}{I_2}=\frac{d_2^2}{d_1^2} \tag{7-8}$$

式中 I_1 为距辐射源距离 d_1 时的辐射强度,I_2 为距辐射源距离 d_2 时的辐射强度。

式(7-8)表明,工作人员在一定的时间内所接受的剂量与距离的平方成反比。因此,采取加大距离、实行遥控的办法,可以达到防护的目的。

(3) 屏蔽防护。

在从事放射性作业、存在放射源及贮存放射性物质的场所,采取屏蔽的方法是减少或消除放射性危害的重要措施。屏蔽的材质和形式通常根据放射线的性质和强度确定。屏蔽 γ 射线常用铅、铁、水泥、砖、石等。屏蔽 β 射线常用有机玻璃、铝板等。

弱β射线放射性物质,如碳14、硫35、氢3,可不必屏蔽;强β射线放射性物质,如磷35,则要以1 cm厚塑胶或玻璃板遮蔽;当发生源发生相当量的二次X射线时便需要用铅遮蔽。γ射线和X射线的放射源要在有铅或混凝土屏蔽的条件下贮存,屏蔽的厚度根据放射源的放射强度和需要减弱的程度而定。

水、石蜡或其他含大量氢分子的物质,对遮蔽中子放射线有效,若屏蔽量少时,也可使用隔板。遮蔽中子可产生二次γ射线,在计算屏蔽厚度时,应予考虑。

（4）个人防护服和用具。

在任何有放射性污染或危险的场所,都必须穿工作服、戴胶皮手套、穿鞋套、戴面罩和目镜。在有吸入放射性粒子危险的场所,要携带氧气呼吸器。在发生意外事故导致大量放射污染或被多种途径污染时,可穿供给空气的衣套。

（5）操作安全事项。

合理的操作程序和良好的卫生习惯,可以减少放射性物质的伤害。其基本要点为:

① 为减少破损或泄漏,应在受容盘或双层容器上操作。工作台上应覆盖能吸收或黏附放射物的材料。

② 采用湿法作业,并避免放射物经常转移。不得用嘴吸移液,手腕以下有伤口时,不应操作。用过的吸管、搅拌棒、烧杯及其他器皿,应放在吸收物质上,不得放在工作台上,更不能在放射区外使用。

③ 放射性物质应存放在有屏蔽的安全处所,易挥发的化学物质应放在通风良好处。为防止因破损而引起污染,所有装放射物的瓶子都应贮存在大容器或受容盘内。

④ 在放射物作业场所,严禁饮食和吸烟。人员离开放射物作业场所,必须彻底清洗身体的暴露部分,特别是手,要用肥皂和温水洗净。

（6）信号和报警设施。

对于辐射区或空气中具有放射活性的地区,以及在搬运、贮存或使用超过规定量的放射性物质时,都应严格按规定设置明显警告标志或标签。在所有高辐射区都要有控制设施,使进入者可能接受的剂量减少至每小时100 mR以下,并设置明显的警戒信号装置。在发生紧急事故时,所有人员应立即安全撤离。应设置自动报警系统,使所有受到紧急事故影响的人都能听到撤离警报。

自　　测

一、选择题

1. 个体防护用品只能作为一种辅助性措施,不能被视为控制危害的(　　)。
   A. 可靠手段　　　　B. 主要手段　　　　C. 有效手段
2. 安全帽应保证人的头部和帽体内顶部的空间距离至少有(　　)才能使用。
   A. 20 mm　　　　　B. 25 mm　　　　　C. 32 mm
3. 从事噪声作业应佩戴什么防护用品？(　　)

A. 工作服　　　　　　B. 安全帽　　　　　　C. 耳塞或耳罩

4. 下列哪一种手套适用于防硫酸？（　　）

A. 棉手套　　　　　　B. 橡胶手套　　　　　C. 毛手套

5. 防止毒物危害的最佳方法是（　　）。

A. 穿工作服

B. 佩戴呼吸器具

C. 使用无毒或低毒的代替品

6. 人类正常耳朵所听到的声音频率范围是？（　　）

A. 200 Hz～300 kHz　　B. 100 Hz～200 kHz　　C. 20 Hz～20 kHz

7. 我国《工业企业噪声卫生标准》规定了生产车间和作业场所的噪声标准是（　　）。

A. 65 dB　　　　　B. 85 dB　　　　　C. 105 dB　　　　　D. 125 dB

二、简答题

简述化学灼伤的救护方法。

第八章 安全分析与评价

学习要求
- 了解安全分析和评价的目的
- 了解常见的安全评价方法及其应用

第一节 系统危险性分析

一、危险性及其表示方法

所谓危险性是指对于人身和财产造成危害和损失的事故发生的可能性。危险性本身含有许多不确定的因素。这是因为生产过程中的许多因素是随机的,而且危险的程度也是难以确定的。此外,同装置运行可靠性有关的故障数据资料还不完备,对于系统危险性的判定还不能提供充分的数据依据。因此对于危险性,应探求用定量的方法加以表述,即确定危险性的尺度。

一般是以事故频率和损失严重度作为危险性的尺度。即根据经验和统计,找出一定的时间内危险性可能导致事故的次数,即事故频率;另一方面是确定事故造成的人员伤亡和财产损失的数值,即损失严重度。二者之间的乘积称为危险率或风险率,可表示为

$$危险率 = 严重度 \times 频率 = \frac{损失额}{事故次数} \times \frac{事故次数}{单位时间} = \frac{损失额}{单位时间}$$

为了满足危险性评价的需要,必须引入量的概念,而危险率就可以满足这方面的要求。所谓定性评价,就是对生产活动中的危险性进行系统的、不遗漏的检查,根据检查结果作出大致的评价。为便于管理,也可以按其重要程度作概略的分级。所谓定量评价,就是在定性评价的基础上,以统计方法得到的频率数据,如各种事故频率、设备零部件故障率等,比较精确地计算出危险率或风险率。然后把计算出的危险率与可接受的危险率进行比较,确定被评价对象危险状况是否在允许范围之内。

在评价危险性时,除去危险率以外,还有一个重要评价指标,即死亡概率。在一定的统计样本中,死亡概率可表示为

$$死亡概率 = \frac{死亡人数}{年数 \times 总人数}$$

世界上许多事件的发生,经过统计会发现一定的规律性。例如,人的死亡概率便是自然规律。这个规律是由人的机体固有的特性以及生活环境、医疗保健等条件决定的。人们普遍承认各个寿命阶段存在的这种规律。所有生产系统都有一定的危险率,这与工作性质、环境条件和管理因素有关。对此,也可以采用自然死亡率的统计方法,利用长年积累的资料,得出为人们所能接受的事故发生概率。例如,1971年美国国内发生约1 500万次汽车事故,造成5万人死亡,美国总人口以20 000万计,则在该年度美国每个人在汽车事故中的年死亡概率为2.5×10^{-4}。但美国人为了享受汽车的便利,承认这样的风险是可以接受的。

不同产业的死亡概率,表示出了其危险性的差异。表8-1列出了英国统计资料显示的英国各产业每人每年的死亡概率。

表8-1 英国各产业的年死亡概率

产业种类	化学工业	钢铁工业	渔业	煤炭工业	建筑业	飞机乘员	产业平均
死亡概率	6.75×10^{-5}	1.54×10^{-4}	6.72×10^{-4}	7.68×10^{-4}	1.28×10^{-3}	4.80×10^{-3}	7.68×10^{-5}

死亡概率在10^{-3}数量级的产业或部门,与人的自然死亡概率相当,操作危险性极高,必须立即采取措施予以改进;死亡概率在10^{-4}数量级的产业或部门,其操作为中等程度危险,应采取改进措施;死亡概率在10^{-5}数量级的产业或部门和游泳或煤气中毒的死亡概率属同一数量级,人们对此比较关心,也愿采取措施加以预防;死亡概率在10^{-6}数量级的产业或部门,相当于地震或天灾的死亡概率,人们并不担心这类事故的发生;死亡概率在$10^{-7} \sim 10^{-8}$数量级的产业或部门,相当于陨石坠落伤人,没有人愿为此投资加以预防。

二、危险性分析的基本要素

对大量事故的调查分析结果表明,导致灾难性事故的原因基本可分为两大类型:一是由于不安全的状态引起,另一则是由于不安全的行为所致。具体地说就是物的原因、人的原因和环境条件3个方面。为了预防灾难性的事故发生,就应当从消除事故主要原因着手,进行危险性分析和预测。

1. 物的原因

导致事故的物的原因主要是设备、装置结构不良,强度较低,磨损和恶化;存在有毒有害物质及火灾爆炸危险性物质;安全装置及防护器具的缺陷等因素。此外,对各种机械、装置、设备、管道等在整个系统中的地位和作用,它们在什么条件下会发生故障,这些故障对系统安全会产生哪些影响,以及有毒有害及危险性物质的贮存、运输和使用的状况,都应该进行具体分析,以便于防范和控制。

2. 人的原因

导致事故的人的原因主要是误判断、误操作;违章指挥、违章作业;精神不集中、疲劳及身体缺陷等。根据统计资料,由于人的失误造成的事故占事故总数的75%~90%。化工厂半数以上的重大火灾和爆炸事故是由于误操作造成的。所谓误操作,是指在生产活动中,作业人员在操作或处理异常情况时,对情况的识别、判断和行动上严重失误。在危险性大的生产作业中,保持作业人员处于良好的精神状态,是避免事故的重要环节。

3. 环境条件

导致事故的环境条件主要是作业环境中的照明、色彩、温度、湿度、通风、噪声、振动以及由于邻近的火灾爆炸和有毒有害物质的泄漏弥散等所形成的次生灾害。

三、危险性分析的步骤和方法

1. 分析步骤

危险性分析一般按以下步骤进行：

（1）危险性辨识：通过以往的事故经验，或对系统进行解剖，或采用逻辑推理的方法，把评价系统的危险性辨识出来。

（2）找出危险性导致事故的概率及事故后果的严重程度。

（3）一般以以往的经验或数据为依据，确定可接受的危险率指标。

（4）将计算出的危险率与可接受的危险率指标比较，确定系统的危险性水平。

（5）对危险性高的系统，找出其主要危险性并进一步分析，寻求降低危险性的途径，将危险率控制在可接受的指标之内。

2. 分析方法

近年来，国内外大型企业都在探索科学的适合自己特点的危险性分析方法。目前已实行的方法有：

（1）检查表（Check List）。

（2）危险预先分析（Preliminary Hazards Analysis）。

（3）可操作性研究（Operability Study）。

（4）故障类型、影响及致命度分析（Failure Mode，Effects and Criticality Analysis，缩写为 FMECA）。

（5）道化学公司（Dow's Chemical Company）化工装置评价法。

（6）事故树分析（Fault Tree Analysis，缩写为 FTA）。

（7）事件树分析（Event Tree Analysis，缩写为 ETA）。

第二节 故障类型、影响及致命度分析

故障类型、影响及致命度分析（FMECA）是一种归纳分析方法，用于系统安全性和可靠性的分析，尤其是在设计阶段充分考虑并提出所有可能发生的故障，分析故障的类型和严重程度，判明其对系统的影响和发生的概率等。这种方法通常分为两部分，即故障类型及影响分析（FMEA）和致命度分析（CA）。

一、故障类型及影响分析

故障类型及影响分析是采用系统分割的方法，根据需要把系统分割成子系统或进一步分割成元件。首先逐个分析元件可能发生的故障和故障类型，进而分析故障对子系统乃至整个系统的影响，最后采取措施加以解决。

1. 故障类型

所谓故障是指元件、子系统、系统在运行时不能完成设计规定的功能。并不是所有故障对系统都有影响,只是其中有些故障会影响系统任务的完成或造成事故损失。元件发生故障时,其表现形式不尽相同,因而呈现不同的故障类型。例如,阀门故障有内部泄漏、外部泄漏、打不开、关不紧4种类型。它们都会对子系统甚至系统产生不同程度的影响。

不同故障类型所引起的子系统或系统障碍有很大不同,因而在研究处理措施时应按轻重缓急区别对待。为此对故障类型应进行等级划分。故障类型一般分为以下4个等级:

(1) 1级,灾害:造成人员伤亡和系统损坏。
(2) 2级,危险:造成一定程度伤害和主要系统损失。
(3) 3级,临界:造成轻伤和次要系统损失。
(4) 4级,安全:不造成人员和系统伤损。

2. 故障率

故障率是指单位时间发生故障的次数。有了故障率数据,就可以计算事件或系统的故障概率。表8-2 是各类设备、机械和装置的故障率示例。

表 8-2 各类设备、机械和装置的故障率示例

项目(一次性灾害)	故障率	项目(一次性灾害)	故障率
一、容器类(引燃导致火灾、爆炸)		(5) 4 kW 以下电动机(修理需要 4 h)	10^{-2}
1. 法兰盘、焊接部分		(6) 0.8 kW 的电动机(修理需要 2~4 h)	10^{-1}
(1) 机械设备振动大	10^{-3}	四、计量设备有关部分	
(2) 机械设备有振动	10^{-4}	(1) 1 次控制系统故障	10^{-1}
(3) 机械设备无振动	10^{-5}	(2) 2 次控制系统故障	10^{-2}
2. 螺纹接口部分		(3) 1 次停止系统和警报故障	10^{-1}
(1) 机械设备振动大	10^{-2}	(4) 2 次停止系统和警报故障	10^{-2}
(2) 机械设备有振动	10^{-3}	(5) 安全阀(规范操作)	10^{-3}
(3) 机械设备无振动	10^{-4}	(6) 安全阀(频繁操作)	10^{-1}
3. 有腐蚀、磨损部分		(7) 防爆膜	10^{-3}
(1) 机械设备振动大	10^{-1}	五、装置灾害	
(2) 机械设备有振动	10^{-2}	(1) 无明显火源,防爆设备附近泄漏可燃气引燃	10^{-3}
(3) 机械设备无振动	10^{-3}		
4. 油封、可燃气少许泄漏		(2) 同上范围,闪点低于 45 ℃ 的油和超过闪点的过热油引燃	10^{-2}
(1) 油封(泵、搅拌机)	10^{-3}		
(2) 其他(重大事故为 10 倍)	10^{-2}	(3) 同上范围,闪点为 15 ℃ ~ 95 ℃ 的油引燃	10^{-3}
二、机械设备			
(1) 修理需 10 天以上的	10^{-3}	(4) 同上范围,闪点高于 95 ℃ 的油引燃	10^{-4}
(2) 修理需 1 天的	10^{-2}		
(3) 修理需 4 h 的	10^{-1}	(5) 在产生静电和明火的范围分别为上述的 10 倍	
三、电气设备			
(1) 要求停电 4 h 以下的配电部件	10^{-2}	六、装置输入故障	
(2) 主配电变压器	10^{-3}	1. 电力	
(3) 19 kW 以上电动机(修理需要 36 h)	10^{-3}	(1) 暂时停电	10^{-3}
(4) 4~19 kW 电动机(修理需要 24 h)	10^{-3}	(2) 停电 8 h 以内	10^{-4}

续表

项目(一次性灾害)	故障率	项目(一次性灾害)	故障率
(3) 停电 8 h 以上	10^{-5}	4. 蒸汽	
2. 工业用水		(1) 短时间	10^{-3}
(1) 短时间	10^{-3}	(2) 长时间	10^{-4}
(2) 长时间	10^{-4}	七、压缩空气	
3. 气体燃料		(1) 瞬间	10^{-3}
(1) 短时间	10^{-4}	(2) 短时间	10^{-4}
(2) 长时间	10^{-5}	(3) 长时间	10^{-5}

注：故障率：故障次数$/10^6$ h。

3. 分析程序

分析时首先要熟悉有关资料，从设计说明书中了解系统的组成、任务情况，查出系统含有多少子系统，各个子系统又含有多少单元或元件，弄清它们之间的相互关系、相互干扰以及输入输出等情况。分析一开始，就要根据所了解的系统情况，决定分析到什么水平。分析程度太浅，有可能漏掉故障类型；分析程度过深，程序过于繁杂，也会给措施制定带来困难。

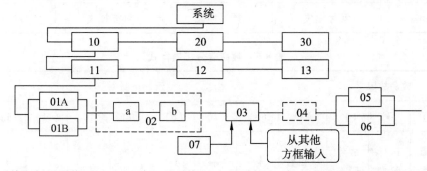

(1) 系统包括子系统 10、20、30；(2) 子系统 10 包括组件 11、12、13；(3) 组件 11 包括元件 01A、01B、02、03、04、05 和 06；(4) 元件 01A 和 01B 相同，是冗余设计；(5) 元件 02 由 a 及 b 组成，只用一个编码；(6) 从功能上看，元件 03 同时受到 07 和来自其他系统的影响；(7) 元件 05、06 是备用回路，05 发生故障，06 即投入运行；(8) 正常运行时，元件 07 不工作

图 8-1 可靠性框图

为了说明系统的功能和传输情况以及系统、子系统和元件之间的层次关系，可用可靠性框图表示系统状况，如图 8-1 所示。可靠性框图与工艺流程图不同，它只是表示系统和子系统之间的输入输出情况。参照可靠性框图，根据过去的经验和有关的故障资料，列出所有的故障类型，填入 FMEA 表格内。表 8-3 给出了故障类型影响分析表格的典型模式。从表格中选出对子系统乃至系统有影响的故障类型，深入分析其影响后果、故障等级及应采取的措施。对危险性特别大的故障类型，如故障等级为 1 级，则要进行致命度分析。

表 8-3 故障类型影响分析表样式

(1) 分析项目	(2) 功能	(3) 故障类型	(4) 推断原因	(5) 影响		(6) 检测方法	(7) 故障等级	(8) 备注
				子系统	系统			

二、致命度分析

对于特别危险的故障类型,如故障等级是 1 级的故障类型,有可能导致人身伤亡或全系统损坏。因此对这类元件要特别注意,可采用称为致命度的分析方法(CA),进一步分析。致命度分析一般是与故障类型影响分析合用。致命度指数 C_r 的计算公式如下:

$$C_r = \sum_{n=1}^{j} (\alpha\beta k_A k_E \lambda_G t 10^6)_n$$

式中 n 为致命故障类型序号;j 为致命故障类型总数;k_A 为实际运行修正系数;k_E 为环境修正系数;λ_G 为 $10^6 h$ 致命故障次数;t 为运行周期,h;α 为该故障类型在总故障中所占的比例;β 为该故障造成致命影响的发生概率。β 值与致命影响的关系如表 8-4 所示。表 8-5 是致命度分析表格样式。

表 8-4 β 值与致命影响的关系

发生概率 β 值	$\beta = 1.00$	$0.10 \leq \beta < 1.00$	$0.00 < \beta < 0.10$	$\beta = 0.00$
致命影响	实际损失	预计损失	可能损失	没有影响

表 8-5 致命度分析表样式

(1)	致命故障			致命度计算								
	(2)	(3)	(4)	(5)	(6)	(7)	(8)	(9)	(10)	(11)	(12)	(13)
项目编号	故障类型	运行阶段	故障影响	项目数	k_A	k_E	λ_G	数据来源	运转周期	α	β	C_r

三、应用实例

现以柴油机燃料系统为例进行 FMECA 分析。柴油机燃料系统可分为 5 个子系统,即燃料供应子系统、燃料压送子系统、燃料喷射子系统、驱动装置、调速装置。图 8-2 为其可靠性框图。

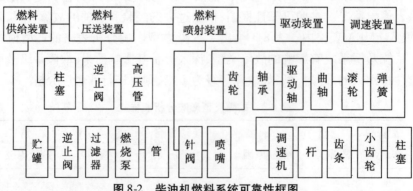

图 8-2 柴油机燃料系统可靠性框图

作为示例,仅就燃料供应子系统和燃料压送子系统进行故障类型影响分析。这两个子系统的分析材料分别列于表8-6和表8-7。

表8-6 燃料供应子系统故障类型影响分析

子系统名称	元件名称	故障类型	发生原因	影响 燃料系统	影响 柴油机	等级
燃料供应子系统	1.1 贮罐	1. 泄漏	(1) 裂缝 (2) 材料缺陷 (3) 焊接不良	功能不全	运转时间变短有发生火灾可能	2
		2. 混入不纯物	(1) 维修缺陷 (2) 选材错误	功能不全	运转时会发生问题	2
	1.2 单向阀	1. 泄漏	(1) 垫片不良 (2) 污垢 (3) 加工不良	功能不全	运转时间变短有发生火灾可能	2
		2. 关不严	(1) 污垢 (2) 阀头划伤 (3) 加工不良	功能失效	停车时会出问题	3
		3. 打不开	(1) 污垢 (2) 阀头锈住 (3) 加工不良	功能失效	不能运转	1
	1.3 过滤器	1. 堵塞	(1) 维修不良 (2) 燃料欠佳 (3) 结构不良	功能不全	运转时会出问题	2
		2. 溢流	(1) 结构不良 (2) 维修不良	功能不全	运转时会出问题	2
	1.4 燃料泵	1. 泵膜缺陷	(1) 有洞 (2) 有伤 (3) 安装不良	功能失效	不能运转	1
		2. 泵膜不动	(1) 结构不良 (2) 零件缺陷 (3) 安装不良	功能失效	不能运转	1
	1.5 管路	1. 泄漏	(1) 材料不良 (2) 焊接不良	功能不全	运转会发生故障	2
		2. 接头破损	(1) 焊接不良 (2) 零件不良 (3) 安装不良	功能失效	不能运转	1

表 8-7 燃料压送子系统故障类型影响分析

子系统名称	元件名称	故障类型	发生原因	影响 燃料系统	影响 柴油机	等级
燃料压送子系统	2.1 柱塞泵	1. 泄漏	(1) 间隙过大 (2) 表面粗糙 (3) 装配不良	功能不全	运转会发生故障	2
		2. 间隙过大	(1) 检修缺陷 (2) 加工不良 (3) 材质不良 (4) 装配不良 (5) 维护不良	功能不全	运转会发生故障	2
		3. 咬住	(1) 污垢 (2) 装配缺陷 (3) 间隙过小	功能失效	不能运转	1
		4. 燃料回流不良	(1) 柱塞沟不良 (2) 污垢 (3) 柱塞孔不良	功能不全	运转会发生偏差	3
	2.2 单向阀	1. 关不死	(1) 污垢 (2) 阀杆受伤 (3) 弹簧断	功能不全	运转会发生故障	2
		2. 打不开	(1) 阀材质不良 (2) 阀杆咬住	功能丧失	不能运转	1
	2.3 高压管线	焊缝破裂	(1) 焊接不良 (2) 加工不良 (3) 安装不良	功能丧失	不能运转	1

从各个子系统的 FMECA 分析表可以查出柴油机燃料系统故障等级为 1 级的部位和故障类型,从而可以确定整个系统采取措施的重点。汇总各个子系统等级为 1 级的故障类型,可列出整个系统的致命度分析表,如表 8-8 所示。

表 8-8 柴油机燃料系统致命度分析

序号	名称	类型	影响	等级	序号	名称	类型	影响	等级
1.2	单向阀	打不开	系统不运转	1	2.3	高压管线	焊缝破裂	系统不运转	1
1.4	燃料泵	泵膜缺陷	系统不运转	1	3.1	针形阀	咬住	系统不运转	1
		泵膜不动	系统不运转	1	4.1	齿轮	不转动	系统不运转	1
1.5	管路	接头破损	系统不运转	1	4.2	轴承	咬住	系统不运转	1
2.1	柱塞泵	咬住	系统不运转	1	4.3	驱动轴	折断	系统不运转	1
2.2	单向阀	打不开	系统不运转	1	5.1	调速机	摆动	系统不运转	1

第三节 道化学公司火灾爆炸危险指数评价方法

自1964年道化学公司评价方法第一版发行以来,经过数次改进,火灾爆炸危险指数已发展成为能够给出单一工艺单元潜在火灾、爆炸损失相对值的综合指数。道化学公司评价方法是以物质系数为基础,加上一般和特殊工艺的危险附加系数,计算出装置的火灾爆炸指数。1987年道化学公司推出了化工装置危险评价方法第六版,调整了物质系数,增加了毒性补充内容,简化了附加系数和补偿系数的计算方法。1995年又推出了第七版,更新了物质系数,增添了几个图的曲线方程。这一节将简单介绍上述第七版的内容。

一、物质系数

道化学公司提出的物质系数 MF 的定量方法不是采用理论方法计算,而是由全美消防协会(NFPA)的易燃性等级及物质稳定性状况确定的。物质的 MF 值如表8-9所示。

表8-9 物质的 MF 值

物 质	MF值	物 质	MF值	物 质	MF值
乙醛	24	氨	4	醋酸丁酯	16
醋酸	14	硝酸铵	29	丙烯酸丁酯	24
醋酐	14	醋酸戊酯	16	正丁胺	16
丙酮	16	硝酸戊酯	10	溴丁烷	16
丙酮合氰化氢	24	苯胺	10	氯丁烷	16
乙腈	16	氯酸钡	14	2,3-环氧丁烷	24
乙酰氯	24	硬脂酸钡	4	丁基醚	16
乙炔	29	苯甲醛	10	特丁基过氧化氢	40
乙酰乙醇氨	14	苯	16	硝酸丁酯	29
过氧化乙酰	40	苯甲酸	14	胺氯	29
乙酰水杨酸	16	醋酸苄酯	4	氰化氢	24
乙酰柠檬酸三丁酯	4	苄醇	4	羟基胺	29
丙烯醛	19	苄基氯	14	六氯二苯醚	14
丙烯酰胺	24	过氧化苯甲酰	40	六氯丁二烯	14
丙烯酸	24	双酚A	14	异丁烷	21
丙烯腈	24	溴	1	异丁醇	16
烯丙醇	16	溴苯	10	异戊烷	21
烯丙胺	16	邻溴甲苯	10	异丙醇	16
烯丙基溴	16	1,3-丁二烯	24	乙酸异丙酯	16
烯丙基氯	16	丁烷	21	二氯丙烷	21
烯丙醚	24	1-丁醇	16	异丙醚	16
氯化铝	24	1-丁烯	21	异丁胺	16

续表

物 质	MF值	物 质	MF值	物 质	MF值
异丁基氯	16	一氧化碳	21	二异丁烯	16
异戊间二烯	24	氯气	1	二异丙苯	10
异丙烯基乙炔	24	二氧化氯	40	无水二甲胺	21
异丙胺	21	氯乙酰氯	14	2,2-二甲基丙醇	16
喷气燃料A&JP-5-6	10	氯苯	16	二硝基苯	40
喷气燃料B&JP-4	16	氯仿	1	2,4-二硝基酚	40
过氧化月桂酰	40	氯甲乙醚	14	二氧戊环	24
月桂溴	4	1-氯-1-硝基乙烷	29	二苯醚	4
月桂基硫醇	4	邻氯酚	10	二丙二醇	4
润滑油	4	三氯硝基甲烷	29	二乙烯基醚	24
马来酸酐	14	氯丙烷	21	二乙烯基苯	24
镁	14	氯苯乙烯	24	硼酸甲酯	16
甲烷	21	香豆素	24	碳酸二甲酯	16
甲醇	16	异丙基苯	16	甲基环戊二烯	14
醋酸甲酯	16	异丙基过氧化氢	40	甲酸甲酯	21
甲基乙炔	24	氨基氰	29	甲基丙烯酸甲酯	24
甲胺	21	环丁烷	21	2-甲基丙烯醛	24
甲基溶纤剂	10	环己烷	16	甲基、乙烯基酮	24
氯甲烷	21	环己醇	10	石脑油	16
甲基氯醋酸	14	环丙烷	21	萘	10
甲基环己烷	16	DER*331	14	硝基乙烷	29
甲基醚	21	二氯苯	10	硝化甘油	40
甲基乙基酮	16	1,2-二氯乙烷	24	硝基甲烷	40
甲肼	24	1,3-二氯丙烯	16	硝基丙烷	29
甲基异丁基酮	16	2,3-二氯丙烯	16	2-硝基甲苯	29
甲硫醇	21	3,5-二氯水杨酸	24	硝基苯	14
甲基苯乙烯	14	二氯苯乙烯	24	硝基双酚	14
矿物油	4	过氧化二枯烯	29	硝基氯化苯	4
氯化苯	16	二聚环戊二烯	16	辛烷	16
一乙醇胺	10	柴油	10	辛硫醇	10
甲基丙烯醛	24	二乙醇胺	4	油酸	4
丙烯酸甲酯	24	二乙基胺	16	戊烷	21
过氧化醋酸特丁酯	40	间二乙苯	10	氧己环	16
过氧化苯甲酸特丁酯	40	碳酸二乙酯	16	过醋酸	40
过氧化特丁酯	29	二甘醇	4	酚	10
碳化钙	24	二乙基醚	21	高氯酸钾	14
二硫化碳	21	过氧化二乙基	40	丙烷	21

续表

物　质	MF 值	物　质	MF 值	物　质	MF 值
炔丙醇	29	环氧乙烷	29	氯酸钠	24
炔丙基溴	40	氨丙啶	29	高氯酸钠	14
丙烯	21	硝酸乙酯	40	过氧化钠	14
二氯丙烯	16	乙胺	21	重铬酸钠	14
丙二醇	4	苯甲酸乙酯	4	氢化钠	24
氧化丙烯	24	乙基丁基碳酸酯	14	保险粉	24
吡啶	16	氯甲酸乙酯	16	硬脂酸	4
2-甲基吡啶	14	2-乙基己醛	14	苯乙烯	24
粗石油	16	乙硫醇	21	硫	4
丙醛	16	乙醚	21	二氧化碳	1
1,3-丙二酰胺	16	乙基丁基胺	16	氯化硫	14
醋酸丙酯	16	丁酸乙酯	16	四氯苯	4
丙醇	16	甲酸乙酯	16	甲苯	16
丙胺	16	乙二醇二甲醚	10	三丁胺	10
丙苯	16	乙二醇-乙醇酯	4	三氯苯	4
丙基氯	16	乙基丙基醚	16	三氯乙烯	10
丙醚	16	甲醛	21	三氯乙烷	4
硝酸丙酯	29	甲酸	10	三乙基胺	16
高氯酸	29	氟苯	16	三乙醇胺	14
道氏载热体 A	4	燃油 1#~6#	10	三甲基胺	21
道氏载热体 G	4	呋喃	21	三丙基胺	10
道氏载热体 HT	4	氟	40	三甘醇	4
道氏载热体 LF	4	甘油	4	三乙基铝	29
乙烯基乙炔	29	乙醇腈	14	三异丁基铝	29
1,2-二氯乙烷	16	汽油	16	三甲基铝	29
3-氯-1,2-环氧丙烷	24	庚烷	16	三异丙基苯	4
乙烷	21	己烷	16	乙烯基醋酸酯	24
乙醇胺	10	己醛	16	乙烯基乙炔	29
醋酸乙酯	16	无水肼	29	乙烯基丙基醚	24
丙烯酸乙酯	24	氢	21	乙烯基丁基醚	24
乙醇	16	硫化氢	21	氯乙烯	24
乙苯	16	(40%~60%)过氧化氢	14	乙烯基环己烯	24
乙基溴	4	氯酸钾	14	乙烯基乙基醚	24
乙基氯	21	硝酸钾	29	二氯乙烯	24
乙烯	24	高氯酸钾	14	甲苯乙烯	24
碳酸乙酯	14	过氧化钾	214	乙苯	16
乙二胺	10	钾	24	硬脂酸锌	4
乙二醇	4	钠	24	氯酸锌	14

有些物质上表中未列出,可按表 8-10 所列方法求出。在该方法中,易燃气体和液体的物质系数根据全美消防协会易燃性等级 N_f 及物质稳定性指数 N_r 确定;可燃性粉尘或烟雾的物质系数则根据全美消防协会爆炸指数 S_t 及物质稳定性指数 N_r 确定。物质稳定性指数 N_r 表示的是:$N_r=0$,燃烧条件下仍保持稳定;$N_r=1$,加温加压条件下稳定性较差;$N_r=2$,非加温条件下不稳定;$N_r=3$,非封闭状态下能发生爆炸;$N_r=4$,敞开环境中能发生爆炸。

表 8-10 不同物质的 MF 值

易燃性气体、液体(包括挥发性固体)	NFPA	$N_r=0$	$N_r=1$	$N_r=2$	$N_r=3$	$N_r=4$
暴露在 816 ℃ 热空气中 5 min 不燃烧	$N_f=0$	1	14	24	29	40
$FP>93.3$ ℃	$N_f=1$	4	14	24	29	40
37.8 ℃ $\leq FP \leq 93.3$ ℃	$N_f=2$	10	14	24	29	40
22.8 ℃ $\leq FP < 37.8$ ℃,或 $FP<22.8$ ℃ 且 $BP>37.8$ ℃	$N_f=3$	16	16	24	29	40
$FP<22.8$ ℃ 且 $BP>37.8$ ℃	$N_f=4$	21	21	24	29	40
可燃性粉尘或烟雾						
S_t-1 ($K_{St} \leq 20.0$ MPa·m·s^{-1})		16	16	24	29	40
S_t-2 ($K_{St}=20.1 \sim 30.0$ MPa·m·s^{-1})		21	21	24	29	40
S_t-3 ($K_{St}>30.0$ MPa·m·s^{-1})		24	24	24	29	40

注:FP 为闭杯闪点;BP 为常压沸点;K_{St} 值是带强点火源的 16 L 或更大密闭容器测定的(见 NFPA 泄漏指南)。

二、单元工艺危险系数

将单元的工艺条件进行分类,分别归入一般工艺危险和特殊工艺危险栏目,求出相应的危险系数。进而由一般工艺危险系数和特殊工艺危险系数,可计算出单元工艺危险系数。一般工艺危险系数和特殊工艺危险系数分别列于表 8-11 和表 8-12。

表 8-11 一般工艺危险系数 F_1

基 本 系 数		1.00	基 本 系 数		1.00
工艺过程	工艺条件	附加系数	工艺过程	工艺条件	附加系数
放热反应	轻微 中等 临界 剧烈	0.3 0.5 1.0 1.25	物料贮运	液化石油气 N_f 为 3 或 4 的可燃气液体 N_f 为 3 的可燃固体 闪点 38 ℃ ~60 ℃ 的液体	0.5 0.85 0.4 0.25
吸热反应	任何吸热反应 固、液、气供热 a. 煅烧 b. 电解 c. 热裂与热解 电加热或截热体加热 明火直接加热	0.2 0.4 0.4 0.2 0.2 0.4	封闭结构	处理超过闪点的可燃液体 同上述条件但量超过 4.5 t 处理超过沸点的可燃液体 同上述条件但量超过 4.5 t	0.3 0.45 0.6 0.9
			通路	操作区域大于 925 m^2 操作区域小于 925 m^2	0.35 0.2
			排放和泄漏	一般情况	0.5

表 8-12　特殊工艺危险系数 F_2

基 本 系 数		1.00	基 本 系 数		1.00
工艺过程	工艺条件	附加系数	工艺过程	工艺条件	附加系数
毒性物质	N_h=0 无毒且可燃 N_h=1 有轻微毒害 N_h=2 急性危害需医疗监护 N_h=3 可致急性中毒和慢性影响 N_h=4 可造成死亡或严重伤害	$0.2 \times N_h$	腐蚀	年腐蚀速度小于 0.5 mm 年腐蚀速度在 0.5~1 mm 间 年腐蚀速度小于 0.5 mm 有断裂危险的应力腐蚀 有防腐衬里装置	0.1 0.2 0.5 0.75 0.2
爆炸极限内或附近操作	N_f 为 3 或 4 的可燃液体贮罐 闪点以上贮存液体且不封闭 运载可燃液体的船舶、槽车 在爆炸极限内或附近操作	0.5 0.5 0.3 0.8	轴封和接头处泄漏	有轻微泄漏 有周期性泄漏 操作温度、压力周期性变化 介质为渗透剂或浆状研磨剂 有玻璃视镜、膨胀节装置	0.1 0.3 0.3 0.4 1.50
低温操作		0.2~0.3			
明火设备		1.00	传动设备		0.5

注：N_h 为全美消防协会的毒性等级符号。

把评价单元的工艺过程与表 8-11 对照，即可得到相应项的一般工艺危险附加系数。把这些附加系数相加，再加上基本系数 1，即可得到评价单元的一般工艺危险系数 F_1。

与一般工艺危险系数计算类似，把评价单元的工艺过程与表 8-12 对照，即可得到相应项的特殊工艺危险附加系数。把这些附加系数相加，再加上基本系数 1，即可得到评价单元的特殊工艺危险系数 F_2。

一般工艺危险系数 F_1 与特殊工艺危险系数 F_2 相乘，便可得到评价单元工艺危险系数 F_3，即

$$F_3 = F_1 \times F_2$$

三、安全设施补偿系数

设计时除了按照有关规范标准的安全要求设计外，还应考虑一些专用的安全设施或冗长设计以增进工艺的安全性。有了这些，工艺危险性可以得到补偿而降低。由此引入了补偿系数的概念。补偿系数与附加系数不同，后者反映危险性的增加，而前者是为了抵消危险性。不同安全设施的补偿系数如表 8-13 所示。

把评价单元的安全设施与表 8-13 对照，即可得到相应设施的补偿系数。把这些补偿系数相乘，即为评价单元的补偿系数 C，即

$$C = C_1 \times C_2 \times C_3$$

表 8-13　安全设施的补偿系数

类　别	安全设施	补偿系数	类　别	安全设施	补偿系数
工艺控制 (C_1)	紧急状态动力源	0.98	防火设施 (C_3)	泄漏气体检测装置	0.94~0.98
	骤冷装置	0.97~0.99		钢质结构	0.95~0.98
	抑爆装置	0.84~0.98		地下贮罐	0.84~0.91
	紧急切断装置	0.96~0.99		供水系统	0.84~0.91
	计算机控制	0.93~0.99		特殊灭火系统	0.91
	惰性气体保护系统	0.94~0.96		自动洒水系统	0.74~0.97
	操作仪表	0.91~0.99		防火水幕	0.97~0.98
	化学活性物质评价	0.91~0.98		泡沫灭火装置	0.92~0.97
隔离措施 (C_2)	远距离控制阀	0.94~0.98		手提式灭火器/水枪	0.95
	切断/排放装置	0.95~0.98		电缆屏蔽	0.94~0.98
	排污系统	0.91~0.97			
	联锁装置	0.98			

四、单元危险与损失评价

在"一"中介绍了物质系数 MF 的确定,在"二"和"三"中分别提出了单元工艺危险系数 F_3 及安全设施补偿系数 C 的计算方法。至此,单元评价的架构已基本形成。为便于循序计算,首先给出单元评价程序框图,如图 8-3 所示。

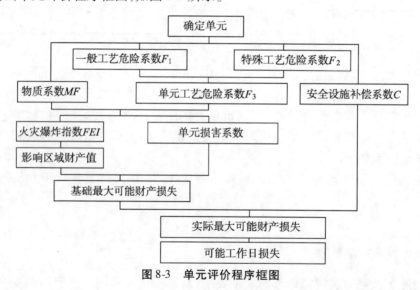

图 8-3　单元评价程序框图

由图 8-3 可见,火灾爆炸指数、单元损害系数及其以下各项尚待计算。下面逐一说明它们的计算方法:

1. 火灾爆炸指数和影响区域的确定

单元工艺危险系数 F_3 与物质系数 MF 相乘便可得到火灾爆炸指数 FEI,即

$$FEI = F_3 \times MF$$

火灾和爆炸影响区域与事故设备的位置、风向、排污系统的布置等因素有关。但当评价单元内设备尺寸不是很大时,影响半径可以从设备中心算起。图 8-4 绘出了影响半径-火灾

爆炸指数曲线。应用图8-4,由火灾爆炸指数可查出影响半径,从而可以确定影响区域。

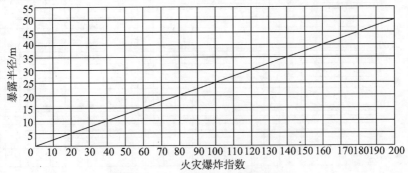

图8-4 影响半径-火灾爆炸指数图

2. 单元损害系数的确定

单元损害系数由单元工艺危险系数 F_3 和物质系数 MF 确定,它表示出了工艺单元中危险物质的能量释放造成的火灾爆炸事故的全部效应。图8-5为单元损害系数-物质系数图。对于 F_3 值超过8.0时,F_3 按最大系数8.0计算。

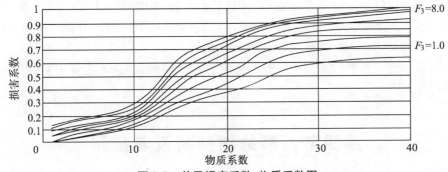

图8-5 单元损害系数-物质系数图

3. 各种损失的计算

(1) 基本最大可能财产损失(基本 MPPD)。

确定了火灾爆炸影响区域,即可应用该区域的设备(包括建筑物)价值及单元损害系数,计算出基本最大可能财产损失,计算公式为

基本 MPPD = 0.82 × 单元损害系数 × 影响区域财产值 × 价格上涨因素

式中0.82是指道路、地下管线、基础等扣除后的价值。

(2) 实际最大可能财产损失(实际 MPPD)。

基本 MPPD 与安全设施补偿系数相乘,即可计算出实际 MPPD,即

实际 MPPD = 基本 MPPD × 安全设施补偿系数

(3) 最大可能工作日损失(MPDO)和停产损失(BI)。

最大可能工作日损失 MPDO 可应用实际 MPPD 由图8-6查出。由最大可能工作日损失可以估算出停产损失(BI)。BI 为

$$BI = VPM \times (MPDO/30) \times 0.70$$

式中 VPM 为月产值;0.70代表固定成本和利润。

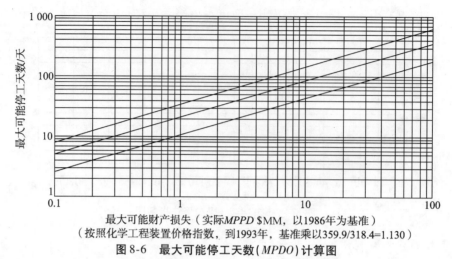

图8-6 最大可能停工天数($MPDO$)计算图

图8-6中有三条斜线,最下面的斜线为最大可能停工天数($MPDO$)在70%可能范围的下限,其值为 lg($MPDO$) = 1.045 515 + 0.610 426 × lg(实际 $MPPD$);最上面的斜线为最大可能停工天数($MPDO$)在70%可能范围的上限,其值为 lg($MPDO$) = 1.550 233 + 0.598 416 × lg(实际 $MPPD$);中间的斜线为最大可能停工天数($MPDO$)在70%可能范围的正常值,为 lg($MPDO$) = 1.325 132 + 0.592 471 × lg(实际 $MPPD$)。

可根据实际最大可能财产损失和最大可能工作日损失,结合本企业的实际情况进行安全状况的评定。

第四节 事故树分析及其应用

一、事故树分析概述

1. 事故树分析进展

1961年,为了评价民兵式导弹控制系统的安全,Bell实验室的Watson首次提出了事故树分析的概念。波音公司的分析人员改进了事故树分析技术,使之便于应用数字计算机进行定量分析。在随后的十年中,特别是航天工业在该项分析技术的精细化和应用方面,取得了巨大进展。

某化学公司在1970年前就已发现,事故树分析适于间歇系统,但要将其用于化工过程安全,还要作进一步的开发。1970年,适于连续过程的方程开发成功,加速了事故树分析应用的进展。Powers及其同事提出了事故树的自动生成程序,将其用于化学加工工业,并对计算机辅助事故树合成作了描述。

事故树分析描述了事故发生和发展的动态过程,便于找出事故的直接原因和间接原因及原因的组合。可以用其对事故进行定性分析,辨明事故原因的主次及未曾考虑到的隐患;也可以进行定量分析,预测事故发生的概率。但事故树分析是数学和专业知识的密切结合,事故树的编制和分析需要坚实的数学基础和相当的专业技能。

2. 结果-原因逆向分析程序

事故树是事故发展过程的图样模型,是从已发生或设想的事故结果即顶端事件用逻辑推理的方法寻找造成事故的原因。事故树分析与事故形成过程方向相反,所以是逆向分析程序。事故树编程步骤如下:

(1) 确定分析系统的顶端事件。

(2) 找出顶端事件的各种直接原因,并用"与门"或"或门"与顶端事件连接。

(3) 把上一步找出的直接原因作为中间事件,再找出中间事件的直接原因,并用逻辑门与中间事件连接。

(4) 反复重复步骤(3),直到找出最基本的原因事件。

(5) 绘制事故树图并进行必要的整理。

(6) 确定各原因事件的发生概率,按逻辑门符号进行运算,得出顶端事件的发生概率。

(7) 对事故进行分析评价,确定改进措施。

如果数据不足,步骤(6)可以免去,可直接由(5)到(7),得出定性结论。

二、事故树编制

1. 事故树符号

事故树分析符号,是用长方形表示基本事件,即顶端和中间事件(top and middle events);用圆表示独立的不需要展开的事件,即树或分支的末端事件(end event);用尖顶平底内有"·"符号的图形表示与门(and gate);用尖顶凹(或平)底内有"+"符号的图形表示或门(or gate)。

2. 资料准备

对分析系统而言,至少要熟悉系统的流程图、配管及仪表控制图,对其中的设备、介质流动、控制系统和传感器要有清楚的了解。下面是一些必需的资料:

(1) 设备:名称、功能、常规操作条件、特性等。

(2) 介质流动:流动开始和终点设备、常规操作条件、特性等。

(3) 控制器:名称、功能、输入传感器、控制设备、模式、形式、特性等。

(4) 传感器:名称、功能、输入开始信号、输出终了信号、形式、特性等。

(5) 物料的物理性质和化学性质。

3. 编树过程

事故树编制是由结果向原因的逆向演绎过程。下面以苯硝化制硝基苯工艺中的热硝酸冷却过程为例进行说明。硝酸温度过高会造成苯的剧烈硝化反应,所以把去反应器前的硝酸温度偏高作为顶端事件。热硝酸冷却流程如图8-7所示。

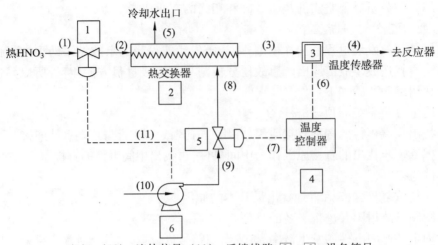

(1)~(10): 流体信号;(11): 反馈线路; ①~⑥: 设备符号

图 8-7 带有温度负反馈及前馈泵停车系统的硝酸冷却器

为了说明工艺变量的偏离,令 T、p 和 M 分别表示温度、压力和流量;"+"和"-"表示偏离方向;0、1 和 10 表示偏离的大小,即无偏离、中等偏离和很大偏离。由流程图可见,顶端事件为 $T4$ 偏高,即 $T4(+1)$。由于 $T4$ 和 $T3$ 是相等的,故有

$$T4(+1)$$
$$|$$
$$T3(+1)$$

进而讨论是什么原因导致 $T3(+1)$。从流程图粗看起来,可能有 4 个原因,即硝酸流量增加,$M2(+1)$;硝酸入口温度高,$T2(+1)$;冷却水少,$M8(-1)$;冷却水温度高,$T8(+1)$。这些原因任何一个都有可能造成 $T3(+1)$,因此,它们与 $T3(+1)$ 的连接方式应该是或门,即

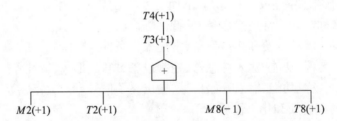

现在审查上述第一层的树是否正确。由于负反馈作用会调节 $M2(+1)$,使之不会造成 $T4(+1)$,同样的 $T2(+1)$、$T8(+1)$ 也不会造成 $T4(+1)$,只有 $M8(-1)$ 才会使顶端事件出现。这是因为 $M8$ 本身是温度控制系统的一部分。在 $T4(+1)$ 的情况下,自动调节 $M8(+1)$ 是正常现象。但 $M8(-1)$ 出现,则说明控制失效,这时 $M2(+1)$、$T2(+1)$ 或 $T8(+1)$ 也可构成 $T4(+1)$ 的原因。其次,如果 $M2$、$T2$ 或 $T8$ 偏离量很大,则不能通过自动控制抵消它们。所以可把事故树延伸为

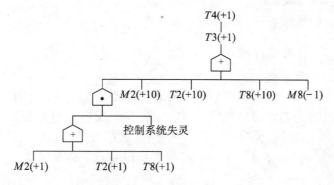

现进一步分析 $M8(-1)$。假定冷却水控制阀是气动的,气压大,则开度大。$P7(-1)$ 或 $P9(-1)$ 则会造成 $M8(-1)$。如不是这样,则只有把阀装反了。所以只有 3 个原因可造成 $M8(-1)$。因此可得

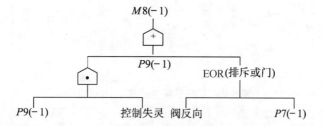

EOR 是排斥或门,说明 $P7(-1)$ 与阀反向在导致 $M8(-1)$ 的结果上只能有一个出现。从 $P7(-1)$ 往下推导,会发现原因 $P6(-1)$,再往下推为 $T4(-1)$,这与设定的 $T4(+1)$ 矛盾,因而 $P7(-1)$ 不能成立。

$P9$ 的降低是由于 $P10$ 的降低或泵停车。泵停车能启动热硝酸的停车系统,只有二者都失效的情况下才会有 $T4(+1)$。另外,仪表空气丧失会造成整个自控系统失灵。还有与 $M2$、$T2$、$T8$ 对应的变量为 $M1$、$T1$、$T10$,其值相同。为此可得简化事故树图,如图 8-8 所示。

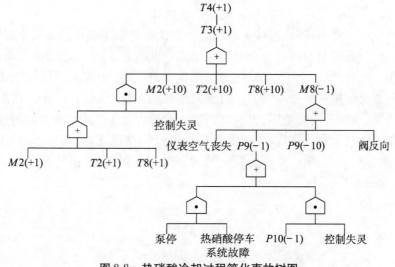

图 8-8 热硝酸冷却过程简化事故树图

三、事故树实例

1. 环氧乙烷合成爆炸事故树图

(1) 工艺流程简述。

原料乙烯、纯氧和循环气经预热后进入列管式固定床反应器,乙烯在银触媒下选择氧化生成环氧乙烷;副反应是乙烯深度氧化生成二氧化碳。反应气经热交换器冷却后进入环氧乙烷吸收塔,用循环水喷淋洗涤,吸收环氧乙烷。未被吸收的气体经二氧化碳吸收塔除去副反应生成的二氧化碳后,再经循环压缩机返回氧化反应器。环氧乙烷生产工艺流程简图如图8-9所示。

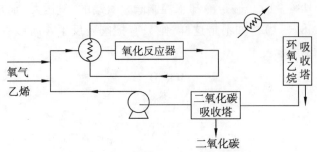

图8-9 环氧乙烷生产工艺流程简图

(2) 工艺条件及危险因素。

反应温度:环氧乙烷合成和副反应都是强放热反应,反应温度通常控制在220 ℃~280 ℃。反应温度较高时,易使环氧乙烷选择性降低,副反应增加。

反应压力:环氧乙烷合成过程中,主反应体积减小,而副反应体积不变,所以可加压操作,加快主反应速度,提高收率。但压力过高,易使环氧乙烷聚合及催化剂表面积炭,影响催化剂寿命。操作压力通常为1~3 MPa。

原料配比:乙烯在氧气中的爆炸极限为2.9%~79.9%,混合气中氧的最大安全含量(体积分数)为10.6%。在原料气中,一般乙烯含量(体积分数)为12%~30%,氧的含量(体积分数)不大于10%,其余为二氧化碳和惰性气体。

由上述情况可以看出,环氧乙烷生产过程中发生爆炸的主要危险是发生异常化学反应、超过设备压力允许范围引起的。混合可燃气爆炸浓度的上下限,与混合气的温度、压力和组成有关。如压力上升,爆炸上下限都将扩大;温度上升,则下限扩大。惰性气体或循环气的减少都会导致混合气中氧的浓度增大。对于与爆炸范围关联的温度、压力和组成都必须严格按设定值控制,并避开爆炸范围,否则就会使生产过程处于危险状态。这种危险主要是气相反应中氧气浓度达到爆炸极限,在起爆源存在下发生燃烧或爆炸。再分析工艺过程中固有的起爆源,如静电火花、明火及可能发生的局部火灾等因素,便可绘制出环氧乙烷合成爆炸事故树图,如图8-10所示。

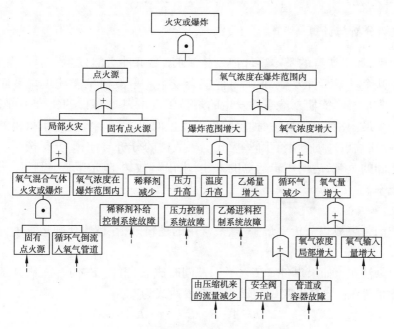

图 8-10　环氧乙烷合成爆炸事故树图

2. 高氯酸火灾、爆炸事故树图

高氯酸钠法制高氯酸的流程为：氯酸钠经电解生成的高氯酸钠与盐酸发生复分解反应,滤出结晶,再经蒸馏即可得到高氯酸。高氯酸生产原料极不稳定,受摩擦、冲击、遇热及火花,易发生燃烧和爆炸。氯酸钠与盐酸混合,能生成有毒和易爆的二氧化氯气体。高氯酸与浓硫酸或醋酸酐混合,能够脱水生成无水高氯酸。超过一水的高氯酸(浓度在 85% 以上),在高于室温的条件下,能自行分解并猛烈爆炸。根据以上分析,可绘制出高氯酸火灾、爆炸事故树图,如图 8-11 所示。

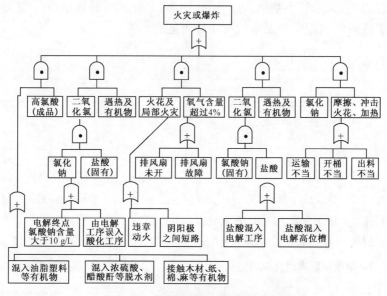

图 8-11　高氯酸火灾、爆炸事故树图

四、事故树分析与计算

在事故树中,如果所有的基本事件都发生,则顶端事件必然发生。但是在多数情况下,只要某个或某几个基本事件发生,顶端事件就会发生。事故树中能使顶端事件发生的基本事件的集合称为割集。能使顶端事件发生的最低限度的基本事件的集合则称为最小割集。事故树中每一个最小割集都对应一种顶端事件发生的可能性。确定了事故树的所有最小割集,就可以明确顶端事件的发生有哪些模式。事故树的分析与计算,就是按照事故树所标示的各个事件之间的关系,运用逻辑运算的方法,求出事故树的所有最小割集,并计算出顶端事件的发生概率。

1. 逻辑运算方法

与门和或门是事故树分析中最基本、最常用的逻辑门,在逻辑代数运算中分别表示逻辑乘和逻辑加。

(1) 逻辑乘法则:如果事件 $A,B,C,\cdots,K$ 同时成立,事件 T 才成立,则 $A,B,C,\cdots,K$ 的逻辑运算称作事件的"与",也叫做逻辑积。其表达式为

$$T = A \cdot B \cdot C \cdot \cdots \cdot K$$

(2) 逻辑加法则:如果事件 $A,B,C,\cdots,K$ 任意一个成立,事件 T 就成立,则 $A,B,C,\cdots,K$ 的逻辑运算称作事件的"或",也叫做逻辑和。其表达式为

$$T = A + B + C + \cdots + K$$

在逻辑代数运算中常用的几个运算定律为:

(1) 分配律:$A \cdot (B+C) = (A \cdot B) + (A \cdot C)$;$A + (B \cdot C) = (A+B) \cdot (A+C)$
(2) 幂等律:$A + A = A$;$A \cdot A = A$
(3) 吸收律:$A + A \cdot B = A$;$A \cdot (A+B) = A$

图 8-12 和图 8-13 是两个事故树逻辑运算示例。图 8-12 的事故树有 12 个最小割集,而图 8-13 的事故树只有 3 个最小割集。这表明,图 8-12 事故树的顶端事件发生有 12 种可能性,而图 8-13 事故树的顶端事件发生只有 3 种可能性。

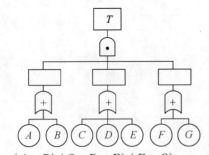

$T = (A+B)(C+D+E)(F+G)$
$= ACF + ACG + BCF + BCG + ADF + ADG$
$+ BDF + BDG + AEF + AEG + BEF + BEG$

图 8-12 事故树逻辑运算事例(1)

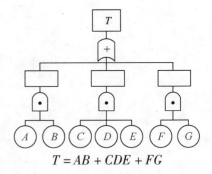

$T = AB + CDE + FG$

图 8-13 事故树逻辑运算事例(2)

2. 事故树定量计算

现以氧化反应器爆炸概率计算为例进行说明。在氧化反应器中,由流量控制系统分别输入燃料与氧化剂。当控制系统发生故障,导致输入燃料量过高或输入氧化剂量过低时,在反应器中就会形成爆炸性混合物,遇起爆源便会引发爆炸。氧化反应器爆炸事故树图如图8-14 所示。应用各个事件的故障率资料及其他有关统计资料,沿事故树逆向逻辑运算,即可求出氧化反应器爆炸的发生概率。

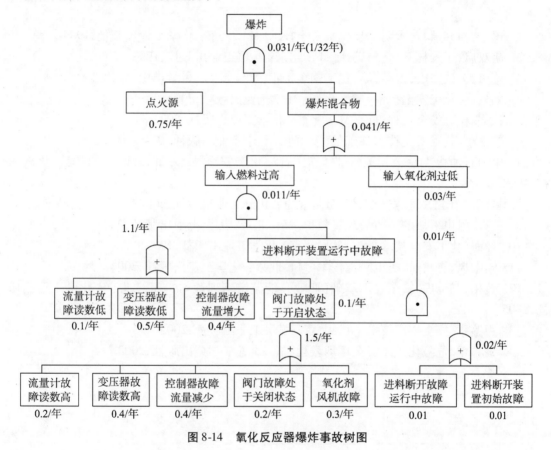

图 8-14　氧化反应器爆炸事故树图

自　　测

简答题

1. 简述危险性分析的步骤和方法。
2. 简述事故树分析方法的应用范围和具体步骤。

参考文献

1. 田兰,曲和鼎,蒋永明,等.化工安全技术[M].北京:化学工业出版社,1984
2. 胡双启,张景林.燃烧与爆炸[M].北京:兵器工业出版社,1992
3. 蔡凤英,谈宗山,孟赫,等.化工安全工程[M].北京:科学出版社,2001
4. 刘景良.化工安全技术[M].北京:化学工业出版社,2003
5. 许文.化工安全工程概论[M].北京:化学工业出版社,2002
6. 李景惠.化工安全技术基础[M].北京:化学工业出版社,1995
7. 中国石油化工总公司安全监督局.石油化工安全技术[M].北京:中国石化出版社,1998
8. 崔克清.化工过程安全工程[M].北京:化学工业出版社,2002
9. 范舜.触电事故的预防与现场救护[M].北京:中国电力出版社,2002
10. 经海.化工安全技术基础[M].北京:化学工业出版社,1999
11. 路乘风,崔政斌.防尘防毒技术[M].北京:化学工业出版社,2004
12. 黄柏,马金虎.安全技术基础(职业技能鉴定培训读本)[M].北京:化学工业出版社,2005
13. 卢鉴章.安全生产技术[M].北京:煤炭工业出版社,2005
14. 刘春增.危险化学品安全培训教程[M].北京:学苑出版社,2003